智能系统与技术丛书

Python强化学习

算法、核心技术与行业应用

Mastering Reinforcement Learning with Python

[美] 埃内斯·比尔金（Enes Bilgin） 著

朱小虎 汪莉娟 张韩昊帝 译

U0126057

机械工业出版社

CHINA MACHINE PRESS

图书在版编目（CIP）数据

Python 强化学习：算法、核心技术与行业应用 /（美）埃内斯·比尔金（Enes Bilgin）著；朱小虎，汪莉娟，张韩昊帝译 . —北京：机械工业出版社，2023.7

（智能系统与技术丛书）

书名原文：Mastering Reinforcement Learning with Python

ISBN 978-7-111-73489-5

I. ① P… 　 II. ①埃… ②朱… ③汪… ④张… 　 III. ①软件工具 – 程序设计 ② Python 　 IV. ① TP311.56

中国国家版本馆 CIP 数据核字（2023）第 125277 号

机械工业出版社（北京市百万庄大街 22 号　邮政编码 100037）

策划编辑：王春华　　　　　　　责任编辑：王春华
责任校对：张晓蓉　　王　延　责任印制：常天培
北京铭成印刷有限公司印刷
2023 年 9 月第 1 版第 1 次印刷
186mm × 240mm · 22.75 印张 · 493 千字
标准书号：ISBN 978-7-111-73489-5
定价：129.00 元

电话服务　　　　　　　　网络服务
客服电话：010-88361066　机　工　官　网：www.cmpbook.com
　　　　　010-88379833　机　工　官　博：weibo.com/cmp1952
　　　　　010-68326294　金　书　网：www.golden-book.com
封底无防伪标均为盗版　机工教育服务网：www.cmpedu.com

译者序

众所周知，强化学习在新一代人工智能的发展过程中发挥了关键作用，AlphaGo（会玩围棋的智能体）、OpenAI Five（会玩《Dota 2》的智能体）、AlphaStar（会玩《星际争霸》的智能体）等引起社会关注的技术和产品中都采用了强化学习核心算法，并结合深度学习，将此前不可能完成的任务以一种半"暴力"美学的方式完美解决。

本书是一本实用性很强的强化学习书籍。目前市面上讲解强化学习的书籍大多从原理和算法角度介绍，而忽视了工程应用落地的具体案例。越来越多的人工智能落地产品（如谷歌推出的家庭机器人、传统工业供应链优化以及 OpenAI 对话机器人 ChatGPT）极其依赖强化学习算法，企业和个人开发者对强化学习技术和平台的掌握与应用在今后的发展中变得越来越关键。

学习强化学习应从理论入手，以解决实际问题为目标，最终实现算法的应用。本书基于深度学习框架 TensorFlow 和分布式强化学习框架 Ray 实现一系列常用的深度强化学习算法。作者借助在第三部分中已经实现的算法解决第四部分的应用问题，比如，第 14 章使用第 10 章的两种课程表学习方法训练 KUKA 机器人完成物体抓取工作。

本书强调实际应用，提供一种现实示例以及对应的代码教程，引导读者一步一步实现算法并查看结果。另外，本书还针对新兴的强化学习技术，提出现有的问题和未来的发展方向。

如果你有明确的学习目标，可以选择性阅读，这不影响整体的阅读体验。但正如本书最后所说："只有通过实践才能真正学到东西。"通过实践来深入学习算法是学习任何人工智能技术的正确途径，希望读者朋友尽可能地动手实践强化学习，相信你们一定能够真正掌握这门具有长远前景的技术。

前　言

强化学习（RL）是用于创建自学习自主智能体的人工智能方法。本书采用实用的方法来研究强化学习，并使用受现实世界中商业和行业问题启发的实际示例来教授先进的强化学习知识。

首先，简要介绍强化学习元素，你将掌握马尔可夫链和马尔可夫决策过程，它们构成了对强化学习问题建模的数学基础。然后，你将了解用于解决强化学习问题的**蒙特卡罗**（Monte Carlo）方法和**时间差分**（Temporal Difference，TD）学习方法。接下来，你将了解深度 Q- 学习（或 Q 学习）、策略梯度算法、行动器 – 评论器（actor-critic）[⊖]方法、基于模型的方法以及多智能体强化学习。随着学习的深入，你将使用现代 Python 库深入研究许多具有高级实现的新颖算法，还将了解如何实现强化学习来解决诸如自主系统、供应链管理、游戏、金融、智慧城市和网络安全等领域所面临的现实挑战。最后，你将清楚地了解使用哪种方法及何时使用，如何避免常见的陷阱，以及如何应对实现强化学习时所面临的挑战。

读完本书，你将掌握如何训练和部署自己的强化学习智能体来解决强化学习问题。

目标读者

本书适用于希望在实际项目中实现高级强化学习概念的专业机器学习从业者和深度学习研究人员。本书也适合那些希望通过自学习智能体解决复杂的序贯决策问题的强化学习专家。阅读本书需要读者具备 Python 编程、机器学习和强化学习方面的知识和使用经验。

本书涵盖的内容

第 1 章介绍强化学习，首先着眼于强化学习在行业中的应用给出一些激励示例和成功案例，然后给出基本定义，让你对强化学习概念有新的认识，最后介绍强化学习环境的软件和硬件设置。

第 2 章介绍一个相当简单的强化学习设置，即没有上下文的多臂老虎机问题，它作为传统 A/B 测试的替代方案，在业界应用广泛。该章还介绍了一个非常基本的强化学习概念：探索 – 利用。我们还用 4 种不同的方法解决了一个在线广告案例原型问题。

⊖ 本书译作"行动器 – 评论器"，也可译为"行动器 – 评判器""行动者 – 评论家"等。——编辑注

第 3 章通过在决策过程中添加上下文并让深度神经网络参与决策，更深入地讨论多臂老虎机（Multi-Armed Bandit，MAB）问题，并将来自美国人口普查的真实数据集用于在线广告问题。最后介绍多臂老虎机问题在工业和商业中的应用。

第 4 章讨论建模强化学习问题的数学理论。首先介绍马尔可夫链，包括状态类型、可遍历性、转移和稳态行为。然后介绍马尔可夫奖励过程和决策过程，涵盖回报、折扣、策略、值函数和贝尔曼最优性等强化学习理论中的关键概念。最后讨论部分可观测的马尔可夫决策过程。我们使用一个网格世界的例子贯穿本章来说明这些概念。

第 5 章介绍动态规划方法，这是理解如何解决马尔可夫决策过程（MDP）的基础。该章还会阐释策略评估、策略迭代和值迭代等关键概念。我们使用一个示例贯穿本章来解决库存补充问题。最后讨论在实践中使用动态规划方法求解强化学习存在的问题。

第 6 章介绍深度强化学习，并涵盖端到端规模化的深度 Q- 学习。我们首先讨论为什么需要深度强化学习。然后介绍 RLlib（一个流行且可扩展的强化学习库）。我们构建了从拟合 Q- 迭代到 DQN（Deep Q-Network）再到 Rainbow 的深度 Q- 学习方法。最后深入探讨分布式 DQN（Ape-X）等更高级的主题，并讨论要调整的重要超参数。对于经典 DQN，我们将用 TensorFlow 实现；对于 Rainbow，我们将使用 RLlib 实现。

第 7 章介绍另一种重要的强化学习方法：基于策略的方法。你将首先了解它们有何不同以及为什么需要它们。然后，我们将详细介绍几种最先进的策略梯度和信任域方法。最后介绍 Actor-Critic 算法。我们主要介绍这些算法的 RLlib 实现，这里并不是给出冗长的实现细节，而是关注如何以及何时使用它们。

第 8 章展示基于模型的方法做出了哪些假设，以及它们与其他方法相比有哪些优势。然后讨论著名的 AlphaGo Zero 背后的模型。最后给出一个使用基于模型的算法的练习。该章混合使用了手动实现和 RLlib 实现。

第 9 章介绍一个建模多智能体强化学习问题的框架。

第 10 章讨论将复杂问题分解成更小部分并使其可解决的机器教学方法。这种方法对于解决许多现实生活中的问题是必要的，你将学习关于如何设计强化学习模型的实用技巧和窍门，并超越算法选择来解决强化学习问题。

第 11 章介绍为什么部分可观测性和 sim2real 差距是一个问题，以及如何使用类 LSTM（长短期记忆）的模型泛化和域随机化来解决这些问题。

第 12 章介绍允许我们将单个模型用于多个任务的方法。样本效率是元强化学习中的一个主要问题，该章将向你展示元强化学习中一个非常重要的未来方向。

第 13 章介绍前沿的强化学习研究。到目前为止讨论的许多方法都有某些假设和限制，该章讨论的主题就解决这些限制给出了相关建议。在该章结束时，你将了解当遇到前几章中介绍的算法的限制时应该使用哪些方法。

第 14 章介绍强化学习在创建现实自主系统方面的潜力。该章涵盖自主机器人和自动驾驶汽车的成功案例。

第 15 章介绍库存计划和车辆路径优化问题的实践经验。我们将它们建模为强化学习问题并给出解决案例。

第 16 章涵盖强化学习在营销、广告、推荐系统和金融中的应用。该章让你广泛了解如何在业务中使用强化学习，以及机会和限制是什么。在该章中，我们还将讨论上下文多臂老虎机问题的示例。

第 17 章涵盖智慧城市和网络安全领域的问题，例如，交通控制、服务提供监管和入侵检测。我们还会讨论如何在这些应用程序中使用多智能体方法。

第 18 章详细介绍强化学习领域的挑战是什么以及克服这些挑战的前沿研究建议和未来方向。该章教你如何评估强化学习方法对给定问题的可行性。

下载示例代码文件

本书的代码包托管在 GitHub 上，地址为 https://github.com/PacktPublishing/Mastering-Reinforcement-Learning-with-Python。如果代码有更新，我们将在现有的 GitHub 代码库中更新。

下载彩色图像

我们还提供了一个 PDF 文件，其中包含本书中使用的屏幕截图 / 图表的彩色图像，可以从 https://static.packt-cdn.com/downloads/9781838644147_ColorImages.pdf 下载。

本书约定

本书中使用了以下约定。

文本中的代码：表示文本中的代码字、数据库表名称、文件夹名称、文件名、文件扩展名、路径名、虚拟 URL、用户输入等。示例如下："安装 NVIDIA Modprobe，例如，对于 Ubuntu，使用 sudo apt-get install nvidia-modprobe。"

一段代码如下所示：

```
ug = UserGenerator()
visualize_bandits(ug)
```

当我们希望你注意代码块的特定部分时，相关的行或项目以粗体显示：

```
./run_local.sh [Game] [Agent] [Num. actors]
./run_local.sh atari r2d2 4
```

> **提示或重要说明**
>
> 以文本框形式出现。

作者简介

埃内斯·比尔金（Enes Bilgin） 微软自主系统部门的高级人工智能工程师和技术主管。他是一名机器学习与运筹学从业者和研究员，在使用 Python、TensorFlow 和 Ray/RLlib 为顶级科技公司构建生产系统和模型方面拥有丰富的经验。他拥有波士顿大学系统工程硕士学位和博士学位，以及比尔肯特大学工业工程学士学位。他曾在亚马逊担任研究科学家，并在 AMD 担任过运筹学研究科学家，还在得克萨斯大学奥斯汀分校的麦库姆斯商学院和得克萨斯州立大学的英格拉姆工程学院担任过兼职教师。

审校者简介

Juan Tomás Oliva Ramos 是墨西哥瓜纳华托大学的环境工程师，拥有行政工程和质量硕士学位。他是流程改进和项目管理的技术专家，还从事统计研究及其流程开发方面的工作。他参与了监视和技术警报模型的设计，以支持教育以及新产品和流程的开发。他擅长现实和虚拟环境中的专业设计、工程设计和研究生课程设计。

很荣幸可以审阅这本书。我要感谢我的家人（Brenda、Regina、Renata 和 Tadeo）一直和我在一起，我爱你们。

——Juan Tomás Oliva Ramos

Satwik Kansal 是一名专业的自由软件开发人员。自 2014 年以来，他一直致力于数据科学和 Python 项目。Satwik 对内容创作有着浓厚的兴趣，并经营着 DevWriters（一家技术内容创作机构）。他是 *Hands-on Reinforcement Learning with TensorFlow*（Packt）一书的作者。

CONTENTS

目　　录

第二部分　深度强化学习

第一部分

强化学习基础

本部分涵盖强化学习的必要背景，包括定义、数学基础以及强化学习解决方案方法论的概述，为你的后续学习奠定基础。

本部分包含以下章节：

第 1 章

强化学习简介

强化学习（Reinforcement Learning，RL）旨在创建能够在复杂和不确定的环境中做出决策的**人工智能**（Artificial Intelligence，AI）智能体，目标是最大限度地提高其长期利益。这些智能体通过与环境交互来学习如何做到这一点，这模仿了我们人类从经验中学习的方式。因此，强化学习拥有极其广泛且适应性强的应用程序集，具有颠覆和彻底改变全球行业的潜力。

本书将使你对该领域有一个更深层次的了解。我们将深入探讨你可能已经知道的一些算法背后的理论，并涵盖最先进的强化学习。而且，这是一本实用书籍。你将看到受现实行业问题启发的示例，并在此过程中学习专家提示。根据其结论，你将能够使用 Python 建模和解决你自己的序贯决策问题。

那么，我们将从刷新你对强化学习概念的思考来开始这段学习旅程，让你为学习后续章节中出现的高级内容做好准备。

1.1 为什么选择强化学习

创造能够做出与人类水平相当或优于人类水平的决策的智能机器是许多科学家和工程师的梦想，并且正逐渐接近现实。自图灵测试以来的 70 年里，人工智能的研发一直在坐过山车。最初的期望非常高。例如，在 20 世纪 60 年代，赫伯特·西蒙（后来获得诺贝尔经济学奖）预测机器将能够在 20 年内完成人类可以完成的任何工作。正因如此，大量政府和企业资金投入人工智能研究，但随之而来的是巨大的失望和一段被称为"人工智能冬天"的时期。几十年后，由于计算、数据和算法的惊人发展，人类再次比以往任何时候都更加兴奋地追求着人工智能的梦想。

人工智能梦想当然是宏大的梦想之一。毕竟，智能自主系统的潜力是巨大的。想想我们全世界的专科医生是何其有限。教育他们需要数年的时间以及大量的智力和财力资源，而许多国家没有足够的水平。此外，即使经过多年的教育，专家也几乎不可能及时了解其领域的所有科学发展，从世界各地数以万计的治疗结果中学习，并有效地整合所有这些知识，继而将其付诸实践。

相反，人工智能模型可以处理并从所有这些数据中学习，并将其与一组丰富的患者信息（例如，病史、实验室结果、呈现症状、健康状况等）相结合，以做出诊断并提出建议治疗方案。这种模式甚至可以在世界上最偏远的地区使用（只要互联网连接和计算机均可用），并指导当地卫生人员进行治疗。毫无疑问，它将彻底改变国际医疗保健并改善数百万人的生活。

> **注意**
>
> 人工智能已经在改变医疗保健行业。在最近的一篇文章中，谷歌发布了一个人工智能系统的结果，该系统在使用乳房 X 光检查读数预测乳腺癌方面超越了人类专家（McKinney et al.，2020）。微软正在与印度最大的医疗保健提供商之一合作，使用人工智能检测心脏病（Agrawal，2018）。IBM Watson for Clinical Trial Matching 使用自然语言处理，从医学数据库为患者推荐潜在的治疗方法。

在我们寻求开发达到或优于人类水平的人工智能系统——某种程度上被称为**通用人工智能**（Artificial General Intelligence，AGI）——的过程中，开发一个可以从自己的经验中学习而不一定需要监督的模型是有意义的。强化学习是使我们能够创建此类智能体的计算框架。为了更好地理解强化学习的价值，将其与其他**机器学习**（Machine Learning，ML）范式进行比较很重要，我们接下来将对其进行研究。

1.2 机器学习的三种范式

强化学习是机器学习中的一种独立范式，类似的还有**监督学习**（Supervised Learning，SL）和**无监督学习**（Unsupervised Learning，UL）。强化学习超越了其他两种范式所涉及的范围（例如，感知、分类、回归和聚类），而且要做出决策。然而，更重要的是，强化学习其实也利用了监督和无监督学习方法来实现决策。因此，强化学习是与监督学习和无监督学习截然不同但又密切相关的领域，掌握这三种都很重要。

1.2.1 监督学习

监督学习是指学习一个数学函数，该函数尽可能准确地将一组输入映射到相应的输出 / 标记。这个想法是，我们不知道生成输出的过程的动态，但我们尝试使用来自它的数据来弄清楚它。考虑以下示例：

- ❏ 将自动驾驶汽车摄像头上的对象分类为行人、停车标志、卡车等的图像识别模型。
- ❏ 使用过去的销售数据预测特定假日季节产品的客户需求的预测模型。

很难想出精确的规则来直观地区分对象，或者是什么因素导致客户对产品产生需求。因此，监督学习模型从标记数据中推断出它们。以下是有关其工作原理的一些要点：

- 在训练期间，模型从主管（可能是人类专家或流程）提供的基本事实标记/输出中学习。
- 在推理过程中，模型对输入可能给出的输出进行预测。
- 模型使用函数近似器（也叫函数逼近器）来表示生成输出的过程的动态。

1.2.2 无监督学习

无监督学习算法识别数据中以前未知的模式。使用这些模型时，我们可能对预期的结果有所了解，但我们不为模型提供标记。考虑以下示例：

- 识别自动驾驶汽车摄像头提供的图像上的同质片段。该模型很可能根据图像上的纹理将天空、道路、建筑物等分开。
- 根据销量将每周销售数据分成三组。输出可能是分别对应低、中、高销量的几周。

如你所知，这与监督学习的工作方式（在以下方面）截然不同：

- 无监督学习模型不知道基本事实是什么，并且没有输入要映射到的标记。它们只是识别数据中的不同模式。例如，即使这样做了，模型也不会意识到它将天空与道路分开，或者将假期周与常规周分开。
- 在推理过程中，模型会将输入聚集到它已识别的组之一中，但并不知道该组代表什么。
- 函数近似器（如神经网络）在一些无监督学习算法中使用，但并非所有无监督学习算法都会用到。

重新介绍了监督学习和无监督学习后，我们现在将它们与强化学习进行比较。

1.2.3 强化学习

强化学习是一个框架，用于学习如何在不确定的情况下做出决策，以通过反复实验来最大化长期利益。这些决策是按顺序做出的，较早的决策会影响以后遇到的情况和收益。这将强化学习与监督学习和无监督学习分开，后者不涉及任何决策。让我们回顾一下之前提供的示例，看看强化学习模型在哪些方面与监督学习和无监督学习模型不同：

- 在自动驾驶汽车场景中，给定汽车摄像头上所有物体的类型和位置以及道路上车道的边缘，模型可能会学习如何操纵方向盘以及汽车的速度应该是多少，从而使汽车安全且快速地超过前方的车辆。
- 给定产品的历史销售数量以及将库存从供应商处带到商店所需的时间，模型可能会了解何时从供应商处订购以及订购多少件，从而极有可能满足季节性客户需求，同时最大限度地降低库存和运输成本。

正如你会注意到的，强化学习试图完成的任务与监督学习和无监督学习单独解决的任

务具有不同的性质和复杂性。下面我们将详细说明强化学习的不同之处:

- ❑ 强化学习模型的输出是给定情况的决策,而不是预测或聚类。
- ❑ 主管没有提供真实的决策来告诉模型在不同情况下的理想决策是什么。相反,该模型从自己的经验和过去做出的决定的反馈中学习最优决策。例如,通过反复实验,强化学习模型会了解到在超车时超速行驶可能会导致事故,而在假期前订购过多产品会导致以后库存过多。
- ❑ 强化学习模型经常使用监督学习模型的输出作为决策的输入。例如,自动驾驶汽车中图像识别模型的输出可用于做出驾驶决策。同样,预测模型的输出通常用作强化学习模型的输入,以做出库存补货决策。
- ❑ 即使在没有来自辅助模型的此类输入的情况下,强化学习模型也可以隐式或显式地预测其决策将在未来导致什么情况。
- ❑ 强化学习使用了许多为监督学习和无监督学习开发的方法,例如作为函数近似器的各种类型的神经网络。

因此,强化学习与其他机器学习方法的区别在于,它是一个决策框架。然而,强化学习令人兴奋和强大的原因是它与我们人类学习如何根据经验做出决定的相似之处。想象一个蹒跚学步的孩子学习如何用玩具积木建造一座塔。通常,塔越高,蹒跚学步的孩子就越快乐。每一次塔高的增加都是一次成功的尝试。而每一次倒塌则都是一次失败的尝试。他们很快发现,下一个积木越靠近下方积木的中心,塔就越稳定。当放置得太靠近边缘的积木更容易倾倒时,这一点会得到加强。他们利用练习设法将几个积木堆叠在一起。他们意识到堆叠早期积木的方式为其创建了一个基础,该基础决定了他们可以建造多高的塔。孩子们就是按照这样的方式来学习的。

当然,蹒跚学步的孩子并不是从一个"蓝图"中学习这些建筑原理的。孩子们是从失败和成功的尝试的共同点中吸取了教训。塔的高度增加或倒塌提供了一个反馈信号,孩子们据此改进了他们的策略。从经验中学习,而不是借助一个蓝图,是强化学习的核心。就像蹒跚学步的孩子发现哪些积木位置会导致更高的塔一样,强化学习智能体通过反复实验确定具有最高长期回报的行动。这就是使强化学习成为如此深刻的人工智能形式的原因。它确实很像人类。

在过去几年中,有许多令人惊叹的成功案例证明了强化学习的潜力。此外,还有很多行业即将变革。因此,在深入研究强化学习的技术方面之前,让我们通过研究强化学习在实践中可以做些什么来进一步激励自己。

1.3　强化学习应用领域和成功案例

强化学习并不是一个新领域。在过去的 70 年里,强化学习中的许多基本思想其实是来自动态规划和最优控制领域。然而,由于深度学习的突破和更强大的计算资源,强化学习近期的落地随之取得了重大进展。在本节中，我们将讨论强化学习的一些应用领域以及一些著名的成功案例。在接下来的章节中，我们将深入探讨这些实现背后的算法。

1.3.1　游戏

棋盘和视频游戏一直是强化学习的研究实验室，在该领域产生了许多著名的成功案例。游戏产生好的强化学习问题的原因如下：

- 游戏本质上是涉及不确定性的序贯决策。
- 它们可作为计算机软件使用，使强化学习模型可以灵活地与它们交互并生成数十亿个数据点用于训练。此外，经过训练的强化学习模型也会在相同的计算机环境中进行测试。这与许多物理过程相反，因为它们太复杂而无法创建准确而快速的模拟器。
- 游戏中的自然基准是最好的人类玩家，这使其成为人工智能与人类进行比较的富有吸引力的战场。

下面让我们来看看最令人兴奋的一些强化学习工作，这些工作已经登上了头条。

1.3.1.1　TD-Gammon

第一个著名的强化学习实现是 TD-Gammon，这是一个学习如何玩双陆棋并且旨在超过人类水平的模型，其中，双陆棋是一种具有 1020 种可能配置的两人棋盘游戏。该模型是由 IBM 研究院的 Gerald Tesauro 于 1992 年开发的。TD-Gammon 非常成功，以至于它教给人类的新颖策略在当时的双陆棋社区引起了极大的兴奋。该模型中使用的许多方法（例如，时间差分、自我对局和神经网络）仍然是现代强化学习实现的核心。

1.3.1.2　雅达利游戏中的"超过人类水平"表现

2015 年，谷歌 DeepMind 的 Volodymry Mnih 及其同事发表了强化学习中最令人印象深刻和最具开创性的作品之一。研究人员训练了强化学习智能体，仅使用计算机屏幕显示输入和游戏分数，而没有使用任何通过深度神经网络人为手动设计或游戏特定的特征，就让智能体学会了如何比人类更好地玩雅达利（Atari）游戏。他们将该算法命名为 Deep Q-Network（DQN），这是当今最流行的强化学习算法之一。

1.3.1.3　击败围棋、国际象棋和将棋的世界冠军

使强化学习名声大振的强化学习实现可能是谷歌 DeepMind 的 AlphaGo。这是 2015 年第一个在围棋这一古老棋盘游戏中击败职业棋手的计算机程序，后来又在 2016 年击败了世界冠军李世石。这个故事后来被改编成同名纪录片。AlphaGo 模型使用来自人类专家落子的数据以及通过自我对局的强化学习进行训练。后来的版本 AlphaGo Zero 以 100 比 0 击败最初的 AlphaGo，该版本仅通过自我对局进行训练，并且没有将任何人类知识插入模型中。最后，该公司在 2018 年发布了 AlphaZero，它能够学习国际象棋、将棋（日本国际象棋）和围棋，成为历史上最强的棋手，并且除了游戏规则外，其没有任何关于游戏的先验信息。

AlphaZero 仅在**张量处理单元**（Tensor Processing Unit，TPU）上进行了几小时的训练就达到了这一性能。AlphaZero 的非传统策略得到了世界著名棋手［例如 Garry Kasparov（国际象棋）和 Yoshiharu Habu（将棋）］的赞誉。

1.3.1.4　复杂策略游戏的胜利

强化学习的成功后来跳出了雅达利和棋盘游戏，进入了《马里奥》、《雷神之锤Ⅲ：竞技场》、《夺旗》、*Dota 2* 和《星际争霸Ⅱ》。其中一些游戏在战略规划、多个决策者之间的博弈论、不完善的信息以及大量可能的行动和游戏状态等方面的要求对人工智能程序来说极具挑战。由于这种复杂性，训练这些模型需要大量资源。例如，OpenAI 使用 256 个 GPU 和 128 000 个 CPU 内核训练 Dota 2 模型数月，每天为模型提供 900 年的游戏经验。在 2019 年击败了《星际争霸Ⅱ》顶级职业玩家的谷歌 DeepMind 的 AlphaStar，需要训练数百个具有 200 年实时游戏经验的复杂模型副本，尽管这些模型最初是根据人类玩家的真实游戏数据进行训练的。

1.3.2　机器人技术和自主系统

机器人和物理自主系统对强化学习来说是具有挑战性的领域。这是因为强化学习智能体是通过模拟训练来收集足够的数据，但模拟环境无法反映现实世界的所有复杂性。因此，如果任务对安全至关重要，那么这些智能体在实际任务中经常失败就尤其成问题。此外，这些应用程序通常涉及连续行动，这需要不同于 DQN 的算法。尽管存在这些挑战，但在这些领域仍有许多强化学习成功案例。此外，还有很多关于在自主地面和空中交通工具等令人兴奋的应用中使用强化学习的研究。

1.3.2.1　电梯优化

一个早期的成功案例证明了强化学习可以为现实世界的应用创造价值，这便是 Robert Crites 和 Andrew Barto 在 1996 年提出的电梯优化。研究人员开发了一个强化学习模型，以优化一栋 10 层建筑中的电梯调度，该建筑有 4 部电梯。考虑到模型可能遇到的情况数量、部分可观测性（例如，强化学习模型无法观测到在不同楼层等候的人数）以及可供选择的决策数量，这是一个比早期的 TD-Gammon 更具挑战性的问题。强化学习模型显著提高了跨各种指标的最优电梯控制启发式时间，例如，平均乘客等待时间和旅行时间。

1.3.2.2　人形机器人和灵巧操作

2017 年，谷歌 DeepMind 的 Nicolas Heess 等人能够在计算机模拟中教授不同类型的身体（例如，类人机器等）各种运动行为，例如，如何跑步、跳跃等。2018 年，OpenAI 的 Marcin Andrychowicz 等人训练了一只五指人形手来操作一个从初始配置到目标配置的块。2019 年，OpenAI 的研究员 Ilge Akkaya 等人再次通过训练机器人手来解决魔方问题如图 1-1 所示。后两个模型都在模拟环境中进行了训练，并使用域随机化技术成功地转移到了物理实现中（如图 1-1 所示）。

a）模拟   b）物理机器人

图 1-1   OpenAI 用于解决魔方问题的强化学习模型在模拟中进行训练并部署在物理机器人
上（OpenAI Blog，2019）

1.3.2.3   应急响应机器人

在灾难发生后，使用机器人可能会非常有帮助，尤其是在危险条件下操作时。例如，机器人可以在受损结构中定位幸存者、关闭气阀等。创建自主操作的智能机器人将允许扩展应急响应操作，并为更多可能进行手动操作的人提供必要的支持。

1.3.2.4   自动驾驶汽车

虽然完全自动驾驶的汽车过于复杂，无法单独使用强化学习模型来解决，但其中一些任务可以由强化学习处理。例如，我们可以训练强化学习智能体进行自动停车，并决定何时以及如何在高速公路上超车。同样，我们可以使用强化学习智能体在自主无人机中执行某些任务，例如，如何起飞、降落、避开碰撞等。

1.3.3   供应链

供应链中的许多决策具有序贯性并且涉及不确定性，强化学习是一种自然的方法。其中一些问题如下：

❑ **库存计划**是关于何时下采购订单来补充产品的库存以及数量的决定。订购量不足会导致短缺，订购量过多会导致库存成本过高、产品变质和以低价清除库存。强化学习模型用于制定库存计划决策，以降低这些操作的成本。

❑ **装箱**是制造和供应链中的一个常见问题，其中到达站点的物品被放入容器中，以最大限度地减少使用的容器数量并确保设施的平稳运行。这是一个可以使用强化学习解决的难题。

1.3.4   制造业

强化学习将产生巨大影响的一个领域是制造业，其中很多人工任务可以由自主智能体以更低的成本和更高的质量执行。因此，许多公司正在考虑将强化学习引入他们的制造环境。以下是制造业中强化学习应用的一些示例：

❑ **机器校准**是制造环境中通常由人类专家处理的任务，效率低且容易出错。强化学习模型通常能够以更低的成本和更高的质量完成这些任务。

- ❑ **化工厂运营**通常涉及序贯决策，这通常由人类专家或启发式方法处理。强化学习智能体已被证明可以有效控制这些过程，最终产品质量更好，设备磨损更少。
- ❑ **设备维护**需要计划停机时间以避免代价高昂的故障。强化学习模型可以有效地平衡停机成本和潜在故障成本。
- ❑ 除了这些例子之外，**机器人**中的许多成功强化学习应用可以转移到制造业解决方案。

1.3.5　个性化和推荐系统

个性化可以说是迄今为止强化学习创造最大商业价值的领域。大型科技公司通过在后台运行强化学习算法提供个性化服务。以下是一些示例：

- ❑ 在**广告**中，向（潜在）客户提供的促销材料的顺序和内容是一个序贯决策问题，可以使用强化学习解决，从而提高客户满意度和转化率。
- ❑ **新闻推荐**是 Microsoft News 应用强化学习并通过改进文章选择和推荐顺序来提高访问者参与度的典型领域。
- ❑ 你在 Netflix 上看到标题的**艺术作品的个性化**由强化学习算法处理。这样，观众可以更好地识别与他们的兴趣相关的标题。
- ❑ **个性化医疗保健**正在变得越来越重要，因为它以更低的成本提供更有效的治疗。其中强化学习的许多成功应用是为患者选择正确的治疗方法。

1.3.6　智慧城市

在许多领域，强化学习可以帮助改善城市运营方式。以下是几个例子：

- ❑ 在有多个十字路口的交通网络中，交通信号灯应协调工作，以确保交通畅通。事实证明，这个问题可以建模为多智能体强化学习问题，并改进现有的交通灯控制系统。
- ❑ 实时平衡电网的发电和需求是确保电网安全的重要问题。实现这一目标的一种方法是在不牺牲服务质量的情况下控制需求，例如，在有足够发电量的情况下为电动汽车充电和打开空调系统，强化学习方法已成功应用于此。

类似的示例还有很多，但这些已足以表明强化学习的巨大潜力。该领域的早期研究者吴恩达（Andrew Ng）对人工智能的看法同样适用于强化学习：

就像 100 年前电力几乎改变了一切一样，今天我真的很难想到一个我认为未来几年人工智能不会改变的行业。（吴恩达：Why AI is the new electricity, *Stanford News*, 2017 年 3 月 15 日）

强化学习的发展现在才刚开始，我们正通过努力了解强化学习是什么以及它必须提供什么来进行一项伟大的投入。现在，是时候获得更多技术并形式化定义强化学习问题中的元素了。

1.4 强化学习问题的元素

到目前为止，我们介绍了可以使用强化学习建模的问题类型。在接下来的章节中，我们将深入研究可以解决这些问题的最先进的算法。然而，现在我们先要形式化定义强化学习问题中的元素。通过建立我们的词汇表，这将为更多技术内容奠定基础。在给出这些定义之后，我们将在井字棋游戏（tic-tac-toe）示例中研究这些概念对应的内容。

1.4.1 强化学习概念

我们从定义强化学习问题中的最基本组件开始：

❑ 在强化学习问题的中心，存在学习器，用强化学习术语可以称之为**智能体**（agent）。我们处理的大多数问题类中都会有一个单智能体。如果有多个智能体，则该问题类称为**多智能体强化学习**（Multi-Agent Reinforcement Learning，MARL）。在多智能体强化学习中，智能体之间的关系可以是合作的、竞争的或者两者兼有。

❑ 强化学习问题的本质是智能体学习在其所处世界的不同情况下该做什么，即采取何**种行动**（action）。我们称这个世界为**环境**（environment），它指的是智能体之外的一切。

❑ 准确而充分地描述环境状况的所有信息的集合称为**状态**（state）。所以，如果环境在不同的时间点处于相同的状态，这意味着关于环境的一切都是完全一样的，就像"复制－粘贴"一样。

❑ 在某些问题中，状态的知识对智能体而言是完全可获取的。而在许多其他问题，尤其是更现实的问题中，智能体无法完全地观测状态，而只能观测到状态的一部分（或状态的某一部分的派生）。在这种情况下，智能体使用其**观测**（observation）来采取行动。针对这种情况，我们说问题是**部分可观测的**（partially observable）。除非另有说明，否则我们假设智能体能够充分观测环境所处的状态，并根据该状态采取行动。

> **信息**
>
> 状态这个术语及其符号 S 在抽象的讨论中更常用，尤其是在假设环境完全可观测时，尽管观测是一个更通用的术语。智能体接收到的始终是观测，有时只是状态本身，有时则是状态的某一部分或状态的派生，具体取决于环境。如果你看到它们在某些情况下可以互换使用，请不要感到困惑。

到目前为止，我们还没有真正定义一个行动是好还是坏。在强化学习中，每次智能体采取行动时，它都会从环境中获得**奖励**（reward）（尽管有时为零）。奖励通常可以表示很多东西，但在强化学习术语中，它的含义非常具体：它是一个标量。数越大，奖励也越高。在强化学习问题的迭代中，智能体观测环境所处的（全部或部分）状态，并根据其观测采取行动。结果，智能体收到奖励，环境转变到新状态。关于该过程的描述如图 1-2 所示，你可能很熟悉。

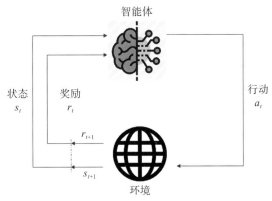

图 1-2 强化学习流程图

请记住，在强化学习中，智能体对长期有益的操作感兴趣。这意味着智能体必须考虑其行动的长期后果。一些行动可能会导致智能体立即获得高回报，但随后会获得非常低的回报。相反也可能成立。因此，智能体的目标是最大化其获得的累积奖励。自然的后续问题是在什么时间范围内？这个问题的答案取决于我们感兴趣的问题是定义在有限范围内还是无限范围内：

❏ 如果是有限范围，则将问题描述为一个**回合任务**（episodic task），其中回合（episode）定义为从初始状态到**终态**（terminal state）的交互序列。在回合任务中，智能体的目标是最大化在一个回合中收集的期望总累积奖励。

❏ 如果问题是在无限范围内定义的，则称为**持续任务**（continuing task）。在这种情况下，智能体将尝试最大化平均奖励，因为总奖励将上升到无穷大。

❏ 那么，一个智能体要如何实现这一目标呢？该智能体根据对环境的观测确定要采取的最优行动。换句话说，强化学习问题就是关于找出一个**策略**（policy）将给定的观测映射到一个（或多个）行动，继而最大化期望累积奖励。

所有这些概念都有具体的数学定义，我们将在后面的章节中详细介绍。但是现在，让我们试着在一个具体的例子中理解这些概念对应的内容。

1.4.2 将井字棋游戏建模为强化学习问题

井字棋是一个简单的游戏，其中两个玩家轮流在一个 3 × 3 网格中标记空白区域。我们现在将其转换为强化学习问题，以将之前提供的定义映射到游戏中的概念。玩家的目标是将他的三个标记放在垂直、水平或对角的一条线的空白处，成为获胜者。如果在用完网格上的空白区域之前没有玩家能够做到这一点，则游戏以平局结束。井字棋游戏的中局棋盘可能如图 1-3 所示。

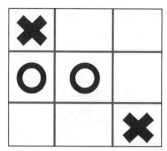

图 1-3　井字棋游戏中的棋盘配置示例

现在，假设我们有一个强化学习智能体与人类玩家对战：

❑ 当轮到智能体放置标记时，智能体采取的行动是放置标记（比如，画一个叉）在棋盘的一个空白处。

❑ 这里，棋盘是整个环境，棋盘上标记的位置就是状态，对智能体来说，这是完全可观测的。

❑ 在 3 × 3 井字棋游戏中，有 765 个状态（唯一的棋盘位置，不包括旋转和反射），并且智能体的目标是学习一个策略，该策略将为这些状态中的每一个状态建议一个行动，以便最大化获胜的机会。

❑ 游戏可以定义为一个回合式强化学习任务。为什么？因为游戏最多持续 9 回合，环境便会达到终态。终态是三个 X 或 O 连成一条线，或者没有一个标记连成一条线并且棋盘上没有剩余空间（即平局）。

❑ 请注意，当玩家在游戏过程中"落子"时，不会得到任何奖励，除非最后玩家获胜。因此，如果智能体获胜，则获得奖励为 1；如果智能体失败，则获得奖励为 −1；如果游戏是平局，则获得奖励 0。在结束前的所有迭代中，智能体获得奖励均为 0。

❑ 我们可以通过用另一个强化学习智能体替换人类玩家来与第一个智能体竞争，从而将其变成一个多智能体强化学习问题。

希望这部分的介绍能让你对智能体、状态、行动、观测、策略和奖励的含义有所了解。这只是一个简单示例，请放心，以后它会变得更加高阶。有了上面的基础知识背景，接下来需要做的是设置我们的计算机环境，以便能够运行将在接下来的章节中介绍的强化学习算法。

1.5　设置强化学习环境

强化学习算法利用需要一些复杂硬件的最先进的机器学习库。为了适配我们将在本书中解决的示例问题，你需要设置自己的计算机环境。下面看看我们在设置中需要的硬件和软件。

1.5.1　硬件要求

如前所述，最先进的强化学习模型通常在数百块 GPU（图形处理芯片）和数千块 CPU

（芯片）上进行训练。当然，不要求你们手头就有这些资源。但是，拥有多核 CPU 将帮助你同时模拟多个智能体和环境，从而更快地收集数据。拥有 GPU 将加快用于现代强化学习算法的深度神经网络的训练。此外，为了能够有效地处理所有这些数据，还要有足够的 RAM（内存）资源。但别担心，就算使用你目前所拥有的有限资源，你也仍然会从本书中得到很多。以下是我们用于运行实验的台式机的一些配置，可供参考：

- ❑ AMD Ryzen Threadripper 2990WX CPU（32 核）
- ❑ NVIDIA GeForce RTX 2080 Ti GPU
- ❑ 128 GB RAM

作为使用昂贵硬件构建台式机的替代方案，你可以使用由不同公司提供的具有类似功能的**虚拟机**（Virtual Machine，VM）服务。最著名的如下所示：

- ❑ 亚马逊的 AWS
- ❑ 微软 Azure
- ❑ 谷歌云平台

这些云提供商还在设置过程中为你的虚拟机提供数据科学镜像，这样你就无须安装必需的深度学习软件（例如 CUDA、TensorFlow 等）。它们还提供了有关如何设置 VM 的详细指南，我们将把设置的详细信息放到这些指南中介绍。

可以使用 TensorFlow 进行小规模深度学习实验的最后一个选项是谷歌的 Colab，它提供了可以从浏览器轻松访问的 VM 实例，并安装了必要的软件。你可以立即开始在类似 Jupyter Notebook 的环境中进行实验，这是快速实验的一个非常方便的选择。

1.5.2　操作系统

当你以教育目的开发数据科学模型时，Windows、Linux 或 macOS 之间通常没有太大区别。但是，我们在本书中计划多做一些安排，即在 GPU 上运行高级强化学习库。此设定在 Linux 环境中可以得到最好的支持，我们使用的是 Ubuntu 18.04.3 LTS 发行版。另一种选择是 macOS，但机器上通常没有 GPU。最后，虽然设置可能有点复杂，但 Windows Subsystem for Linux（WSL）2 是你可以尝试的另一个选项。

1.5.3　软件工具箱

人们在为数据科学项目设置软件环境时，要做的第一件事就是安装 Anaconda，它为你提供了一个 Python 平台以及许多有用的库。

提示

　　与 Anaconda 相比，名为 virtualenv 的 CLI 工具是一种轻量级的工具，用于为 Python 创建虚拟环境，并且在大多数生产环境中更受欢迎。我们也将在某些章节中使用它。你可以在 https://virtualenv.pypa.io/en/latest/installation.html 找到 virtualenv 的安装说明。

我们将特别需要以下软件包：

❑ **Python 3.7**：Python 是当今数据科学的通用语言（lingua franca）。我们将使用 3.7 版本。

❑ **NumPy**：这是 Python 科学计算中使用的最基本的库之一。

❑ **pandas**：`pandas` 是一个广泛使用的库，提供强大的数据结构和分析工具。

❑ **Jupyter Notebook**：这是运行 Python 代码的非常方便的工具，尤其适用于小规模任务。默认情况下，它通常随 Anaconda 安装一起提供。

❑ **TensorFlow 2.x**：这将是我们作为深度学习框架的选择。我们在本书中使用 2.3.0 版本。有时，我们也会参考使用 TensorFlow 1.x 的代码库。

❑ **Ray 和 RLlib**：Ray 是一个用于构建和运行分布式应用程序的框架，它越来越受欢迎。RLlib 是一个在 Ray 上运行的库，包含许多流行的强化学习算法。在编写本书时，Ray 仅支持 Linux 和 macOS 进行生产，Windows 支持处于 alpha 阶段。我们将使用 0.8.7 版本。

❑ **gym**：这是一个由 OpenAI 创建的强化学习框架，如果你曾接触过强化学习，那么你以前可能与之交互过。它允许我们以标准方式定义强化学习环境，并让它们与 RLlib 等包中的算法进行通信。

❑ **OpenCV Python 绑定**：我们需要它来完成一些图像处理任务。

❑ **Plotly**：这是一个非常方便的数据可视化库。我们将使用 Plotly 和 `Cufflinks` 包将其绑定到 `pandas`。

你可以在终端上使用以下命令之一来安装特定软件包。对于 Anaconda，我们使用以下命令：

```
conda install pandas==0.20.3
```

对于 `virtualenv`（在大多数情况下也适用于 Anaconda），我们使用以下命令：

```
pip install pandas==0.20.3
```

有时，你可以灵活地使用包的版本，在这种情况下，你可以省略等号和后面的内容。

> **提示**
>
> 为本书创建一个特定于你的实验的虚拟环境，并在该环境中安装所有这些包始终是一个好主意。这样，你就不会破坏其他 Python 项目的依赖关系。Anaconda 提供了有关如何管理环境的综合在线文档，可在 `https://bit.ly/2QwbpJt` 获得。

现在有了这些环境，就可以开始编写强化学习代码了！

1.6 总结

本章是我们对强化学习基础知识的概览！首先，我们讨论了什么是强化学习、为什么它如此热门以及人工智能的下一个前沿。然后，我们讨论了强化学习的许多可能应用中的部分案例以及在过去几年中登上新闻头条的成功案例，还定义了会在整本书中使用的基本概念。最后，我们介绍了运行下一章将介绍的算法所需的硬件和软件。到目前为止，一切都是为了让你重新思考强化学习，激励你并让你为接下来即将发生的事情做好准备：实现先进的强化学习算法来解决富有挑战性的现实问题。在下一章，我们将深入探讨多臂老虎机问题的求解，这是一类在个性化和广告方面有很多应用的重要强化学习算法。

1.7　参考文献

- Sutton, R. S., Barto, A. G. (2018). Reinforcement Learning: An Introduction. *The MIT Press.*

- Tesauro, G. (1992). Practical issues in temporal difference learning. *Machine Learning 8, 257–277.*

- Tesauro, G. (1995). Temporal difference learning and TD-Gammon. *Commun. ACM 38, 3, 58-68.*

- Silver, D. (2018). Success Stories of Deep RL. Retrieved from `https://youtu.be/N8_gVrIPLQM`.

- Crites, R. H., Barto, A.G. (1995). Improving elevator performance using reinforcement learning. *In Proceedings of the 8th International Conference on Neural Information Processing Systems (NIPS'95).*

- Mnih, V. et al. (2015). Human-level control through deep reinforcement learning. *Nature, 518(7540), 529–533.*

- Silver, D. et al. (2018). A general reinforcement learning algorithm that masters chess, shogi, and Go through self-play. *Science, 362(6419), 1140–1144.*

- Vinyals, O. et al. (2019). Grandmaster level in StarCraft II using multi-agent reinforcement learning. *Nature.*

- OpenAI. (2018). OpenAI Five. Retrieved from `https://blog.openai.com/openai-five/`.

- Heess, N. et al. (2017). Emergence of Locomotion Behaviours in Rich Environments. *ArXiv, abs/1707.02286.*

- OpenAI et al. (2018). Learning Dexterous In-Hand Manipulation. *ArXiv, abs/1808.00177.*

- OpenAI et al. (2019). Solving Rubik's Cube with a Robot Hand. *ArXiv, abs/1910.07113.*

- OpenAI Blog (2019). Solving Rubik's Cube with a Robot Hand. Retrieved from `https://openai.com/blog/solving-rubiks-cube/`.

- Zheng, G. et al. (2018). DRN: A Deep Reinforcement Learning Framework for News Recommendation. *In Proceedings of the 2018 World Wide Web Conference (WWW '18). International World Wide Web Conferences Steering Committee, Republic and Canton of Geneva, CHE, 167–176. DOI:* `https://doi.org/10.1145/3178876.3185994`.

- Chandrashekar, A. et al. (2017). Artwork Personalization at Netflix. *The Netflix*

Tech Blog. Retrieved from `https://medium.com/netflix-techblog/artwork-personalization-c589f074ad76`.

- McKinney, S. M. et al. (2020). International evaluation of an AI system for breast cancer screening. *Nature, 89-94*.

- Agrawal, R. (2018, March 8). *Microsoft News Center India*. Retrieved from `https://news.microsoft.com/en-in/features/microsoft-ai-network-healthcare-apollo-hospitals-cardiac-disease-prediction/`.

第 2 章

多臂老虎机

当你登录最喜欢的社交媒体应用程序时，你可能会看到当时测试过的众多应用程序版本之一。当你访问网站时，向你展示的广告是根据你的个人资料量身定制的。在许多在线购物平台上，价格是动态确定的。你知道所有这些有什么共同点吗？它们通常被建模为**多臂老虎机**（Multi-Armed Bandit，MAB）问题，以确定最优决策。多臂老虎机问题是强化学习的一种形式，其中智能体在由单个步骤组成的问题范围内做出决策。因此，目标是仅最大化即时奖励，且不考虑任何后续步骤的后果。虽然这是对多步强化学习的简化，但智能体仍然必须处理强化学习的基本权衡问题：探索可能导致更高奖励的新行动与利用已知的好行动。广泛的交易问题，例如前面提过的那些，都涉及优化这种**探索–利用**（exploration-exploitation）权衡。在接下来的两章，你将了解这种权衡的含义——这将是几乎所有强化学习方法中反复出现的主题——并学习如何有效地解决它。

本章我们通过解决未考虑采取行动的"上下文"的多臂老虎机问题来打下基础，例如，访问感兴趣的网站/应用程序的用户的个人资料、一天中的时间等。为此，我们涵盖了四种基本的探索策略。在下一章，我们将扩展这些策略以解决**上下文多臂老虎机**（contextual MAB）问题。在这两章中，我们都使用在线广告作为我们的运行案例研究，这是老虎机问题的一个重要应用。

2.1 探索–利用权衡

正如我们之前提到的，强化学习就是在没有监督者为智能体标记正确行动的情况下，完全从经验中学习。智能体观测其行动的后果，确定在每种情况下哪些行动会导致最高的回报，并从这种经验中学习。现在，想想你从自己的经验中学到的东西——例如，如何为准备考试进行学习。你可能会探索不同的方法，直到发现最适合自己的方法。也许你首先为了考试而选择定期学习，然后你测试了在考试前最后一晚学习是否足够有效——也许它适用于某些类型的考试。关键在于，你必须**探索**找到最大化你的"奖励"的方法，这是关于你的考试分数、休闲活动所花费的时间、考试前和考试期间的焦虑水平等"参数"的函数。事实上，探索对于任何基于经验的学习来说都是必不可少的。否则，我们可能永远不会发现更好的做事方式或者更加行之有效的方法。另一方面，我们不能总是尝试新方法。不利用我们已经学到的东西是愚蠢的。所以，在探索和利用之间有一个权衡，这种权衡是强化学习的核心之一。为了高效地学习，平衡这种权衡是至关重要的。

如果探索–利用权衡是所有强化学习问题面临的挑战，那为什么我们要在多臂老虎机的背景下专门提出它呢？这主要有两个原因：

- ❏ 多臂老虎机是一步（one-step）强化学习。因此，它使我们能够隔离开多步强化学习的复杂性来研究各种探索策略，并有可能证明它们在理论上有多好。
- ❏ 虽然在多步强化学习中，我们经常离线（和在模拟器中）训练智能体并在线使用其策略，但在多臂老虎机问题中，智能体通常是在线训练和使用的（几乎总是）。因此，低效的探索成本不仅包括计算机时间：它实际上是通过不良行动消耗了真实的金钱。因此，在多臂老虎机问题中有效地平衡探索与利用变得至关重要。

考虑到这一点，现在是定义多臂老虎机问题的时候了，下面看一个例子。

2.2 什么是多臂老虎机问题

多臂老虎机问题就是，通过试错来确定智能体可用的一组行动中的最优行动，例如，在一些替代方案中找出网站的最优外观，或找出产品的最优广告横幅。我们将关注更常见的多臂老虎机变体，其中智能体可以使用 k 个离散行动，也称为 **k- 臂老虎机问题**（k-armed bandit problem）。

我们通过由其得名的示例来更详细地定义该问题。

2.2.1 问题定义

多臂老虎机问题以玩家需要从一排老虎机中选择一个老虎机来玩的案例命名：

- ❏ 当拉动一台老虎机的杠杆时，它会根据特定于该机器的概率分布提供随机奖励。
- ❏ 尽管老虎机看起来相同，但它们的奖励概率分布不同。

玩家试图最大化他们的总奖励。因此，在每一轮中，他们都需要决定是玩迄今为止平均奖励最高的老虎机，还是尝试另一台老虎机。游戏开始时，玩家都不知道每台老虎机的奖励分配。

显然，玩家需要在利用迄今为止最好的方法和探索替代方法之间找到平衡（如图 2-1 所示）。为什么需要这样？因为奖励是随机的。从长远来看，一台不会提供最高平均奖励的老虎机有可能碰巧会出最高的奖励。

因此，为总结多臂老虎机问题的具体情况，我们可以声明以下内容：

- ❏ 智能体执行序贯行动。每次行动后，都会收到奖励。
- ❏ 一个行动只影响即时奖励，而不影响后续奖励。

❑ 系统中不存在随着智能体采取的行动而改变的"状态"。

❑ 智能体没有用于做出决策的输入。这将在下一章讨论上下文老虎机（contextual bandit）时出现。

图 2-1 多臂老虎机问题涉及在多个选项中确定最优的机臂

下面我们通过实际编写一个示例代码来更好地理解这个问题。

2.2.2 一个简单多臂老虎机问题的实验

在本节中，你会通过一个示例体验到解决一个简单多臂老虎机问题是多么棘手。我们将创建一些虚拟的老虎机，并尝试通过识别最幸运的老虎机来最大化总奖励。此代码可在 GitHub 代码库上的 Chapter02/Multi-armed bandits.ipynb 中找到。

2.2.2.1 设置虚拟环境

在开始之前，建议你使用 virtualenv 或使用 conda 命令为此练习创建一个虚拟环境。在终端中，于要放置虚拟环境文件的目录下执行以下命令：

```
virtualenv rlenv
source rlenv/bin/activate
pip install pandas==0.25.3
pip install plotly==4.10.0
pip install cufflinks==0.17.3
pip install jupyter
ipython kernel install --name «rlenv» -user
jupyter notebook
```

这将打开一个带有 Jupyter Notebook 的浏览器。找到你从代码库中获取的 .ipynb 文件，打开它，将内核设置为我们刚创建的 rlenv 环境。

2.2.2.2 老虎机练习

开始练习：

1.首先，为单个老虎机创建一个类，该类根据给定的均值和标准差，提供服从正态

（高斯）分布的奖励：

```python
import numpy as np

# Class for a single slot machine. Rewards are Gaussian.
class GaussianBandit(object):
    def __init__(self, mean=0, stdev=1):
        self.mean = mean
        self.stdev = stdev

    def pull_lever(self):
        reward = np.random.normal(self.mean, self.stdev)
        return np.round(reward, 1)
```

2. 接下来，我们创建一个类来模拟游戏：

```python
class GaussianBanditGame(object):
    def __init__(self, bandits):
        self.bandits = bandits
        np.random.shuffle(self.bandits)
        self.reset_game()

    def play(self, choice):
        reward = self.bandits[choice - 1].pull_lever()
        self.rewards.append(reward)
        self.total_reward += reward
        self.n_played += 1
        return reward

    def user_play(self):
        self.reset_game()
        print("Game started. " +
            "Enter 0 as input to end the game.")
        while True:
            print(f"\n -- Round {self.n_played}")
            choice = int(input(f"Choose a machine " +
                    f"from 1 to {len(self.bandits)}: "))
            if choice in range(1, len(self.bandits) + 1):
                reward = self.play(choice)
                print(f"Machine {choice} gave " +
                    f"a reward of {reward}.")
                avg_rew = self.total_reward/self.n_played
                print(f"Your average reward " +
                        f"so far is {avg_rew}.")
            else:
                break
        print("Game has ended.")
        if self.n_played > 0:
            print(f"Total reward is {self.total_reward}"
```

```
                      f" after {self.n_played} round(s).")
              avg_rew = self.total_reward/self.n_played
              print(f"Average reward is {avg_rew}.")

      def reset_game(self):
          self.rewards = []
          self.total_reward = 0
          self.n_played = 0
```

游戏实例接收老虎机列表作为输入，然后它会打乱老虎机的顺序，这样你就不会识别出哪台老虎机提供最高的平均奖励。在每一步中，你将选择其中一台老虎机并获得最高奖励。

3. 然后，我们创建一些老虎机和一个游戏实例：

```
slotA = GaussianBandit(5, 3)
slotB = GaussianBandit(6, 2)
slotC = GaussianBandit(1, 5)
game = GaussianBanditGame([slotA, slotB, slotC])
```

4. 现在，通过调用游戏对象中的 user_play() 方法开始玩游戏：

```
game.user_play()
```

输出如下所示：

Game started. Enter 0 as input to end the game.
-- Round 0
Choose a machine from 1 to 3:

5. 当你输入自己的选择时，会看到在该轮中得到的奖励。我们对老虎机一无所知，所以就从 1 开始：

Choose a machine from 1 to 3: 1
Machine 1 gave a reward of 8.4.
Your average reward so far is 8.4.

看来我们的开局不错！你可能认为这个奖励最接近我们对老虎机 slotB 的期望，所以没有理由尝试其他机器并赔钱！

6. 让我们用同一台机器多玩几轮：

```
-- Round 1
Choose a machine from 1 to 3: 1
Machine 1 gave a reward of 4.9.
Your average reward so far is 6.65.
 -- Round 2
Choose a machine from 1 to 3: 1
Machine 1 gave a reward of -2.8.
Your average reward so far is 3.5.
```

事实上，这看起来像是最糟糕的机器! 老虎机 slotA 或 slotB 不可能给出 -2.8 的奖励。

7. 让我们通过查看游戏中第一台老虎机的均值参数来检查它拥有什么（请记住，第一台机器对应于 bandits 列表中的索引 0）。执行 game.bandits[0].mean，运行结果给出 1 作为输出!

事实上，我们认为我们选择了最好的机器，即便它是最差的! 为什么会这样呢? 同样，奖励是随机的。根据奖励分布的差异，特定奖励可能与我们期望从该机器获得的平均奖励大不相同。出于这个原因，在我们经历足够多的游戏回合之前，不太可能知道该拉哪个杠杆。事实上，只有少数样本，我们的观察结果可能会像刚才发生的那样具有误导性。此外，如果你自己玩游戏，你会发现很难区分 slotA 和 slotB，因为它们的奖励分布是相似的。你可能会想，"这是件大事吗?"。可能是的，如果差异对应大量的金钱和资源的话，就像许多实际应用程序的情况一样。

接下来，我们介绍一个在线广告的应用程序，这将是本章和下一章的运行示例。

2.3 案例研究: 在线广告

假设一家公司希望通过数字横幅（banner）在各种网站上宣传产品，旨在吸引访问者访问该产品的登录页面。在多个备选方案中，广告公司想找出哪个横幅最有效且**点击率**（Click-Through Rate，CTR）最高，点击率被定义为广告获得的总点击次数除以总展示次数（数字显示的次数）。

每当一个横幅即将在网站上展示时，广告商的算法便会选择该横幅（例如，通过广告商提供给网站的 API）并观测展示是否会带来点击。这是多臂老虎机模型的一个很好的用例，可以提高点击次数和产品销售量。我们希望多臂老虎机模型做的是尽早识别表现最好的广告，更多地展示它，并尽早注销明显失败的广告。

> **提示**
>
> 观测一个广告展示后被点击或不被点击的概率是一个二值结果，可以用伯努利分布来建模。它有一个参数 p，即收到点击的概率，或更一般地说，观测到 1 而不是 0。请注意，这是一个离散概率分布，而我们之前使用的正态分布是连续分布。

在前面的例子中，我们的奖励来自正态分布。在线广告案例是一个二值结果。对于每个广告版本，都有不同的点击率，这个点击率广告商并不知道，但正在试图发现。因此，奖励将来自每个广告的不同伯努利分布。我们对此编写代码，以便稍后与我们的算法一起使用。

1. 首先创建一个类来模拟广告行为:

```python
class BernoulliBandit(object):
    def __init__(self, p):
```

```
            self.p = p
        def display_ad(self):
            reward = np.random.binomial(n=1, p=self.p)
            return reward
```

2. 现在，用任意选择的相应点击率创建五个不同的广告（横幅）：

```
adA = BernoulliBandit(0.004)
adB = BernoulliBandit(0.016)
adC = BernoulliBandit(0.02)
adD = BernoulliBandit(0.028)
adE = BernoulliBandit(0.031)
ads = [adA, adB, adC, adD, adE]
```

到目前为止，还不错。现在是时候实现一些探索策略来最大化广告活动的点击率了。

2.4　A/B/n 测试

最常见的探索策略之一是所谓的 **A/B 测试**，这是确定两种替代方案（在线产品、页面、广告等）中哪一种表现更好的方法。在这种类型的测试中，用户被随机分成两组来尝试不同的选择。在测试期结束时，将结果进行比较以选择最优替代方案，然后将其用于生产中剩余的问题范围。在我们的例子中，存在两个以上的广告版本。因此，我们将实现所谓的 **A/B/n 测试**。

我们将使用 A/B/n 测试作为基准策略，以便与稍后介绍的更高级的方法进行比较。在开始实现之前，我们需要定义一些符号，我们将在本章使用这些符号。

2.4.1　符号

在各种算法的整个实现过程中，我们需要跟踪与特定行动 a（选择用于展示的广告）相关的一些量。现在，我们为这些量定义一些符号。最初，为简洁起见，我们从符号中删除了 a，但在本节末尾，我们将把它放回去。

❑ 首先，我们用 R_i 表示第 i 次选择行动 a 后收到的奖励（即 1 表示点击，0 表示没有点击）。

❑ 在第 n 次选择相同行动之前观测到的平均奖励定义如下：

$$Q_n \triangleq \frac{R_1 + R_2 + \cdots + R_{n-1}}{n-1}$$

❑ 在 $n-1$ 次观测后，这估计了此行动产生的奖励的预期值 R。

❑ 这也称为 a 的**行动值**（action value）。此处，这是选择此行动 $n-1$ 次后对行动值的估计 Q_n。

❑ 现在，需要一些简单的代数运算，我们将有一个非常方便的公式来更新行动值：

$$Q_{n+1} = \frac{R_1 + R_2 + \cdots + R_n}{n}$$

$$= \frac{R_1 + R_2 + \cdots + R_{n-1}}{n} + \frac{R_n}{n}$$

$$= \frac{n-1}{n-1} \cdot \frac{R_1 + R_2 + \cdots + R_{n-1}}{n} + \frac{R_n}{n}$$

$$= \frac{n-1}{n} \cdot \frac{R_1 + R_2 + \cdots + R_{n-1}}{n-1} + \frac{R_n}{n}$$

$$= \frac{n-1}{n} \cdot Q_n + \frac{R_n}{n}$$

$$= Q_n + \frac{1}{n} \cdot (R_n - Q_n)$$

❑ 请记住，Q_n 是第 n 次执行行动前对 a 的行动值的估计。当我们观测奖励 R_n 时，它给了另一个行动值的信号。我们不想丢弃之前的观测结果，但也想更新我们的估计，以反映新信号。

因此，根据最新观测到的奖励 $R_n - Q_n$，朝着我们计算的**误差**方向调整当前的估计值 Q_n，**步长**为 $1/n$，继而获得新的估计值 Q_{n+1}。这意味着，例如，如果最近观测到的奖励大于当前的估计值，我们会向上修改行动值的估计值。

❑ 为方便起见，定义 $Q_0 \triangleq 0$。

❑ 请注意，由于 $1/n$ 项，随着我们进行更多观测，我们调整估计的比率将变小。因此，我们对最新的观测不太重视，对特定行动的行动值的估计会随着时间的推移而稳定下来。

❑ 但是，如果环境不是静止而是随时间变化的，这可能是不利的。在这些情况下，我们希望使用不会随时间减小的步长，例如，固定的步长 $\alpha \in (0,1)$。

❑ 请注意，此步长必须小于 1 才能使估计收敛（并且大于 0 才能正确更新）。

❑ 对 α 使用固定值将使旧观测值的权重随着我们越来越多地采取行动 α 而呈指数下降。

将 α 代入符号，这样可以获得更新行动值的公式：

$$Q_{n+1}(a) = Q_n(a) + \alpha(R_n(\alpha) - Q_n(a))$$

此处，α 是一个介于 0 和 1 之间的数。对于平稳问题，我们通常设置为 $\alpha = 1/N(a)$，其中 $N(a)$ 是行动 a 执行到该点的次数（初始用 n 表示）。在平稳问题中，这将有助于行动值更快地收敛，因为 $1/N(a)$ 项是递减的，而不是追逐带有噪声的观测结果。

这就是我们所需要的。现在我们来实现一个 A/B/n 测试。

2.4.2 应用于在线广告场景

在我们的例子中有 5 个不同的广告版本，以相同的概率随机向用户展示。以下用 Python 实现：

1. 首先创建变量来跟踪实验中的奖励：

```
n_test = 10000
n_prod = 90000
n_ads = len(ads)
Q = np.zeros(n_ads)  # Q, action values
N = np.zeros(n_ads)  # N, total impressions
total_reward = 0
avg_rewards = []  # Save average rewards over time
```

2. 现在，运行 A/B/n 测试：

```
for i in range(n_test):
    ad_chosen = np.random.randint(n_ads)
    R = ads[ad_chosen].display_ad() # Observe reward
    N[ad_chosen] += 1
    Q[ad_chosen] += (1 / N[ad_chosen]) * (R - Q[ad_
chosen])
    total_reward += R
    avg_reward_so_far = total_reward / (i + 1)
    avg_rewards.append(avg_reward_so_far)
```

　　记得在测试期间随机选择要展示的广告，并观测它是否得到点击。更新计数器、行动值估计和目前观测到的平均奖励。

3. 在测试期结束时，我们选择获胜者作为获得最高行动值的广告：

```
best_ad_index = np.argmax(Q)
```

4. 使用 print 语句显示获胜者：

```
print("The best performing ad is {}".format(chr(ord('A')
+ best_ad_index)))
```

5. 结果如下：

```
The best performing ad is D.
```

　　在这种情况下，A/B/n 测试将 D 识别为性能最好的广告，这并不完全正确。显然，测试时间不够长。

6. 运行上述 A/B/n 测试中确定的最优广告：

```
ad_chosen = best_ad_index
for i in range(n_prod):
    R = ads[ad_chosen].display_ad()
    total_reward += R
    avg_reward_so_far = total_reward / (n_test + i + 1)
    avg_rewards.append(avg_reward_so_far)
```

　　在此阶段，我们不探索任何其他行动。因此，广告 D 的错误选择将在整个生产周期中产生影响。我们继续记录迄今为止观测到的平均奖励，以便稍后可视化广告活动的表现。

现在，是时候可视化结果了。

7. 创建一个 pandas DataFrame 来记录 A/B/n 测试的结果：

```
import pandas as pd
df_reward_comparison = pd.DataFrame(avg_rewards,
columns=['A/B/n'])
```

8. 为了显示平均奖励的进度，我们在 Plotly 上加上了 Cufflinks：

```
import cufflinks as cf
import plotly.offline
cf.go_offline()
cf.set_config_file(world_readable=True, theme="white")

df_reward_comparison['A/B/n'].iplot(title="A/B/n Test
Avg. Reward: {:.4f}"
                                    .format(avg_reward_so_
far),

                                    xTitle='Impressions',
                                    yTitle='Avg. Reward')
```

输出结果如图 2-2 所示。

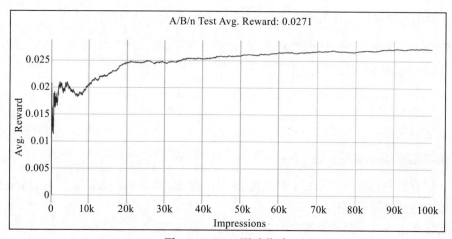

图 2-2　A/B/n 测试奖励

从图 2-2 可以看出，探索结束后，平均奖励接近 2.8%，这是广告 D 的期望点击率。另外，由于在前 1 万次展示期间进行探索，我们尝试了几种糟糕的替代方案，10 万次展示后的点击率最终为 2.71%。如果 A/B/n 测试确定广告 E 为最优选择的话，我们本可以获得更高的点击率。

就是这样！我们刚实现了 A/B/n 测试。总体而言，该测试能够为我们识别出最好的广告之一，尽管不是唯一最好的。接下来，我们将讨论 A/B/n 测试的优缺点。

2.4.3　A/B/n 测试的优缺点

现在，让我们定性地评估这种方法，并讨论它的缺点：

❑ **A/B/n 测试效率低下，因为它不会通过从观测中学习来动态修改实验**。相反，它在固定的时间预算中，以预先确定的概率来尝试替代方案。它不能通过取消 / 推广替代方案从测试内的早期观测中受益，即使它的表现明显低于 / 优于其他替代方案。

❑ **决定一旦做出就无法纠正**。如果受某种原因影响，测试期间错误地将替代方案确定为最优选择（主要是因为测试持续时间不够长），则该选择在生产期间保持不变。因此，无法在部署范围的其余部分更正决策。

❑ **无法适应动态环境的变化**。与之前的注释相关，这种方法对于非静止环境尤其有问题。因此，如果潜在的奖励分布随时间变化，则在选择确定后，普通的 A/B/n 测试无法检测到这种变化。

❑ **测试周期的长度是一个需要调整的超参数，会影响测试的效率**。如果选择的这个时间段比需要的时间短，那么由于观测中的噪声，一个不正确的替代方案可能会被宣布为最优选择。如果选择的测试周期太长，太多的钱就会浪费在探索上。

❑ **A/B/n 测试很简单**。尽管存在这些缺点，但它直观且易于实现，因此在实践中得到了广泛的应用。

所以，对于多臂老虎机问题来说，A/B/n 测试是一个相当初级的方法。接下来，我们从 ε- 贪心策略⊖开始研究其他一些更高级的方法，这些方法将克服 A/B/n 测试的一些缺点。

2.5　ε- 贪心策略行动

对于探索 – 利用问题，一种易于实现、有效且广泛使用的方法就是所谓的 ε- **贪心策略行动**。这种方法表明，在大多数情况下，根据实验中该点观测到的奖励（即以 $1-\varepsilon$ 的概率）贪心地采取最优行动。但偶尔（即以 ε 概率）采取随机行动，不管行动表现如何。此处，ε 是一个介于 0 和 1 之间的数字，通常接近于零（例如，0.1），以便在大多数决策中"利用"。通过这种方式，该方法允许在整个实验过程中不断地探索替代行动。

2.5.1　应用于在线广告场景

现在，对我们的在线广告场景实现 ε- 贪心策略行动：

1. 首先初始化实验所需的变量，它将跟踪行动值估计、每个广告被展示的次数以及奖励的移动平均值：

```
eps = 0.1
n_prod = 100000
```

⊖　也可叫作 ε- 贪婪策略。——编辑注

```
n_ads = len(ads)
Q = np.zeros(n_ads)
N = np.zeros(n_ads)
total_reward = 0
avg_rewards = []
```

请注意，我们为 ε 选择 0.1，这是一个有点随意的选择。不同的 ε 值会导致不同的性能，因此应将其视为要调整的超参数。更复杂的方法是从大 ε 值开始，然后逐渐减小它。我们稍后会谈到这个问题。

2. 接下来运行实验。注意我们如何选择概率为 ε 的随机行动，否则选择最优行动。行动值估计会根据我们之前描述的规则被更新：

```
ad_chosen = np.random.randint(n_ads)
for i in range(n_prod):
    R = ads[ad_chosen].display_ad()
    N[ad_chosen] += 1
    Q[ad_chosen] += (1 / N[ad_chosen]) * (R - Q[ad_
chosen])
    total_reward += R
    avg_reward_so_far = total_reward / (i + 1)
    avg_rewards.append(avg_reward_so_far)
    # Select the next ad to display
    if np.random.uniform() <= eps:
        ad_chosen = np.random.randint(n_ads)
    else:
        ad_chosen = np.argmax(Q)
df_reward_comparison['e-greedy: {}'.format(eps)] = avg_
rewards
```

3. 针对不同的 ε 值（即 0.01、0.05、0.1 和 0.2）运行步骤 1 和 2。然后，比较 ε 选择对性能的影响，如下：

```
greedy_list = ['e-greedy: 0.01', 'e-greedy: 0.05',
'e-greedy: 0.1', 'e-greedy: 0.2']
df_reward_comparison[greedy_list].iplot(title="ε-Greedy
Actions",
 dash=['solid', 'dash', 'dashdot', 'dot'],
xTitle='Impressions',
yTitle='Avg. Reward')
```

输出结果如图 2-3 所示。

最好的奖励由 $\varepsilon = 0.05$ 和 $\varepsilon = 0.1$ 给出，为 2.97%。事实证明，其他两个 ε 值的探索要么太小，要么太大。此外，所有 ε- 贪心策略都比 A/B/n 测试给出的结果好，特别是因为 A/B/n 测试在特定情况下碰巧做出了错误的选择。

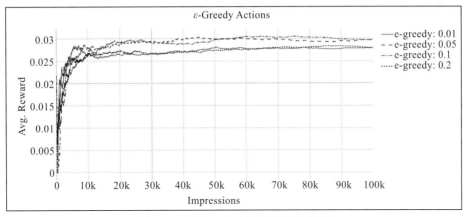

图 2-3 使用 ε- 贪心策略行动的探索

2.5.2 ε- 贪心策略行动的优缺点

下面我们来谈谈使用 ε- 贪心策略行动的利弊：

❑ **ε- 贪心策略行动和 A/B/n 测试在分配探索预算方面同样效率低下且是静态的。** ε- 贪心策略方法也无法取消明显不好的行动，并继续为每个备选方案分配相同的探索预算。例如，在实验进行到一半时，很明显广告 A 的效果很差。使用探索预算来尝试区分其余备选方案以确定最优方案，这样做会更有效。与此相关的是，如果某个特定行动在任何时候都没有充分探索 / 过度探索，则不会相应地调整探索预算。

❑ **使用采用 ε- 贪心策略行动，探索是连续的，这与 A/B/n 测试不同。** 这意味着如果环境不是静止的，ε- 贪心策略方法有可能发现变化并修改其对最优替代方案的选择。但是，在静止环境中，我们可以预期 A/B/n 测试和 ε- 贪心策略方法的性能相似，因为它们在性质上非常相似，除非它们进行探索。

❑ **通过动态改变 ε 值，可以使 ε- 贪心策略行动方法更加高效。** 例如，可以从大 ε 值开始以探索更多，然后逐渐减小它以在后续探索更多。这样，依旧存在不断的探索，但没有最初对环境一无所知时那么多。

❑ **通过增加最近观测的重要性，可以使 ε- 贪心策略行动方法更具活力。** 在标准版本中，前面的 Q 值计算为简单的平均值。请记住，在动态环境中，我们可以使用以下公式：

$$Q_{n+1}(a) = Q_n(a) + \alpha(R_n(a) - Q_n(a))$$

这将成倍地减少旧观测的权重，并使该方法能够更轻松地检测环境中的变化。

❑ **修改 ε- 贪心策略行动方法会引入新的超参数，需要对其进行调整。** 之前的两个建议——逐渐减小 ε 和对 Q 使用指数平滑——都带有额外的超参数，并且将这些设置为什么值可能并不明显。此外，这些超参数的错误选择可能会导致比标准版本更糟糕的结果。

到现在为止还挺好！我们使用 ε- 贪心策略行动来优化在线广告活动，并获得了比 A/B/n 测试更好的结果。我们还讨论了如何修改这种方法以在更广泛的环境中使用。然而，行动的 ε- 贪心策略选择仍然过于静态，我们可以做得更好。现在，让我们研究另一种方法，即置信上界，它动态地调整对行动的探索。

2.6 使用置信上界进行行动选择

置信上界（Upper Confidence Bound，UCB）是一种简单而有效的解决方案，可以解决探索与利用之间的权衡。这个想法是在每个时间步选择具有最高奖励潜力的行动。行动的潜力被计算为行动值估计和该估计的不确定性度量的总和。这个总和就是所谓的置信上界。因此，选择一个行动或是因为对行动值的估计很高，或是因为该行动没有被充分探索（即与其他行动一样多）并且其价值具有高度不确定性，或是两者兼而有之。

更为形式化地，可以使用以下公式选择要在时间 t 采取的行动：

$$A_t \triangleq \arg\max_a \left[Q_t(a) + c\sqrt{\frac{\ln t}{N_t(a)}} \right]$$

我们稍微拆解一下：

- 现在，我们使用的符号与之前介绍的符号略有不同。$Q_t(a)$ 和 $N_t(a)$ 与之前的含义基本相同。该公式查看变量值，这些值可能不久前在做决策时（t 时）已更新，而前面的公式描述了如何更新它们。
- 该等式中，平方根项是对 a 的行动值估计的不确定性的度量。
- 我们选择 a 越多，关于其值的不确定性就越小，分母中的 $N_t(a)$ 项也是如此。
- 然而，随着时间的推移，不确定性会因 $\ln t$ 项而增加（这在环境不稳定的情况下尤其有意义），因此鼓励进行更多的探索。
- 另外，决策过程中对不确定性的强调由超参数 c 控制。这显然需要调整，错误的选择可能会降低方法中的价值。

现在，是时候看看置信上界的表现了。

2.6.1 应用于在线广告场景

继续执行置信上界方法来优化广告展示：

1. 像往常一样，先初始化必要的变量：

```
c = 0.1
n_prod = 100000
n_ads = len(ads)
```

```
ad_indices = np.array(range(n_ads))
Q = np.zeros(n_ads)
N = np.zeros(n_ads)
total_reward = 0
avg_rewards = []
```

2. 现在，实现主循环以使用置信上界进行行动选择：

```
for t in range(1, n_prod + 1):
    if any(N==0):
        ad_chosen = np.random.choice(ad_indices[N==0])
    else:
        uncertainty = np.sqrt(np.log(t) / N)
        ad_chosen = np.argmax(Q + c * uncertainty)
    R = ads[ad_chosen].display_ad()
    N[ad_chosen] += 1
    Q[ad_chosen] += (1 / N[ad_chosen]) * (R - Q[ad_
chosen])
    total_reward += R
    avg_reward_so_far = total_reward / t
    avg_rewards.append(avg_reward_so_far)
df_reward_comparison['UCB, c={}'.format(c)] = avg_rewards
```

请注意，我们在每个时间步中选择具有最高置信上界的行动。如果某个行动尚未被选择，则它具有最高的置信上界。如果有多个这样的行动，我们会随机打破联系。

3. 如前所述，不同的 c 选择会导致不同的性能水平。使用不同的超参数 c 选择运行步骤 1 和 2。然后，比较结果如下：

```
ucb_list = ['UCB, c=0.1', 'UCB, c=1', 'UCB, c=10']
best_reward = df_reward_comparison.loc[t-1,ucb_list].
max()
df_reward_comparison[ucb_list].iplot(title='Action
Selection using UCB. Best avg. reward: {:.4f}'
                                     .format(best_reward),
                                     dash = ['solid',
'dash', 'dashdot'],
                                     xTitle='Impressions',
                                     yTitle='Avg. Reward')
```

输出结果如图 2-4 所示。

在这种情况下，使用置信上界进行探索，经过一些超参数调整后，得到了更好的结果（点击率为 3.07%），优于 ε- 贪心策略探索和 A/B/n 测试！当然，"房间里的大象"是如何进行这种超参数调整的。有趣的是，这本身就是一个多臂老虎机问题！首先，你必须形成一组合理的 c 值，并使用我们迄今为止描述的方法之一选择最优值。

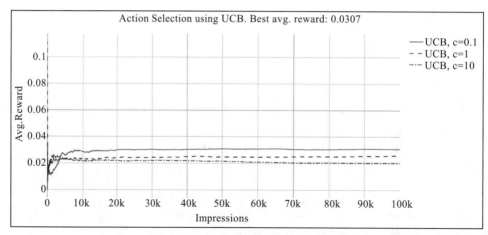

图 2-4 使用置信上界探索

提示

以对数尺度尝试超参数，例如 [0.01,0.1,1,10] ，而不是线性尺度，例如 [0.08,0.1, 0.12,0.14] 。前者允许探索不同的数量级，在那里我们可以看到性能的显著提升。在确定正确的数量级后，可以使用线性尺度搜索。

为了让事情不那么复杂，你可以使用 A/B/n 测试来选择 c。这可能看起来像一个无限循环——构造一个多臂老虎机来解决一个多臂老虎机问题，它本身可能有一个超参数要调整，等等。幸运的是，一旦确定了适合所要解决的问题类型（例如，在线广告）的良好参数值 c，通常就可以在以后的实验中反复使用相同的值，只要奖励规模保持相当（例如，大约 1% ～ 3% 的在线广告点击率）。

2.6.2 使用置信上界的优缺点

最后，我们讨论一下置信上界方法的一些优缺点：

☐ **置信上界是一种"一劳永逸"的方法。** 它系统地、动态地将预算分配给需要探索的替代方案。如果环境发生了变化——例如，如果受某种原因影响，某个广告变得更受欢迎，继而使奖励结构发生了变化——那么该方法将相应地调整其行动选择。

☐ **置信上界可以针对动态环境进一步优化，可能以引入额外的超参数为代价。** 我们为置信上界提供的公式很常见，但可以改进——例如，通过使用指数平滑来计算 Q 值。文献中也有对不确定性成分更有效的估计。但是，这些修改可能会使该方法变得更加复杂。

☐ **置信上界可能难以调整。** 对于 ε-贪心策略方法来说"我想在 10% 的时间里探索，在其余时间利用"比对置信上界方法说"我希望我的 c 值是 0.729"要容易一些，尤其是当你在一个全新的问题上尝试这些方法时。如果未调整，置信上界实现可能会产生意想不到的糟糕结果。

你可以上路了！你现在已经对在线广告问题实现了多种方法，并且使用置信上界方法能够在潜在的非平稳环境中有效地管理探索。接下来，我们将介绍另一种非常强大的方法——汤普森采样（Thompson sampling），这将是你的方法库的一个很好的补充。

2.7　汤普森（后）采样

多臂老虎机问题的目标是估计每个臂（即前面示例中要显示的广告）的奖励分布的参数。此外，衡量我们对估计的不确定性是指导探索策略的好方法。这个问题非常适合贝叶斯推理框架，汤普森采样所利用的就是此框架。贝叶斯推理从先验概率分布（对参数 θ 的初始想法）开始，并在数据可用时更新此先验分布。这里，θ 指的是正态分布的均值和方差，以及伯努利分布观测到 1 的概率。因此，贝叶斯方法将参数视为给定数据的随机变量。其对应公式如下：

$$p(\theta \mid X) = \frac{p(X \mid \theta) p(\theta)}{p(X)}$$

在这个公式中，$p(\theta)$ 是 θ 的**先验分布**，代表了当前对其分布的假设。X 表示数据，我们通过它获得**后验分布** $p(\theta \mid X)$。这是我们根据观察到的数据对参数分布的更新假设。$p(\theta \mid X)$ 被称为**可能性**（观察给定参数的数据 X），$p(X)$ 被称为**证据**。

接下来，看看如何对结果类型为 0 ~ 1 的案例实现汤普森采样，例如在在线广告场景中如何实现采样。

2.7.1　应用于在线广告场景

在我们的示例中，对于给定的广告 k，观察点击是一个带有参数 θ_k 的伯努利随机变量，我们试图估计它。由于 θ_k 本质上是广告 k 在显示时被点击的概率，因此点击率介于 0 和 1 之间。请注意，除在线广告之外的许多问题都有这样的二值结果。因此，我们的讨论和这里的公式可以扩展到其他类似情况。

2.7.1.1　汤普森采样的细节

现在，让我们看看如何使用贝叶斯方法来解决我们的问题：

❑ 最初，我们没有任何理由相信给定广告的参数是高是低。因此，假设 θ_k 在 [0,1] 上具有均匀分布是有意义的。

❑ 假设广告 k 被展示并产生了点击。我们将此作为更新 θ_k 概率分布的信号，以便期望值向 1 移动一点。

❑ 随着收集的数据越来越多，我们还应该看到参数收缩的方差估计。这正是我们想要平衡探索和利用的方式。当使用置信上界时，我们做了类似的事情：我们使用对参数的估计以及估计周围的相关不确定性来指导探索。汤普森采样使用贝叶斯推理，做法完全相同。

❑ 此方法告诉我们从参数的后验分布 $p(\theta_k \mid X)$ 中抽取样本。如果 θ_k 期望值高，我们很可能会得到更接近1的样本。如果因为那时广告没有被多次选择，所以使方差较高，那么我们的样本也会有高方差，这将导致探索。在给定的时间步，我们为每个广告抽取一个样本并选择最大的样本来确定要展示的广告。

在我们的示例中，应用之前描述的逻辑，可能性（广告展示导致点击的机会）是伯努利分布。以下是用较少的技术术语描述的实际情况：

❑ 我们想了解每个广告的点击率是多少。我们有估计，但对它们不确定，所以我们将概率分布与每个点击率相关联。

❑ 随着新数据的出现，点击率的概率分布被更新。

❑ 到了选择广告的时候，我们会猜测每个广告 k 的点击率，即样本 θ_k。然后选择碰巧猜到最高点击率的广告。

❑ 如果广告点击率的概率分布有很大的方差，这意味着这个广告点击率非常不确定。这将导致我们对该特定广告进行疯狂猜测并更频繁地选择它，直到方差减少——也就是说，我们让这个广告的点击率变得更加确定。

现在，来谈谈伯努利分布的更新规则。如果你不完全理解这里的术语，也没关系。前面的解释应该告诉你发生了什么：

❑ 用于先验的一个常见选择是贝塔（beta）分布。要记得参数 θ 的值在[0,1]之内。因此，我们需要使用对模型 θ 具有相同支持的概率分布，贝塔分布具有这样的概率分布。

❑ 此外，如果我们对先验使用贝塔分布并将其插入伯努利似然的贝叶斯公式中，则后验也成为贝塔分布。这样，当我们观察新数据时，可以使用后验作为下一次更新的先验。

❑ 将后验与先验放在同一分布簇中是如此方便，以至于它甚至有一个特殊的名称，即称为**共轭分布**，而先验称为似然函数的**共轭先验**。贝塔分布是伯努利分布的共轭先验。根据你对似然建模的选择，可以在实现汤普森采样之前找到共轭。

现在为在线广告示例实现汤普森采样。

2.7.1.2　实现

广告 k 先验的贝塔分布定义如下：

$$p(\theta_k) = \frac{\Gamma(\alpha_k + \beta_k)}{\Gamma(\alpha_k)\Gamma(\beta_k)} \theta_k^{\alpha_k - 1}(1 - \theta_k)^{\beta_k - 1}$$

这里，α_k 和 β_k 是表征贝塔分布的参数，$\Gamma(\cdot)$ 是伽马函数。不要被这个公式吓到，它实际上很容易实现。为了初始化先验，我们令 $\alpha_k = \beta_k = 1$，这使得 θ_k 均匀分布在 [0, 1] 上。一旦我们在选择广告 k 后观测到奖励 R_t，就得到后验分布，如下所示：

$$\alpha_k \leftarrow \alpha_k + R_t \quad \beta_k \leftarrow \beta_k + 1 - R_t$$

现在，在 Python 中执行该操作：

1. 首先初始化需要的变量：

```
n_prod = 100000
n_ads = len(ads)
alphas = np.ones(n_ads)
betas = np.ones(n_ads)
total_reward = 0
avg_rewards = []
```

2. 现在，用贝叶斯更新初始化主循环：

```
for i in range(n_prod):
    theta_samples = [np.random.beta(alphas[k], betas[k])
for k in range(n_ads)]
    ad_chosen = np.argmax(theta_samples)
    R = ads[ad_chosen].display_ad()
    alphas[ad_chosen] += R
    betas[ad_chosen] += 1 - R
    total_reward += R
    avg_reward_so_far = total_reward / (i + 1)
    avg_rewards.append(avg_reward_so_far)
df_reward_comparison['Thompson Sampling'] = avg_rewards
```

　　我们从相应的后验值中对每个 k 值进行 θ_k 采样，并显示与最大采样参数相对应的广告。一旦观测到奖励，就将后验作为先验并根据前面的规则更新它以获得新的后验。

3. 接着输出结果：

```
df_reward_comparison['Thompson Sampling'].
iplot(title="Thompson Sampling Avg. Reward: {:.4f}"
                            .format(avg_reward_so_
far),
                        xTitle='Impressions',
                        yTitle='Avg. Reward')
```

输出结果如图 2-5 所示。

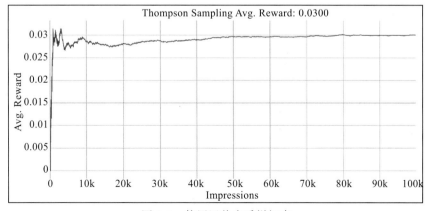

图 2-5　使用汤普森采样探索

汤普森采样的性能类似于 ε-贪心策略和置信上界方法，点击率仅为3%。

2.7.2　汤普森采样的优缺点

汤普森采样是一种非常有竞争力的方法，与 ε-贪心策略和置信上界方法相比有一个主要优势：汤普森采样不需要我们进行任何超参数调整。这在实践中具有以下好处：

- ❑ 节省了原本用于超参数调整的大量时间。
- ❑ 节省可能因其他方法中的无效探索和不正确选择超参数而消耗的大量金钱。

此外，在文献内的许多基准测试中，汤普森采样都被证明是一个非常有竞争力的选择，并且在过去几年里越来越受欢迎。

既然汤普森采样连同其他方法已在你的工具包中，现在就可以去解决现实世界的多臂老虎机问题了！

2.8　总结

本章我们介绍了多臂老虎机问题，这是具有许多实际业务应用的一步强化学习。尽管它看起来很简单，但要平衡多臂老虎机问题中的探索和利用却很棘手，在管理这种权衡方面的任何改进都伴随着成本的节省和收入的增加。为此我们介绍了四种方法：A/B/n 测试、ε-贪心策略行动、使用置信上界的行动选择和汤普森采样。我们在在线广告场景中实现了这些方法，并讨论了它们的优缺点。

到目前为止，在做出决定时，我们还没有考虑任何有关环境情况的信息。例如，我们没有在在线广告场景中使用任何可用于决策算法的用户信息（例如，位置、年龄、以前的行为等）。在下一章，你将了解一种更高级的多臂老虎机形式，即上下文老虎机，这种机制可用于提出更好的决策。

2.9　参考文献

- Chapelle, O., & Li, L. (2011). An Empirical Evaluation of Thompson Sampling. *Advances in Neural Information Processing Systems 24*, (pp. 2249-2257)
- Marmerola, G. D. (2017, November 28). *Thompson Sampling for Contextual bandits*. Retrieved from Guilherme's blog: https://gdmarmerola.github.io/ts-for-contextual-bandits/
- Russo, D., Van Roy, B., Kazerouni, A., Osband, I., & Wen, Z. (2018). *A Tutorial on Thompson Sampling. Foundations and Trends in Machine Learning*, (pp. 1-96)

第 3 章

上下文多臂老虎机

多臂老虎机的更高级版本是**上下文老虎机**（Contextual Bandit，CB）问题，其中的决策是根据做出决策的上下文来定制的。在上一章，我们确定了在线广告场景中表现最好的广告。在实现的过程中，我们没有使用到例如用户角色、年龄、性别、位置或以前的访问记录等方面的任何信息，而这些信息其实会增加点击的可能性。上下文老虎机可以让我们利用这些信息，这意味着它们在商业个性化和推荐应用程序中可以发挥核心作用。

上下文类似于多步**强化学习**问题中的状态，但有一个关键区别。在多步强化学习问题中，智能体采取的行动会影响它在后续步骤中可能访问的状态。例如，在玩井字棋游戏时，智能体在当前状态下的行动会以特定方式改变棋盘配置（状态），进而影响对手可以采取的行动，等等。然而，在上下文多臂老虎机问题中，智能体只是观测上下文、做出决策并观测奖励。智能体将观测的下一个上下文不依赖于当前上下文 / 行动。这种设置虽然比多步强化学习更简单，但适用于非常广泛的应用。因此，你将在本章介绍的内容中为你的工具库添加一个关键工具。

我们将继续解决不同版本的在线广告问题，使用更先进的工具，例如，神经网络，以及上下文老虎机模型。

3.1 为什么我们需要函数近似

在求解（上下文）多臂老虎机问题时，我们的目标是从我们的观测中学习每个手臂（行动）的行动值，用 $Q(a)$ 表示。在在线广告示例中，它代表了我们对显示 a 时用户点击广告的概率的估计。现在，假设我们有关于看到广告的用户的两条信息：

❏ 设备类型（移动设备或桌面）

❏ 位置（美国国内 / 美国或国际 / 非美国）

广告性能很可能因设备类型和位置的不同而不同，这构成了本示例中的上下文。因此，上下文老虎机模型将利用这些信息，估计每个上下文的行动值，并相应地选择行动。

这看起来就像为每个广告填写一个如表 3-1 所示的表格。

表 3-1　广告 D 的示例行动值

Q(a=D)	美国国内	国际
移动设备	0.031	0.02
桌面设备	0.036	0.022

这意味着解决 4 个多臂老虎机问题，每个上下文对应一个问题：

❑ 移动设备—美国国内

❑ 移动设备—国际

❑ 桌面设备—美国国内

❑ 桌面设备—国际

虽然这在此简单示例中可以正常工作，但请考虑将其他信息添加到上下文（例如年龄）时会发生什么。这带来了许多挑战：

❑ 首先，我们可能没有足够的观测来（准确地）学习每个上下文的行动值（移动设备，国际，57）。但是，如果我们有年龄相近的用户的数据，我们希望能够交叉学习和估计 57 岁用户的行动值（或改进估计值）。

❑ 其次，可能的上下文数量增加了 100 倍。我们当然可以通过定义年龄组来缓解这个问题，但是我们将不得不花费时间和数据来校准这些组，这不是一件容易的事。此外，上下文空间的增长将更加受限（增长 10 倍而不是 100 倍），但仍呈指数增长。随着我们在上下文中添加越来越多的维度（这在任何实际实现中都很可能），问题很容易变得棘手。

接下来，我们使用函数近似来解决这个问题。这将使我们能够处理非常复杂和高维的上下文。稍后，我们还将对行动使用函数近似，这将使我们能够处理不断变化的或高维的行动空间。

3.2　对上下文使用函数近似

函数近似允许我们对自己观测到数据的过程的动态进行建模，例如，上下文和广告点击。与前一章一样，考虑一个在线广告场景，其中包含五个不同的广告（A、B、C、D 和 E），上下文包括用户设备（device）、位置（location）和年龄（age）。在本节中，我们的智能体将学习五个不同的 Q 函数，每个广告一个，每个接收一个上下文 x =[设备,位置,年龄]，并返回行动值估计。具体情况如图 3-1 所示。

图 3-1　我们为接收上下文的每个行动学习一个函数并返回行动值

在这一点上，我们有一个带监督的机器学习问题用来解决每个行动的学习。我们可以使用不同的模型来获得 Q 函数，例如，逻辑斯谛回归或神经网络（这实际上允许我们使用单个网络来估计所有行动的值）。一旦选择了函数近似的类型，我们就可以使用在前一章介绍的探索策略来确定在给定上下文的情况下要展示的广告。但首先，让我们为该示例创建一个合成过程来生成模仿用户行为的点击数据。

3.2.1 案例研究：使用合成用户数据的上下文在线广告

假设真正的用户点击行为遵循逻辑斯谛函数：

$$p_a(x) = \frac{1}{1 + e^{-f_a(x)}}$$

$$f_a(x = [\text{device}, \text{location}, \text{age}]) = \beta_0^a + \beta_1^a \cdot \text{device} + \beta_2^a \cdot \text{location} + \beta_3^a \cdot \text{age}$$

这里，$p_a(x)$ 是在上下文为 x 而广告 a 被展示时用户点击的概率。另外，让我们假设移动设备时 device 是 1，否则为 0；当地点是美国时，location 是 1，否则为 0。这里有两件重要的事情需要注意：

❑ 这种行为，尤其是参数 β，对于广告商来说是未知的，他们将尝试发现。

❑ 请注意 β_i^a 中的上标 a，它表示对于每个广告来说，这些因素对用户行为的影响都可能不同。

现在让我们使用以下步骤在 Python 中实现它（代码文件为 Chapter03/Contextual Bandits. ipynb）：

1. 首先，让我们导入需要的 Python 包：

```
import numpy as np
import pandas as pd
from scipy.optimize import minimize
from scipy import stats
import plotly.offline
from plotly.subplots import make_subplots
import plotly.graph_objects as go
import cufflinks as cf
cf.go_offline()
cf.set_config_file(world_readable=True, theme='white')
```

这些包括用于科学计算的库，如 NumPy 和 SciPy，以及强大的可视化工具 Plotly。

2. 现在，我们创建一个类 UserGenerator，用于模拟用户动态。在这里设置一些真实的参数 β，广告商（智能体）将尝试学习：

```
class UserGenerator(object):
    def __init__(self):
        self.beta = {}
        self.beta['A'] = np.array([-4, -0.1, -3, 0.1])
```

```
self.beta['B'] = np.array([-6, -0.1, 1, 0.1])
self.beta['C'] = np.array([2, 0.1, 1, -0.1])
self.beta['D'] = np.array([4, 0.1, -3, -0.2])
self.beta['E'] = np.array([-0.1, 0, 0.5, -0.01])
self.context = None
```

3. 让我们定义在给定用户上下文的情况下生成点击或不点击的方法:

```
def logistic(self, beta, context):
    f = np.dot(beta, context)
    p = 1 / (1 + np.exp(-f))
    return p
def display_ad(self, ad):
    if ad in ['A', 'B', 'C', 'D', 'E']:
        p = self.logistic(self.beta[ad], self.
context)
        reward = np.random.binomial(n=1, p=p)
        return reward
    else:
        raise Exception('Unknown ad!')
```

注意,每个广告都有一组不同的 β 值。当向用户展示广告时,logistic(逻辑斯谛)方法计算点击的概率,display_ad 方法以那个概率生成点击。

4. 我们定义了一个随机生成带有不同上下文的用户的方法:

```
def generate_user_with_context(self):
    # 0: International, 1: U.S.
    location = np.random.binomial(n=1, p=0.6)
    # 0: Desktop, 1: Mobile
    device = np.random.binomial(n=1, p=0.8)
    # User age changes between 10 and 70,
    # with mean age 34
    age = 10 + int(np.random.beta(2, 3) * 60)
    # Add 1 to the concept for the intercept
    self.context = [1, device, location, age]
    return self.context
```

如你所见,generate_user_with_context 方法以 60% 的概率生成美国用户。此外,广告有 80% 的概率显示在移动设备上。最后,用户年龄在 10 岁和 70 岁之间变化,平均年龄为 34 岁。这些是我们为了示例而随意设置的一些数字。为简单起见,我们假设这些用户属性之间不存在任何相关性。你可以修改这些参数并引入相关性以创建更真实的场景。

5. 我们可以根据自己的直觉创建一些函数(在类之外的),可视化上下文和与之关联的点击概率之间的关系。为此,我们需要一个函数来为给定的广告类型和数据创建散点图:

```
def get_scatter(x, y, name, showlegend):
    dashmap = {'A': 'solid',
               'B': 'dot',
               'C': 'dash',
               'D': 'dashdot',
               'E': 'longdash'}
    s = go.Scatter(x=x,
                   y=y,
                   legendgroup=name,
                   showlegend=showlegend,
                   name=name,
                   line=dict(color='blue',
                             dash=dashmap[name]))
    return s
```

6. 现在，我们定义一个函数来绘制点击概率随年龄变化的关系图，显示在每个设备类型/位置的不同子图中：

```
def visualize_bandits(ug):
    ad_list = 'ABCDE'
    ages = np.linspace(10, 70)
    fig = make_subplots(rows=2, cols=2,
            subplot_titles=("Desktop, International",
                            "Desktop, U.S.",
                            "Mobile, International",
                            "Mobile, U.S."))
    for device in [0, 1]:
        for loc in [0, 1]:
            showlegend = (device == 0) & (loc == 0)
            for ad in ad_list:
                probs = [ug.logistic(ug.beta[ad],
                         [1, device, loc, age])
                                for age in ages]
                fig.add_trace(get_scatter(ages,
                                          probs,
                                          ad,
                                          showlegend),
                              row=device+1,
                              col=loc+1)
    fig.update_layout(template="presentation")
    fig.show()
```

7. 现在，让我们创建一个对象实例来生成用户并可视化用户行为：

```
ug = UserGenerator()
visualize_bandits(ug)
```

输出如图 3-2 所示。

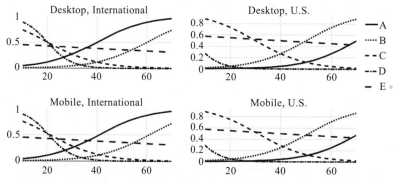

图 3-2　给定上下文的真实广告点击概率比较（横轴为年龄，纵轴为点击概率）

查看图 3-2 中的曲线，例如，我们应该期望我们的算法能够计算出向 40 岁左右的用户（他们通过移动设备从美国连接）显示广告 E。另外，请注意，这些概率高得不切实际。更现实的**点击率**（CTR）将低于 5%。这可以通过将 logistic 类中的 p 计算乘以 0.05 来获得。我们将保持此状态，以使问题变得更容易。

现在，我们已经实现了一个生成用户点击的过程。下面是场景的流程：

1. 我们将生成一个用户并使用 ug 对象中的 generate_user_with_context 方法获取关联的上下文。

2. 上下文老虎机模型将使用上下文来显示以下五个广告之一：A、B、C、D 或 E。

3. 选择的广告将传递给 ug 对象中的 display_ad 方法，给予奖励 1（点击）或 0（无点击）。

4. 上下文老虎机模型会根据奖励进行训练，这样循环下去。

在实际实施此流程之前，让我们深入了解将使用的上下文老虎机方法。

3.2.2　使用正则化逻辑斯谛回归的函数近似

我们希望上下文老虎机算法观测用户对广告的反应，更新估计行动值的模型（函数近似），并确定在给定上下文、行动值估计和探索策略的情况下要显示的广告。请注意，在大多数用户流量较高的现实环境中，模型不会在每次观测后更新，而是在一批观测后更新。有了这个，让我们首先讨论使用什么样的函数近似器。这里存在许多选项，包括为上下文老虎机设计的许多自定义和复杂算法。其中许多模型基于以下内容：

❑ 逻辑斯谛回归

❑ 决策树 / 随机森林

❑ 神经网络

在探索策略方面，我们将继续关注以下三种基本方法：

❑ ε- 贪心策略

❑ 置信上界

❑ 汤普森 / 贝叶斯采样

现在假设我们作为行业专家知道点击率可以使用逻辑斯谛回归建模。我们还提到，在每次观测后更新模型是不切实际的，因此我们更喜欢批量更新模型。最后，我们希望在自己的探索工具箱中使用汤普森采样（Thompson sampling），因此我们需要逻辑斯谛回归模型参数的后验分布。为此，我们使用正则化逻辑斯谛回归算法和智能体提供的批量更新（Chapelle et al.，2011）。该算法执行以下行动：

❑ 通过高斯分布来近似模型权重的后验分布。这允许我们在下一批中使用后验分布作为先验，并且还使用高斯函数作为似然函数，因为高斯族与自身共轭。

❑ 对权重使用对角协方差矩阵，这意味着我们假设权重不相关。

❑ 使用拉普拉斯近似来获得权重分布的均值和方差估计，这是统计学中常用的方法之一，如果假设后验为高斯分布，则根据观测数据估计后验参数。

信息

你可以在此处了解更多关于拉普拉斯近似用以计算后验均值的信息：https://bookdown.org/rdpeng/advstatcomp/laplace-approximation.html。

接下来让我们看看这个算法的实际应用。

实现正则化逻辑斯谛回归

我们将按照以下步骤实现正则化逻辑斯谛回归，稍后我们将使用它：

1. 首先，我们创建一个类并初始化我们将跟踪的参数：

```
class RegularizedLR(object):
    def __init__(self, name, alpha, rlambda, n_dim):
        self.name = name
        self.alpha = alpha
        self.rlambda = rlambda
        self.n_dim = n_dim
        self.m = np.zeros(n_dim)
        self.q = np.ones(n_dim) * rlambda
        self.w = self.get_sampled_weights()
```

让我们更好地理解这些参数是什么：

a）name 用于标识一个对象实例正在估计哪个广告的行动值。同样，我们对每个广告都有一个单独的模型，它们会根据自己的点击数据单独更新。

b）alpha 超参数控制探索和利用的权衡。较小的值会降低方差（例如，0.25），因此会鼓励利用。

c）这是一个正则化回归，表示我们有一个正则化项 λ。这是一个需要调优的超参数。我们还使用它来初始化数组 q。

d）n_dim 用于表示参数向量 β 的维数，上下文输入的每个元素和一个偏置项均有一个。

e）逻辑斯谛函数的权重由 w 的数组表示，使得 w[i] 对应于我们的老虎机动力学模型中的 β_i。

f）w[i] 的均值估计由 m[i] 给出，并且方差估计是 q[i] 的倒数。

2. 然后，我们定义一种方法来对逻辑斯谛回归函数的参数进行采样：

```
def get_sampled_weights(self):
    w = np.random.normal(self.m, self.alpha *
self.q**(-1/2))
    return w
```

注意，我们需要使用汤普森采样，这需要从后验采样 w 数组参数，而不是使用均值。同样，后验在这里是正态分布。

3. 定义损失函数和拟合函数，它们将进行训练：

```
def loss(self, w, *args):
    X, y = args
    n = len(y)
    regularizer = 0.5 * np.dot(self.q, (w -
self.m)**2)
    pred_loss = sum([np.log(1 + np.exp(np.dot(w,
X[j])))
                                    - y[j] * np.dot(w,
X[j]) for j in range(n)])
    return regularizer + pred_loss
def fit(self, X, y):
    if y:
        X = np.array(X)
        y = np.array(y)
        minimization = minimize(self.loss,
                                self.w,
                                args=(X, y),
                                method="L-BFGS-B",
                                bounds=[(-10,10)]*3 +
[(-1, 1)],
                                options={'maxiter':
50})
        self.w = minimization.x
        self.m = self.w
        p = (1 + np.exp(-np.matmul(self.w, X.T)))**(-
1)
        self.q = self.q + np.matmul(p * (1 - p),
X**2)
```

让我们详细说明一下拟合部分是如何工作的：

a）我们使用 fit（拟合）方法和 loss（损失）函数更新模型，其中包含给定的一组上下文和相关点击数据（1 表示点击，0 表示无点击）。

b）我们使用 SciPy 的最小化函数进行模型训练。为了防止指数项中的数值溢出，我们对 w 施加了界限。这些界限需要根据输入值的范围进行调整。对于设备类型和年龄输入的二值特征，位置 [-10, 10] 和 [-1, 1] 分别是我们用例的合理范围。

c）在使用新一批数据的每次模型更新中，之前的 w 值作为先验值。

4. 实现预测的置信上界，这是我们将实验的探索方法之一：

```
def calc_sigmoid(self, w, context):
    return 1 / (1 + np.exp(-np.dot(w, context)))
def get_ucb(self, context):
    pred = self.calc_sigmoid(self.m, context)
    confidence = self.alpha * np.sqrt(np.sum(np.
divide(np.array(context)**2, self.q)))
    ucb = pred + confidence
    return ucb
```

5. 实现两种类型的预测方法，一种使用均值参数估计值，另一种使用与汤普森采样一起使用的采样参数：

```
def get_prediction(self, context):
    return self.calc_sigmoid(self.m, context)
def sample_prediction(self, context):
    w = self.get_sampled_weights()
    return self.calc_sigmoid(w, context)
```

现在，在真正深入解决问题之前，我们将定义一个指标来比较替代探索策略。

3.2.3　目标函数：悔值最小化

用于比较多臂老虎机和上下文老虎机算法的常用指标称为**悔值**（regret）。我们在观测第 K 个用户时定义了总的悔值，如下所示：

$$\sum_{k=1}^{K} p_{a^*}(x_k) - p_a(x_k)$$

其中，x_k 是第 k 个用户的上下文，a^* 是所采取的给出最高期望点击率的最优行动（广告），而 a 是所选行动（广告）的期望点击率。请注意，我们能够计算悔值，是因为我们可以访问真实的行动值（期望点击率），而现实情况并非如此（尽管仍然可以估计悔值）。请注意，任何步骤的最小可能悔值都为零。

提示

　　有了良好的探索策略，当算法发现最优行动时，我们应该会看到随着时间的推移，累积悔值减速。

我们将使用以下代码计算给定上下文和所选广告的悔值：

```
def calculate_regret(ug, context, ad_options, ad):
    action_values = {a: ug.logistic(ug.beta[a], context) for a
in ad_options}
    best_action = max(action_values, key=action_values.get)
    regret = action_values[best_action] - action_values[ad]
    return regret, best_action
```

最后，让我们编写代码，使用不同的探索策略实际解决问题。

3.2.4　解决在线广告问题

由于我们已经定义了便于使用我们前面提到的三种探索策略的所有辅助方法，因此选择相应的行动将是微不足道的。现在，让我们实现这些策略的函数：

1. 我们首先编写一个函数来实现 ε- 贪心策略行动，它在大多数情况下选择最优行动，否则探索随机行动：

```
def select_ad_eps_greedy(ad_models, context, eps):
    if np.random.uniform() < eps:
        return np.random.choice(list(ad_models.keys()))
    else:
        predictions = {ad: ad_models[ad].get_
prediction(context)
                       for ad in ad_models}
        max_value = max(predictions.values());
        max_keys = [key for key, value in predictions.
items() if value == max_value]
        return np.random.choice(max_keys)
```

2. 接下来，我们编写一个函数来实现使用置信上界的行动选择：

```
def select_ad_ucb(ad_models, context):
    ucbs = {ad: ad_models[ad].get_ucb(context)
                 for ad in ad_models}
    max_value = max(ucbs.values());
    max_keys = [key for key, value in ucbs.items() if
value == max_value]
    return np.random.choice(max_keys)
```

3. 然后，我们定义一个函数来使用汤普森采样实现行动选择：

```
def select_ad_thompson(ad_models, context):
    samples = {ad: ad_models[ad].sample_
prediction(context)
                  for ad in ad_models}
    max_value = max(samples.values());
    max_keys = [key for key, value in samples.items() if
```

```
value == max_value]
    return np.random.choice(max_keys)
```

4. 最后，我们进行实际实验，其将依次运行和比较每个策略。我们从初始化广告名称、实验名称和必要的数据结构开始：

```
ad_options = ['A', 'B', 'C', 'D', 'E']
exploration_data = {}
data_columns = ['context',
                'ad',
                'click',
                'best_action',
                'regret',
                'total_regret']
exploration_strategies = ['eps-greedy',
                          'ucb',
                          'Thompson']
```

5. 我们需要实现一个外部 for 循环来启动每个探索策略的干净实验。我们初始化所有算法参数和数据结构：

```
for strategy in exploration_strategies:
    print("--- Now using", strategy)
    np.random.seed(0)
    # Create the LR models for each ad
    alpha, rlambda, n_dim = 0.5, 0.5, 4
    ad_models = {ad: RegularizedLR(ad,
                                   alpha,
                                   rlambda,
                                   n_dim)
                for ad in 'ABCDE'}
    # Initialize data structures
    X = {ad: [] for ad in ad_options}
    y = {ad: [] for ad in ad_options}
    results = []
    total_regret = 0
```

6. 现在，我们实现一个内部循环来运行 10 000 个用户印象的主动策略：

```
for i in range(10**4):
    context = ug.generate_user_with_context()
    if strategy == 'eps-greedy':
        eps = 0.1
        ad = select_ad_eps_greedy(ad_models,
                                   context,
                                   eps)
    elif strategy == 'ucb':
        ad = select_ad_ucb(ad_models, context)
```

```
            elif strategy == 'Thompson':
                ad = select_ad_thompson(ad_models, context)
            # Display the selected ad
            click = ug.display_ad(ad)
            # Store the outcome
            X[ad].append(context)
            y[ad].append(click)
            regret, best_action = calculate_regret(ug,
                                                    context,
                                                    ad_
options,
                                                    ad)
            total_regret += regret
            results.append((context,
                            ad,
                            click,
                            best_action,
                            regret,
                            total_regret))
            # Update the models with the latest batch of data
            if (i + 1) % 500 == 0:
                print("Updating the models at i:", i + 1)
                for ad in ad_options:
                    ad_models[ad].fit(X[ad], y[ad])
                X = {ad: [] for ad in ad_options}
                y = {ad: [] for ad in ad_options}

        exploration_data[strategy] = {'models': ad_models,
                                        'results':
pd.DataFrame(results,

columns=data_columns)}
```

让我们解开这个:

a）我们生成一个用户并使用上下文来决定在每次迭代中给定探索策略的情况下显示哪个广告。

b）我们观测并记录结果。我们还计算每次印象后的悔值, 以便能够比较策略。

c）我们分批更新逻辑斯谛回归模型, 即每 500 次广告展示后。

7. 执行此代码块后, 我们可以使用以下代码将结果可视化:

```
df_regret_comparisons = pd.DataFrame({s: exploration_
data[s]['results'].total_regret
                                        for s in
exploration_strategies})
df_regret_comparisons.iplot(dash=['solid', 'dash','dot'],
                                xTitle='Impressions',
                                yTitle='Total Regret',
                                color='black')
```

这给出了如图 3-3 所示的关系曲线。

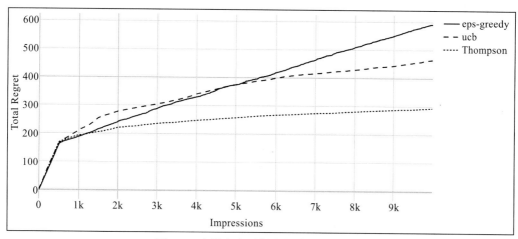

图 3-3　在线广告示例中探索策略的比较

我们清楚地看到，汤普森采样的表现优于 ε- 贪心策略和置信上界（UCB）策略，因为总悔值随着时间的推移比其他两种策略减速得更快。它很早就取消了针对给定上下文的低效广告，而 ε- 贪心策略和置信上界继续探索这些替代方案。另请注意，我们没有调整 ε- 贪心策略的探索率和置信上界的 alpha，这可能会带来更好的性能。但这正是重点：汤普森采样提供了一种非常有效的探索策略，几乎是开箱即用的。这就是 Chapelle 等人在 2011 年通过经验证明并帮助该方法在引入近一个世纪后获得普及的原因。

> **提示**
>
> 在实际生产系统中，将维护良好的库用于上下文老虎机中的监督学习部分比我们在这里所做的自定义实现更有意义。用于概率编程的一个库是 PyMC3（https://docs.pymc.io/）。使用 PyMC3，你可以将监督学习模型拟合到自己的数据中，然后对模型参数进行采样。作为练习，考虑在 PyMC3 中使用逻辑斯谛回归模型实现汤普森采样。

8. 最后可视化模型的参数估计。例如，当使用 ε- 贪心策略时，广告 A 的系数 β 估计如下：

```
lrmodel = exploration_data['eps-greedy']['models']['A']
df_beta_dist = pd.DataFrame([], index=np.arange(-
4,1,0.01))
mean = lrmodel.m
std_dev = lrmodel.q ** (-1/2)

for i in range(lrmodel.n_dim):
    df_beta_dist['beta_'+str(i)] = stats.
norm(loc=mean[i],
                                    scale=std_
```

```
dev[i]).pdf(df_beta_dist.index)

df_beta_dist.iplot(dash=['dashdot','dot', 'dash',
'solid'],
                    yTitle='p.d.f.',
                    color='black')
```

输出结果如图 3-4 所示。

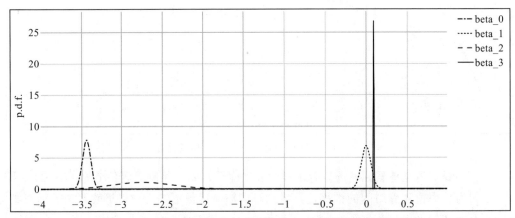

图 3-4 ε - 贪心探索实验结束时广告 A 的 β 后验分布的可视化

逻辑斯谛回归模型估计系数为 $[-3.4, 0, -2.8, 0.09]$，而实际系数为 $[-4, -0.1, -0.3, 0.1]$。该模型特别确定其对 β_3 的估计，这由图中非常窄的分布表示。

很棒的工作！这是一个相当长的练习，但它会让你在现实世界实现中取得成功。深吸一口气，休息一下，接下来，我们将看看一个更真实的在线广告版本，其中广告库存会随着时间的推移而变化。

3.3 对行动使用函数近似

在到目前为止的在线广告示例中，我们假设自己有一组固定的广告（行动 / 臂）可供选择。然而，在上下文老虎机的许多应用中，可用行动集随时间而变化。以现代广告网络为例，该网络使用广告服务器将广告与网站 / 应用程序相匹配。这是一个非常动态的行动，除了定价之外，它涉及三个主要组成部分：

❑ 网站 / 应用程序内容
❑ 查看者 / 用户配置文件
❑ 广告库存

以前，我们只考虑上下文的用户配置文件。广告服务器需要额外考虑网站 / 应用内容，但这并没有真正改变我们之前解决的问题的结构。然而，现在我们不能为每个广告使用单独的模型，因为广告库存是动态的。我们通过使用单一模型（我们向其提供广告功能）来处理此问题。具体情况如图 3-5 所示。

在做出决策时，我们将上下文视为给定的。因此，决策是从当时可用的广告库存中显示哪个广告。因此，为了做出这个决策，我们使用这个单一模型为所有可用广告生成行动值。现在是时候讨论在这种情况下使用哪种模型了：

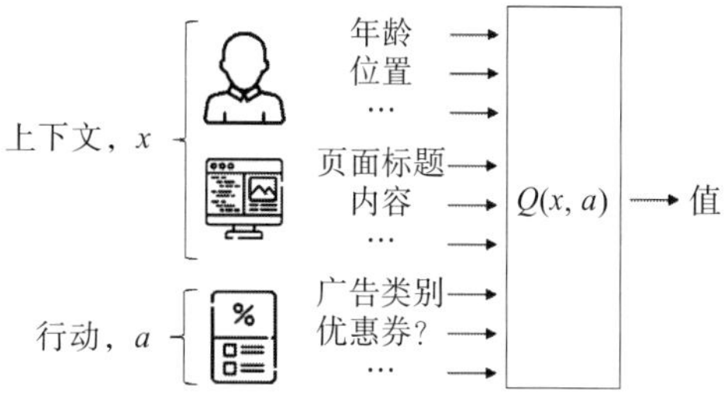

图 3-5　广告网络示例中具有上下文和行动输入的行动值的函数近似

- ❏ 记住模型的作用：它了解给定用户对他们在给定网站 / 应用程序上看到的给定广告的反应，并且会估计其点击率。

- ❏ 当你考虑所有可能的用户和网站 / 应用程序上下文以及所有可能的广告时，要弄清楚这是一个非常复杂的关系。

- ❏ 这样的模型需要在大量数据上进行训练，并且应该足够复杂，以便能够对点击的真实动态做出良好的近似。

- ❏ 当我们拥有如此多的复杂性，并希望有足够的数据时，有一个显而易见的选择：**深度神经网络**（Deep Neural Network，DNN）。

在上一节，我们比较了不同的探索策略，并且表明汤普森采样是一个非常有竞争力的选择。但是，汤普森采样要求我们能够从模型参数的后验中采样；这对于神经网络等复杂模型通常是难以处理的。为了克服这一挑战，我们采取文献中已有的近似贝叶斯方法。

信息

存在许多近似方法，它们的比较超出了这里的范围。Riquelme 等人在 2018 年与 TensorFlow 代码库中的代码进行了很好的比较。

这些近似方法中的一种涉及在深度神经网络中使用随机丢弃（dropout）正则化并在推理阶段保持活动状态。提醒一下，随机丢弃正则化会根据给定的概率停用深度神经网络中的每个神经元并提高泛化能力。通常，随机丢弃仅在训练期间使用。当它在推理过程中保持活动状态时，由于神经元被概率性地禁用，输出会相应变化。Gal 等人于 2015 年发现，这可以作为一种近似的贝叶斯推理，我们需要用它来进行汤普森采样。

3.3.1　案例研究：使用来自美国人口普查的用户数据的上下文在线广告

现在，让我们谈谈我们将在本节使用的示例。之前，我们制作了自己的示例。这一次，我们将使用 1994 年美国人口普查数据集的修改版，并将其调整为在线广告的设置。该数据集称为人口普查收入数据集，可在 https://archive.ics.uci.edu/ml/datasets/Census+Income 获得。

在这个数据集中，我们使用了参与人口普查的个人的以下信息：年龄、工种、教育、婚姻状况、职业、关系、种族、性别、每周工作时间、原籍国和收入水平。

有了这个，让我们讨论如何将这些数据变成在线广告场景。

3.3.1.1 场景

假设有一个广告服务器，它知道用户的所有前述信息，教育程度除外。另一方面，广告网络正在管理针对特定教育水平的广告。例如，在任何给定时间，广告服务器有一个针对受过大学教育的用户的广告和一个针对受过小学教育的用户的广告。如果向用户展示的广告的目标受众与用户的教育程度相匹配，则点击的概率很高。如果不是，则随着目标教育程度与用户教育程度的差距增大，点击的概率会逐渐降低。换句话说，广告服务器隐含地试图尽可能接近地预测用户的教育水平。

接下来，让我们为自己的场景准备数据集。

3.3.1.2 准备数据

按照以下步骤清洗和准备数据：

1. 我们首先导入必要的包以供后续使用：

```python
from collections import namedtuple
from numpy.random import uniform as U
import pandas as pd
import numpy as np
import io
import requests
from tensorflow import keras
from tensorflow.keras.layers import Dense, Dropout
import cufflinks as cf
cf.go_offline()
cf.set_config_file(world_readable=True, theme='white')
```

2. 接下来，我们需要下载数据并选择感兴趣的列：

```python
url="https://archive.ics.uci.edu/ml/machine-learning-
databases/adult/adult.data"
s=requests.get(url).content
names = ['age',
            'workclass',
            'fnlwgt',
            'education',
            'education_num',
            'marital_status',
            'occupation',
            'relationship',
            'race',
            'gender',
            'capital_gain',
            'capital_loss',
            'hours_per_week',
```

```
                  'native_country',
                  'income']
usecols = ['age',
           'workclass',
           'education',
           'marital_status',
           'occupation',
           'relationship',
           'race',
           'gender',
           'hours_per_week',
           'native_country',
           'income']
df_census = pd.read_csv(io.StringIO(s.decode('utf-8')),
                        sep=',',
                        skipinitialspace=True,
                        names=names,
                        header=None,
                        usecols=usecols)
```

3. 让我们删除缺失数据的行，用 ? 标记条目：

```
df_census = df_census.replace('?', np.nan).dropna()
```

　　通常，缺失的条目本身可能是模型可以使用的有价值的指标。此外，仅因为一个条目丢失就丢弃整条记录显然有点浪费。但是，确认数据问题超出了我们的讨论范围，所以让我们继续关注上下文老虎机问题。

4. 让我们把不同的教育水平也归为四类，即 Elementary、Middle、Undergraduate 和 Graduate：

```
edu_map = {'Preschool': 'Elementary',
           '1st-4th': 'Elementary',
           '5th-6th': 'Elementary',
           '7th-8th': 'Elementary',
           '9th': 'Middle',
           '10th': 'Middle',
           '11th': 'Middle',
           '12th': 'Middle',
           'Some-college': 'Undergraduate',
           'Bachelors': 'Undergraduate',
           'Assoc-acdm': 'Undergraduate',
           'Assoc-voc': 'Undergraduate',
           'Prof-school': 'Graduate',
           'Masters': 'Graduate',
           'Doctorate': 'Graduate'}
for from_level, to_level in edu_map.items():
    df_census.education.replace(from_level, to_level,
inplace=True)
```

5. 接下来，我们将分类数据转换为独热（one-hot）向量，以便能够输入深度神经网络。
   我们按原样保留教育水平那一列，因为这不是上下文的一部分：

```
context_cols = [c for c in usecols if c != 'education']
df_data = pd.concat([pd.get_dummies(df_census[context_
cols]),
          df_census['education']], axis=1)
```

通过在开始时进行这种转换，我们假设自己知道所有可能的工种和国家。

就是这样！我们已经准备好数据。接下来，我们根据用户的实际教育程度和广告展示的目标教育程度来实现模拟广告点击的逻辑。

3.3.1.3 模拟广告点击

在此示例中，广告的可用性是不确定的，而广告点击是随机的。我们需要想出一些逻辑来模拟这种行为：

1. 首先确定每个教育类广告的可用性概率，并实现广告的采样：

```
def get_ad_inventory():
    ad_inv_prob = {'Elementary': 0.9,
                   'Middle': 0.7,
                   'HS-grad': 0.7,
                   'Undergraduate': 0.9,
                   'Graduate': 0.8}
    ad_inventory = []
    for level, prob in ad_inv_prob.items():
        if U() < prob:
            ad_inventory.append(level)
    # Make sure there are at least one ad
    if not ad_inventory:
        ad_inventory = get_ad_inventory()
    return ad_inventory
```

如前所述，广告服务器将最多为每个目标组提供一个广告。我们还确保库存中至少有一个广告。

2. 然后，我们定义一个函数以便概率性地生成点击，其中点击的可能性随着用户教育水平和广告目标的匹配程度而增加：

```
def get_ad_click_probs():
    base_prob = 0.8
    delta = 0.3
    ed_levels = {'Elementary': 1,
                 'Middle': 2,
                 'HS-grad': 3,
                 'Undergraduate': 4,
                 'Graduate': 5}
```

```
        ad_click_probs = {l1: {l2: max(0, base_prob - delta *
abs(ed_levels[l1]- ed_levels[l2])) for l2 in ed_levels}
                           for l1 in ed_levels}
        return ad_click_probs
def display_ad(ad_click_probs, user, ad):
        prob = ad_click_probs[ad][user['education']]
        click = 1 if U() < prob else 0
        return click
```

因此，当向用户展示广告时，如果广告的目标与用户的教育水平相匹配，则将有 0.8 的概率点击。对于每个不匹配的教育水平，此概率降低 0.3。例如，一个拥有高中文凭的人有 $0.8-2 \cdot 0.3 = 0.2$ 的概率点击针对小学毕业生（或大学毕业生）用户群的广告。请注意，上下文老虎机算法不知道此信息。它将仅用于模拟点击。

我们已经解决了该问题。接下来，我们将转向实现上下文老虎机模型。

3.3.2　使用神经网络进行函数近似

如前所述，我们使用深度神经网络，它将在给定上下文和行动的情况下估计行动值。我们将使用的深度神经网络有两层，每层有 256 个隐藏单元。使用 Keras（TensorFlow 的高级 API）很容易创建这个模型。

提示

请注意，在我们的模型中，我们使用在推理时间内保持活动状态的随机丢弃作为汤普森采样所需的贝叶斯近似值。这是通过在随机丢弃层中设置 training=True 来配置的。

网络输出一个标量，它是给定上下文和行动特征（目标用户组）的行动值的估计值。使用二值交叉熵最适合这样的输出，因此我们将在模型中使用它。最后，我们将使用流行的 Adam 优化器。

信息

如果你需要开始使用 Keras 或复习一下使用方法，请访问 https://www.tensorflow.org/guide/keras。用它构建标准的深度神经网络模型非常简单。

现在，让我们创建用于模型创建和更新的函数：

1. 我们创建一个函数，该函数返回具有给定输入尺寸和随机丢弃率的编译深度神经网络模型：

```
def get_model(n_input, dropout):
        inputs = keras.Input(shape=(n_input,))
        x = Dense(256, activation='relu')(inputs)
        if dropout > 0:
```

```
    x = Dropout(dropout)(x, training=True)
x = Dense(256, activation='relu')(x)
if dropout > 0:
    x = Dropout(dropout)(x, training=True)
phat = Dense(1, activation='sigmoid')(x)
model = keras.Model(inputs, phat)
model.compile(loss=keras.losses.BinaryCrossentropy(),
              optimizer=keras.optimizers.Adam(),
              metrics=[keras.metrics.binary_
accuracy])
    return model
```

2. 我们将在数据可用时分批更新这个模型。接下来，编写一个函数来为每个批次训练模型 10 轮：

```
def update_model(model, X, y):
    X = np.array(X)
    X = X.reshape((X.shape[0], X.shape[2]))
    y = np.array(y).reshape(-1)
    model.fit(X, y, epochs=10)
    return model
```

3. 然后我们定义一个函数，它根据指定的教育水平返回一个指定广告的独热表示：

```
def ad_to_one_hot(ad):
    ed_levels = ['Elementary',
                 'Middle',
                 'HS-grad',
                 'Undergraduate',
                 'Graduate']
    ad_input = [0] * len(ed_levels)
    if ad in ed_levels:
        ad_input[ed_levels.index(ad)] = 1
    return ad_input
```

4. 我们实现汤普森采样以在给定上下文和手头的广告库存的情况下选择一个广告：

```
def select_ad(model, context, ad_inventory):
    selected_ad = None
    selected_x = None
    max_action_val = 0
    for ad in ad_inventory:
        ad_x = ad_to_one_hot(ad)
        x = np.array(context + ad_x).reshape((1, -1))
        action_val_pred = model.predict(x)[0][0]
        if action_val_pred >= max_action_val:
            selected_ad = ad
            selected_x = x
```

```
        max_action_val = action_val_pred
    return selected_ad, selected_x
```

　　根据我们从深度神经网络获得的最大行动值估计来选择要展示的广告。我们利用用户的上下文，通过尝试库存中所有可用的广告来获得这一点，并且请记住，我们每个目标用户组的广告最多只有一个。请注意，目标用户组相当于 action（行动），我们以独热向量的格式将其提供给深度神经网络。

5. 最后，我们编写一个函数，通过从数据集中随机选择生成用户。该函数将返回用户数据以及派生的上下文：

```
def generate_user(df_data):
    user = df_data.sample(1)
    context = user.iloc[:, :-1].values.tolist()[0]
    return user.to_dict(orient='records')[0], context
```

这总结了我们需要什么来决定使用汤普森采样显示的广告。

3.3.3　计算悔值

我们将继续使用悔值来比较各种版本的上下文老虎机算法。计算如下：

```
def calc_regret(user, ad_inventory, ad_click_probs, ad_
selected):
    this_p = 0
    max_p = 0
    for ad in ad_inventory:
        p = ad_click_probs[ad][user['education']]
        if ad == ad_selected:
            this_p = p
        if p > max_p:
            max_p = p
    regret = max_p - this_p
    return regret
```

有了悔值计算，现在让我们实际解决这个问题。

3.3.4　解决在线广告问题

　　现在我们准备将所有这些组件放在一起。我们将使用不同的随机丢弃概率，以超过 5 000 次展示的方式来尝试这个算法。我们将在每 500 次迭代后更新深度神经网络参数。下面是 Python 中各种随机丢弃率的实现：

```
ad_click_probs = get_ad_click_probs()
df_cbandits = pd.DataFrame()
dropout_levels = [0, 0.01, 0.05, 0.1, 0.2, 0.4]
for d in dropout_levels:
```

```
print("Trying with dropout:", d)
np.random.seed(0)
context_n = df_data.shape[1] - 1
ad_input_n = df_data.education.nunique()
model = get_model(context_n + ad_input_n, 0.01)
X = []
y = []
regret_vec = []
total_regret = 0
for i in range(5000):
    if i % 20 == 0:
        print("# of impressions:", i)
    user, context = generate_user(df_data)
    ad_inventory = get_ad_inventory()
    ad, x = select_ad(model, context, ad_inventory)
    click = display_ad(ad_click_probs, user, ad)
    regret = calc_regret(user, ad_inventory,    ad_click_
probs, ad)
    total_regret += regret
    regret_vec.append(total_regret)
    X.append(x)
    y.append(click)
    if (i + 1) % 500 == 0:
        print('Updating the model at', i+1)
        model = update_model(model, X, y)
        X = []
        y = []

df_cbandits['dropout: '+str(d)] = regret_vec
```

随着时间的推移，累积的悔值存储在 df_cbandits pandasDataFrame 中。下面可视化它们是如何比较的：

```
df_cbandits.iplot(dash = ['dash', 'solid', 'dashdot',
                    'dot', 'longdash', 'longdashdot'],
            xTitle='Impressions',
            yTitle='Cumulative Regret')
```

输出结果如图 3-6 所示。

图 3-6 中的结果表明，我们的老虎机模型在观测了如何在给定用户特征的情况下选择广告后开展学习。由于不同的随机丢弃率导致了不同的算法性能，一个重要的问题再次变成如何选择随机丢弃率。一个明显的答案是随着时间的推移尝试不同的随机丢弃率，以确定在类似的在线广告问题中最有效的方法。如果业务必须在很长一段时间内一次又一次地解决类似问题，这种方法通常会奏效。不过，更好的方法是学习最优随机丢弃率。

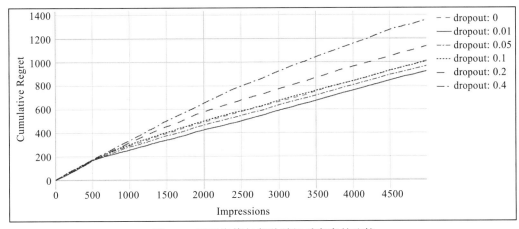

图 3-6 累积悔值与各种随机丢弃率的比较

> **提示**
>
> **具体随机丢弃**（concrete dropout）是一种自动调整随机丢弃概率的变体。Collier 和 Llorens 已经于 2018 年成功地在上下文老虎机问题上使用了这种方法，并报告了与固定随机丢弃选择相比的卓越性能。有关具体随机丢弃的 TensorFlow 实现，请参阅 https://github.com/Skydes/Concrete-Dropout。

至此，我们完成了关于上下文老虎机的讨论。请注意，我们在准备上下文老虎机问题时重点关注了两个组成部分：

- ❑ 函数近似
- ❑ 探索策略

你通常可以将不同的函数近似与各种探索技术混合和匹配。虽然使用深度神经网络进行汤普森采样可能是最常见的选择，但我们建议你查看其他方法的文献。

3.4 多臂老虎机和上下文老虎机的其他应用

到目前为止，我们一直专注于在线广告作为我们的运行示例。你知道老虎机算法在该领域的实践中有多普遍吗？它们实际上很常见。例如，微软有一项名为 Personalizer 的服务，它基于老虎机算法（免责声明：作者在撰写本书时是微软员工）。此处的示例本身受到 HubSpot 工作的启发，HubSpot 是一家营销解决方案公司（Collier & Llorens，2018）。此外，老虎机问题除了广告之外还有大量的实际应用。在本节中，我们将简要介绍其中的一些应用程序。

3.4.1 推荐系统

我们在本章中制定和解决的老虎机问题是一种推荐系统：它们推荐要显示的广告，可能会利用有关用户的可用信息。还有许多其他推荐系统以类似的方式使用老虎机，例如：

- ❑ 用于电影标题的配图选择，正如 Netflix 著名的实现方案（Chandrashekar、Amat、Basilico 和 Jebara，2017）
- ❑ 新闻门户上的文章推荐
- ❑ 社交媒体平台上的帖子推荐
- ❑ 在线零售平台上的产品 / 服务推荐
- ❑ 在搜索引擎上为用户定制搜索结果

3.4.2　网页 / 应用程序功能设计

我们每天访问的大多数著名网站和应用程序都会在经过大量测试后决定使用哪种设计来实现不同的功能。例如，他们为购物车上的"购买"按钮创建了不同的设计，并观测哪种设计产生了最多的销售额。这些实验针对数百个特征不间断地进行。进行这些实验的一种有效方法是使用多臂老虎机。通过这种方式，可以尽早识别并消除不良功能设计，以最大限度地减少整个实验过程中对用户的干扰（Lomas et al.，2016）。

3.4.3　医疗保健

多臂老虎机问题在医疗保健中有重要的应用。特别是随着患者数据的日益普及，通过维护良好的患者数据库以及从移动设备收集数据，许多治疗现在可以针对个人进行个性化。因此，在随机对照实验中决定对患者应用哪种治疗时，上下文老虎机是一个重要的工具。上下文老虎机成功使用的另一个应用是确定药物的治疗剂量，例如华法林，它可以调节凝血功能（Bastani & Bayati，2015）。另一项应用与将数据采样优化分配给各种动物模型以评估治疗的有效性有关。事实证明，上下文老虎机可以通过比传统方法更好地识别有希望的治疗方法来提高这一过程的效率（Durand et al.，2018）。

3.4.4　动态定价

在线零售商面临的一个重要挑战是动态调整数百万产品的价格。这可以建模为上下文老虎机问题，其中上下文可能包括产品需求预测、库存水平、产品成本和位置。

3.4.5　金融

上下文老虎机在文献中被用于优化投资组合构建，主要通过混合被动和主动投资来实现风险和预期回报之间的平衡。

3.4.6　控制系统调整

许多机械系统使用**比例 – 积分 – 微分**（Proportional-Integral-Derivative，PID）控制器

的变体来控制系统。PID 控制器需要调整，这通常由行业专家针对每个系统单独完成。这是因为控制器的最优增益取决于设备的具体情况，例如，材料、温度和磨损情况。这个手动过程可以使用上下文老虎机模型自动化，该模型评估系统特性并相应地调整控制器。

3.5　总结

在本章中，我们用上下文老虎机结束了对老虎机问题的讨论。正如我们所提到的，老虎机问题有许多实际应用。所以，如果你的业务或研究中已经存在可以建模为多臂老虎机问题的问题，这并不会是一件令人吃惊的事情。既然你知道如何制定和解决一个问题，那就出去应用你所学的吧！多臂老虎机问题对于培养关于如何解决探索－利用困境的直觉也很重要，这种困境几乎存在于每个强化学习设置中。

现在你已经对如何解决一步强化学习有了深入的了解，是时候转向成熟的多步强化学习了。在下一章，我们将深入探讨马尔可夫决策过程的多步强化学习背后的理论，并为现代深度强化学习方法（该方法将在后续章节中介绍）奠定基础。

3.6　参考文献

- Bouneffouf, D., & Rish, I. (2019). *A Survey on Practical Applications of Multi-Armed and Contextual Bandits.* Retrieved from arXiv: `https://arxiv.org/abs/1904.10040`

- Chandrashekar, A., Amat, F., Basilico, J., & Jebara, T. (2017, December 7). Netflix Technology Blog. Retrieved from Artwork Personalization at Netflix: `https://netflixtechblog.com/artwork-personalization-c589f074ad76`

- Chapelle, O., & Li, L. (2011). *An Empirical Evaluation of Thompson Sampling. Advances in Neural Information Processing Systems*, 24, (pp. 2249-2257)

- Collier, M., & Llorens, H. U. (2018). *Deep Contextual Multi-armed Bandits.* Retrieved from arXiv: `https://arxiv.org/abs/1807.09809`

- Gal, Y., Hron, J., & Kendall, A. (2017). *Concrete Dropout. Advances in Neural Information Processing Systems*, 30, (pp. 3581-3590)

- Marmerola, G. D. (2017, November 28). *Thompson Sampling for Contextual bandits.* Retrieved from Guilherme's blog: `https://gdmarmerola.github.io/ts-for-contextual-bandits`

- Riquelme, C., Tucker, G., & Snoek, J. (2018). *Deep Bayesian Bandits Showdown: An Empirical Comparison of Bayesian Deep Networks for Thompson Sampling.* International Conference on Learning Representations (ICLR)

- Russo, D., Van Roy, B., Kazerouni, A., Osband, I., & Wen, Z. (2018). *A Tutorial on Thompson Sampling. Foundations and Trends in Machine Learning*, (pp. 1-96)

- Lomas, D., Forlizzi, J., Poonawala, N., Patel, N., Shodhan, S., Patel, K., Koedinger,

K., & Brunskill, E. (2016). *Interface Design Optimization as a Multi-Armed Bandit Problem.* (pp. 4142-4153). 10.1145/2858036.2858425

- Durand, A., Achilleos, C., Iacovides, D., Strati, K., Mitsis, G.D., & Pineau, J. (2018). *Contextual Bandits for Adapting Treatment in a Mouse Model of de Novo Carcinogenesis.* Proceedings of the 3rd Machine Learning for Healthcare Conference, in PMLR 85:67-82

- Bastani, H. & Bayati, M. (2015). *Online decision-making with high-dimensional covariates.* Available at SSRN 2661896

第 4 章

马尔可夫决策过程的制定

在第 1 章，我们讨论了**强化学习**的许多应用，从机器人到金融。在为这些应用程序实现任何强化学习算法之前，我们需要首先对它们进行数学建模。**马尔可夫决策过程**（Markov Decision Process，MDP）是我们用来对这些序贯决策问题进行建模的框架。马尔可夫决策过程有一些特殊的特性，使得我们更容易从理论上分析这些问题。基于这些理论结果，**动态规划**（Dynamic Programming, DP）是为马尔可夫决策过程提出解决方法的领域。从某种意义上说，强化学习是一组近似动态规划方法，使我们能够为非常复杂的问题获得好的（但不一定是最优的）解决方案，而这些问题很难用精确的动态规划方法解决。

在本章中，我们将逐步构建马尔可夫决策过程，解释其特性，并为后面章节中出现的强化学习算法奠定数学基础。在马尔可夫决策过程中，智能体采取的行动会产生长期后果，这就是它与我们之前介绍的**多臂老虎机**问题的不同之处。本章重点介绍量化这种长期影响的一些关键概念。它比其他章节涉及更多的理论，但别担心，我们将快速深入 Python 练习以更好地掌握这些概念。

4.1 马尔可夫链

我们从不涉及任何决策的马尔可夫链开始本章。它们只对一种特殊类型的随机过程进行建模，这些过程由一些内部转移动态控制。因此，我们暂时不讨论智能体。理解马尔可夫链的工作方式将使我们能够为稍后将介绍的马尔可夫决策过程奠定基础。

4.1.1 具有马尔可夫性的随机过程

我们已经将**状态**定义为完全描述环境所处情况的集合信息。如果环境将转移到的下一个状态仅取决于当前状态，而不是过去的状态，我们说该过程具有**马尔可夫性**。这是以俄罗斯数学家安德雷·马尔可夫（Andrey Markov）的名字命名的。

想象一个受损的机器人在网格世界中随机移动。在任何给定步骤，机器人分别以 0.2、0.3、0.25 和 0.25 的概率上、下、左、右移动。具体情况如图 4-1 所示。

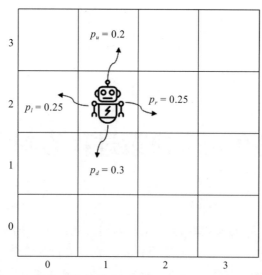

图 4-1 网格世界中的受损机器人，当前处于状态 (1,2)

图 4-1 中的机器人当前处于状态 (1,2)。它来自哪里并不重要，它将有 0.2 的概率处于状态 (1,3)，有 0.25 的概率处于状态 (0,2)，以此类推。由于它接下来将转移到哪里的概率仅取决于它当前处于哪个状态，而不取决于它之前的位置，因此该过程具有马尔可夫性。

让我们更形式化地定义它。我们用 s_t 表示时间 t 的状态。如果以下等式对所有状态和时间都成立，则过程具有马尔可夫性：

$$p(s_{t+1} \mid s_t, s_{t-1}, s_{t-2}, \cdots, s_0) = p(s_{t+1} \mid s_t)$$

这种随机过程称为**马尔可夫链**。请注意，如果机器人撞到墙上，我们假设它会反弹回来并保持相同的状态。因此，例如，当处于状态 (0,0) 时，机器人将在下一步中仍然存在，概率为 0.55。

一个马尔可夫链通常使用一个有向图来表示。受损机器人示例中的 2×2 网格世界的有向图如图 4-2 所示。

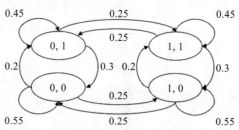

图 4-2 机器人示例中的 2×2 网格世界的马尔可夫链图

提示

很多系统可以通过在状态里引入历史信息而被设计为满足马尔可夫性的。考虑一个修改后的机器人示例，其中机器人更有可能沿其在前一时间步中移动的方向继续前进。虽然这样的系统看似不满足马尔可夫性，但我们可以简单地重新定义状态以包含最后两个时间步长的访问单元格，例如 $x_t = (s_t, s_{t-1}) = ((0,1),(0,0))$。在这个新的状态定义下，转移概率将独立于过去的状态，并且满足马尔可夫性。

既然已经定义了马尔可夫链是什么，那么让我们更深入一些。接下来，我们将研究如何对马尔可夫链中的状态进行分类，因为它们的转移行为可能不同。

4.1.2　马尔可夫链中的状态分类

可以从任何状态到任何其他状态的环境，正如我们在机器人示例中所看到的，经过一些转移后便是一种特殊的马尔可夫链。可以想象，一个更现实的系统将涉及具有更丰富特征的状态，我们将在下面介绍。

4.1.2.1　可达状态和相连状态

如果环境可以在一定数量的步骤后以正概率从一个状态 i 转移到另一个状态 j，我们说 j 是从 i **可达**的。如果 i 也可以从 j 到达，则称这些状态是**相连**的。如果一个马尔可夫链中的所有状态都相连，我们说该马尔可夫链是**不可约的**，这就是我们在机器人示例中的情况。

4.1.2.2　吸收状态

如果唯一可能的转移是移向其自身，那么状态 S 为**吸收状态**，即 $P(S_{t+1} = s \mid S_t = s) = 1$。假设机器人在前面的例子中撞到墙上就不能再移动了。这将是一个吸收状态的例子，因为机器人永远无法离开该状态。具有吸收状态的网格世界的 2×2 版本可以用马尔可夫链图表示，如图 4-3 所示。

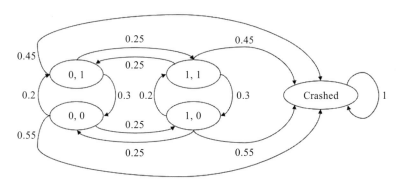

图 4-3　带有一个吸收状态的马尔可夫链图

一个吸收状态相当于一个终止状态，它在强化学习的上下文中标志着一个回合的结束，我们在第 1 章中定义过。除了终止状态之外，回合也可以在达到时间限制 T 后终止。

4.1.2.3　瞬态和循环状态

一个状态 S 被称为**瞬态**（transient state），当存在另一个状态 S' 时，其可以从 S 到达，但反之则不行。如果有足够的时间，环境最终会远离瞬态，并且永远不会回到此态。

考虑一个包含两个部分的修改后的网格世界；让我们称其为光明面和黑暗面。图 4-4 说明了这个世界中可能发生的转变。你能识别出瞬态吗？

如果你的答案是光明面的 (2,2)，请再想一想。对于光明面的每个状态，都有一条通往黑暗面的出路，没有回头路。所以，无论机器人在光明面的哪个位置，它最终都会过渡到黑暗的一面，无法再回来。因此，光明面的所有状态都是瞬态的。如此"反乌托邦"的世界！类似地，在具有**崩溃状态**（crashed state）的修改后的网格世界中，除了崩溃状态之外，所有状态都是瞬态的。

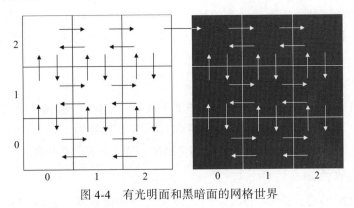

图 4-4   有光明面和黑暗面的网格世界

最后，一个非瞬态的状态被称为**循环状态**（recurrent state）。在这个例子中，黑暗面的状态是反复出现的。

4.1.2.4   周期性状态和非周期性状态

如果所有从 S 出发的路径都在多次 $k > 1$ 步后回头，那么我们称状态 S 为**周期性的**。考虑图 4-5 中的示例，其中所有状态都有一个周期 $k = 4$。

如果 $k = 1$，那么循环状态被称为**非周期性的**。

4.1.2.5   可遍历性

我们最终可以定义一类重要的马尔可夫链。如果所有状态都表现出以下属性，则马尔可夫链称为**可遍历的**（ergodic）：

❑ 彼此相连（不可约的）

❑ 是循环的

❑ 是非周期性的

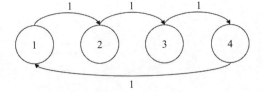

图 4-5   有周期性状态的马尔可夫链，$k = 4$

对于可遍历的马尔可夫链，我们可以计算一个单一的概率分布，它告诉系统在初始化完成很长一段时间后将处于哪个状态，概率是多少。这称为**稳态概率分布**。

到目前为止，还不错，但是我们所涵盖的所有定义集合也有点密集。不过，在进入实际示例之前，我们还要定义关于马尔可夫链如何在状态间转移的数学。

4.1.3   转移和稳态行为

我们可以用数学方法计算马尔可夫链随时间的行为。为此，我们首先需要知道系统的**初始概率分布**。例如，当我们初始化一个网格世界时，机器人最初出现在哪个状态？这是由初始概率分布给出的。然后，我们定义**转移概率矩阵**，其条目给出了所有状态对之间从一个时间步到下一个时间步的转移概率。更形式化地，在该矩阵的第 i 行第 j 列的项为 $P_{ij} = P(s_{t+1} = j \mid s_t = i)$，其中 i 和 j 是状态索引（为了方便从 1 开始）。

现在，为了计算系统在 n 步后处于状态 i 的概率，我们使用以下公式：

$$p_n = qP^n$$

这里，q 是初始概率分布，P^n 是提升至 n 次方的转移概率矩阵。请注意，P_{ij}^n 给出了在状态 i 开始经过 n 步之后处于 j 的概率。

> **信息**
>
> 马尔可夫链完全由元组 $\langle S, P \rangle$ 表征，其中 S 是所有状态的集合，P 是转移概率矩阵。

到目前为止，我们已经介绍了很多定义和理论，下面将给出一个实际示例。

4.1.4 示例：网格世界中的 n- 步行为

在许多强化学习算法中，核心思想是在我们对当前状态和转移步骤后的环境的理解之间达成一致，并且进行迭代直到确保这种一致性。因此，重要的是要对"建模为马尔可夫链的环境如何随时间演化"有可靠的直觉。为此，我们将研究网格世界示例中的 n- 步行为。

1. 首先创建一个包含机器人的 3×3 网格世界，类似于图 4-1 中的那个。现在，让我们始终以机器人为中心来初始化世界。此外，我们对状态 / 单元格进行索引，使得 $(0,0):1,(0,1):2,\cdots,(2,2):9$。因此，初始概率分布 q 由以下代码给出：

```python
import numpy as np
m = 3
m2 = m ** 2
q = np.zeros(m2)
q[m2 // 2] = 1
```

这里，q 是初始概率分布。

2. 我们定义一个函数，给出 $n \times n$ 转移概率矩阵：

```python
def get_P(m, p_up, p_down, p_left, p_right):
    m2 = m ** 2
    P = np.zeros((m2, m2))
ix_map = {i + 1: (i // m, i % m) for i in range(m2)}
for i in range(m2):
    for j in range(m2):
        r1, c1 = ix_map[i + 1]
        r2, c2 = ix_map[j + 1]
```

```
            rdiff = r1 - r2
            cdiff = c1 - c2
            if rdiff == 0:
                if cdiff == 1:
                    P[i, j] = p_left
                elif cdiff == -1:
                    P[i, j] = p_right
                elif cdiff == 0:
                    if r1 == 0:
                        P[i, j] += p_down
                    elif r1 == m - 1:
                        P[i, j] += p_up
                    if c1 == 0:
                        P[i, j] += p_left
                    elif c1 == m - 1:
                        P[i, j] += p_right
            elif rdiff == 1:
                if cdiff == 0:
                    P[i, j] = p_down
            elif rdiff == -1:
                if cdiff == 0:
                    P[i, j] = p_up
    return P
```

该代码可能看起来有点长，但它的作用非常简单：它只是根据上、下、左、右指定的概率填充一个 $n \times n$ 转移概率矩阵。

3. 获取 3×3 网格世界的转移概率矩阵：

```
P = get_P(3, 0.2, 0.3, 0.25, 0.25)
```

4. 计算 n- 步转移概率。例如，对于 $n=1$，我们有以下内容：

```
n = 1
Pn = np.linalg.matrix_power(P, n)
np.matmul(q, Pn)
```

5. 结果将如下所示：

```
array([0., 0.3, 0., 0.25, 0., 0.25, 0., 0.2, 0.])
```

这不令人吃惊，对吧？输出只是告诉我们，从中心开始的机器人将有 0.2 的概率位于上方的单元格，有 0.3 的概率位于下方的单元格，以此类推。让我们分别执行 3 、10 和 100 步。结果如图 4-6 所示。

你可能会注意到 10 步和 100 步后的概率分布非常相似。这是因为系统在经过几步之后就几乎达到了稳定状态。因此，在 10 、100 或 1000 步之后，我们发现机器人处于特定状态的概率几乎相同。此外，你应该已经注意到，我们更有可能在底部单元格中找到机器人，

仅因为我们有 $p_{\text{down}} > p_{\text{up}}$。

n=1			n=3			n=10			n=100		
0	0.2	0	0.068	0.107	0.068	0.072	0.072	0.072	0.07	0.07	0.07
0.25	0	0.25	0.137	0.061	0.137	0.105	0.106	0.105	0.105	0.105	0.105
0	0.3	0	0.124	0.176	0.124	0.156	0.156	0.156	0.158	0.158	0.158

图 4-6　n- 步转移概率

在结束关于转移和稳态行为的讨论之前,让我们回到可遍历性并研究可遍历马尔可夫链的特殊性质。

4.1.5 示例:一个可遍历马尔可夫链中的样本路径

如果马尔可夫链是可遍历的,我们可以简单地对其进行一次长时间模拟,并通过访问频率估计该状态的稳态分布。如果无法获得系统的转移概率,这尤其有用,我们可以模拟它。

让我们看一个例子:

1. 首先,让我们导入 SciPy 库来统计访问次数。在样本路径中设置步数为 100 万步,初始化一个向量来跟踪访问,并将第一个状态初始化为 4,即 (1,1):

```
from scipy.stats import itemfreq
s = 4
n = 10 ** 6
visited = [s]
```

2. 模拟 100 万步的环境:

```
for t in range(n):
s = np.random.choice(m2, p=P[s, :])
visited.append(s)
```

3. 统计每个状态的访问次数:

```
itemfreq(visited)
```

4. 你会看到类似下面的数字:

```
array([[0, 158613],
       [1, 157628],
       [2, 158070],
       [3, 105264],
       [4, 104853],
       [5, 104764],
       [6,  70585],
       [7,  70255],
       [8,  69969]], dtype=int64)
```

结果确实非常符合我们计算的稳态概率分布。

到目前为止，我们已经详细介绍了马尔可夫链，研究了一些例子，并获得了可靠的直觉！下面简要介绍一种更现实的马尔可夫过程。

4.1.6 半马尔可夫过程和连续时间马尔可夫链

到目前为止，我们提供的所有示例和公式都与离散时间马尔可夫链有关，这是在离散时间步长（例如每分钟或每 10 秒）发生转移的环境。但在许多现实世界的场景中，下一次转移何时发生也是随机的，这使得它们成为**半马尔可夫过程**。在这些情况下，我们通常对预测一段时间 T 后（而不是在 n 步之后）的状态感兴趣。

时间组件很重要的一个场景示例是排队系统——例如，在客户服务线上等待的客户数量。客户可以随时加入队列，代表可以随时与客户一起完成服务——而不仅是在离散的时间步长上。另一个例子是于装配站前等待在工厂内处理的在制品库存。在所有这些情况下，分析系统随时间的行为是非常重要的，其能够改进系统并采取相应的行动。

在半马尔可夫过程中，我们需要知道系统的当前状态，以及系统处于其中的时间。这意味着系统从时间的角度来看依赖于过去（而不是从它将进行的转移类型的角度来看）——因此得名半马尔可夫。

让我们来看看我们感兴趣的几种可能版本：

❑ 如果我们只对转移本身而不是何时发生感兴趣，我们可以简单地忽略与时间相关的所有内容，并使用半马尔可夫过程的**嵌入式马尔可夫链**，其本质上与使用离散时间马尔可夫链相同。

❑ 在某些进程中，虽然转移之间的时间是随机的，但它无记忆，这意味着呈指数分布。然后，我们完全满足马尔可夫性，系统是一个**连续时间马尔可夫链**。例如，排队系统经常被建模在这个类别中。

❑ 如果我们对两者都感兴趣，并且时间分量和转移时间不是无记忆的，那么我们就有一个一般的半马尔可夫过程。

当涉及使用这些类型的环境并使用强化学习解决它们时，尽管并不理想，但通常会将所有事物都视为离散的，并借助一些变通方法，使用为离散时间系统开发的相同强化学习算法。现在，你最好了解并承认这些差异，但我们不会更深入地研究半马尔可夫过程。当我们在后续章节中解决连续时间示例时，你将看到这些变通方法。

我们在使用马尔可夫链建立对马尔可夫决策过程的理解方面取得了很大进展。这一旅程的下一步是向环境引入"奖励"。

4.2 引入奖励：马尔可夫奖励过程

在我们的机器人示例中，到目前为止，我们还没有真正确定任何"好"或"坏"的

情况 / 状态。然而,在任何系统中都有一些想要的状态,还有其他不太理想的状态。在本节中,我们将奖励附加到状态 / 转移,这给出了一个**马尔可夫奖励过程**(Markov Reward Process,MRP)。然后我们评估每个状态的"值"。

4.2.1 将奖励附加到网格世界示例

还记得机器人撞到墙壁时无法弹回其所在的单元格,而以一种无法恢复的方式坠毁这个示例吗?从现在开始,我们将基于该示例,并在此过程中附加奖励。现在,让我们构建这个例子:

1. 修改转移概率矩阵,将自转移概率分配给我们要添加到矩阵中的"崩溃"状态:

```
P = np.zeros((m2 + 1, m2 + 1))
P[:m2, :m2] = get_P(3, 0.2, 0.3, 0.25, 0.25)
for i in range(m2):
    P[i, m2] = P[i, i]
    P[i, i] = 0
P[m2, m2] = 1
```

2. 为转移分配奖励:

```
n = 10 ** 5
avg_rewards = np.zeros(m2)
for s in range(9):
    for i in range(n):
        crashed = False
        s_next = s
        episode_reward = 0
        while not crashed:
            s_next = np.random.choice(m2 + 1, \
                                      p=P[s_next, :])
            if s_next < m2:
                episode_reward += 1
            else:
                crashed = True
        avg_rewards[s] += episode_reward
avg_rewards /= n
```

对于机器人保持活动状态的每个转移,它会收集 +1 奖励。它在崩溃时收集 0 奖励。由于"崩溃"是一个终止 / 吸收状态,我们在那里终止这一情节。为不同的初始化模拟这个模型,每次初始化 10 万次,看看在每种情况下平均收集了多少奖励。

结果将如图 4-7 所示(由于随机性,你的结果会有所不同)。

在此示例中,如果初始状态为 (1,1),则平均奖励最高。这让该状态成为一个值得保持的状态。相比之下,状态 (2,0) 的平均

	0	1	2
2	2.00	2.81	1.99
1	2.45	3.41	2.44
0	1.48	2.12	1.46

图 4-7 相对于初始状态的平均奖励

奖励为 1.46 。毫不奇怪，它不是一个很好的状态。这是因为该状态使得机器人从角落出发时更有可能更早碰到墙。另一件不足为奇的事情是，奖励（几乎）是垂直对称的，因为 $p_{\text{left}} = p_{\text{right}}$ 。

现在已经计算了每个初始化的平均奖励，下面将更深入地了解它们之间的关系。

4.2.2   不同初始化的平均奖励之间的关系

我们观测到的平均奖励在它们之间具有相当大的结构性关系。想一想：假设机器人从 $(1,1)$ 开始并转移到 $(1,2)$ 。既然它还"活着"，我们收集了 +1 的奖励。如果我们知道状态 $(1,2)$ 的"值"，我们是否需要继续模拟以找出期望的奖励？不见得！从那时起，该值已经为我们提供了期望的奖励。请记住，这是一个马尔可夫过程，接下来发生的事情不取决于过去！

我们可以扩展这种关系以从其他状态值中推导出一个状态的值。但请记住，机器人可能已经转移到其他状态。考虑其他可能性并用 $v(s)$ 表示状态的值，我们得到以下关系：

$$
\begin{aligned}
v(1,1) &= p_{\text{up}} \cdot (1 + v(1,2)) + p_{\text{down}} \cdot (1 + v(1,0)) \\
&\quad + p_{\text{left}} \cdot (1 + v(0,1)) + p_{\text{right}} \cdot (1 + v(2,1)) \\
&= 0.2 \cdot (1 + 2.81) + 0.3 \cdot (1 + 2.12) \\
&\quad + 0.25 \cdot (1 + 2.45) + 0.25 \cdot (1 + 2.44) \\
&= 3.42 \approx 3.41
\end{aligned}
$$

正如你所看到的，除了状态值估计中的一些小的不准确之处外，状态值是相互一致的。

> **提示**
>   状态值之间的这种递归关系是许多强化学习算法的核心，并且会一次又一次地出现。我们将在下一节使用贝尔曼方程来形式化这个想法。

下面将形式化所有这些概念。

4.2.3   回报、折扣和状态值

我们在马尔可夫过程中定义时间步 t 后的**回报**（return）如下：

$$
G_t \triangleq R_{t+1} + R_{t+2} + \cdots + R_T
$$

这里，R_t 是时间 t 的奖励，T 是终止时间步。然而，这个定义可能存在潜在问题。在没有终止状态的马尔可夫奖励过程中，回报可能会上升到无穷大。为避免这种情况，我们在此计算中引入**折现率**（discount rate）$0 \leqslant \gamma \leqslant 1$ ，并定义**折扣回报**（discounted return），如下所示：

$$
G_t \triangleq R_{t+1} + \gamma R_{t+2} + \gamma^2 R_{t+3} + \gamma^3 R_{t+4} + \cdots = \sum_{k=0}^{\infty} \gamma^k R_{t+k+1}
$$

对于 $\gamma < 1$ ，只要奖励序列有界，这个和就保证是有限的。以下是 γ 变化对总和的影响：

❏ 当 γ 的值接近 1 时，几乎同等重视远距离奖励和即时奖励。

- ❏ 当 $\gamma = 1$ 时，所有的奖励，无论是远距离的还是即时的，都被平等地加权。
- ❏ 对于 γ 更接近 0 的值，总和更短视。
- ❏ 当 $\gamma = 0$ 时，回报等于即时奖励。

在本书的其余部分，我们的目标将是最大化期望的折扣回报。因此，了解在回报计算中使用折扣的其他好处很重要：

- ❏ 折扣降低了对在遥远未来获得的奖励的权重。这是合理的，因为当我们使用其他估计来自举（bootstrap）值估计时，我们对遥远未来的估计可能不是很准确（稍后会详细介绍）。
- ❏ 人类（和动物）的行为更喜欢即时奖励而不是未来奖励。
- ❏ 对于财务奖励，由于金钱的时间价值，即时奖励会更有价值。

定义了折扣回报后，一个状态 S 的**值**可以被定义为从 S 开始时的期望折扣回报：

$$v(s) = E[G_t \mid S_t = s] = E\left[\sum_{k=0}^{\infty} \gamma^k R_{t+k+1} \mid S_t = s\right]$$

请注意，这个定义允许我们使用在上一节计算出的递归关系：

$$v(s) = \sum_{s',r} p(s', r \mid s)[r + \gamma v(s')]$$

这个方程称为**马尔可夫奖励过程的贝尔曼方程**。在前面的网格世界示例中，当从其他状态值计算一个状态的值时，我们使用了这种方法。贝尔曼方程是许多强化学习算法的核心，并且至关重要。在介绍马尔可夫决策过程后，我们将提供其完整版本。

下面将给出更形式化的马尔可夫奖励过程定义。

信息

　　一个马尔可夫奖励过程完全由一个元组 $\langle S, P, R, \gamma \rangle$ 表征，其中 S 是一个状态集合，P 是一个转移概率矩阵，R 是一个奖励函数，$\gamma \in [0,1]$ 是折扣因子。

接下来，我们将看看如何解析式地计算状态值。

4.2.4　解析式地计算状态值

贝尔曼方程为我们提供了状态值、奖励和转移概率之间的关系。当转移概率和奖励动态已知时，我们可以使用贝尔曼方程来精确计算状态值。当然，这只有在状态总数较少且足以进行计算时才可行。现在让我们看看如何做到这一点。

当我们以矩阵形式写出贝尔曼方程时，其如下所示：

$$v = PR + \gamma Pv$$

这里，v 是一个列向量，其中每个条目是相应状态的值，并且 R 是另一个列向量，其中每个条目对应于转移到该状态时获得的奖励。因此，我们得到前面公式的以下扩展表示：

$$\begin{bmatrix} v(1) \\ \vdots \\ v(n) \end{bmatrix} = \begin{bmatrix} P_{1,1} & \cdots & P_{1,n} \\ \vdots & \ddots & \vdots \\ P_{n,1} & \cdots & P_{n,n} \end{bmatrix} \begin{bmatrix} R_1 \\ \vdots \\ R_n \end{bmatrix} + \gamma \begin{bmatrix} P_{1,1} & \cdots & P_{1,n} \\ \vdots & \ddots & \vdots \\ P_{n,1} & \cdots & P_{n,n} \end{bmatrix} \begin{bmatrix} v(1) \\ \vdots \\ v(n) \end{bmatrix}$$

我们可以按如下方式求解这个线性方程组：

$$(I - \gamma P)v = PR$$

$$v = (I - \gamma P)^{-1} PR$$

现在是时候为我们的网格世界示例实现它了。请注意，在 3×3 网格示例中，我们有 10 个状态，其中第 10 个状态代表机器人的崩溃。转移到任何状态都会产生 +1 奖励，"崩溃"状态除外。

1. 构造向量 $\boldsymbol{R}$：

```
R = np.ones(m2 + 1)
R[-1] = 0
```

2. 设置 $\gamma = 0.9999$（非常接近我们在示例中实际拥有的 1）并计算状态值：

```
inv = np.linalg.inv(np.eye(m2 + 1) - 0.9999 * P)
v = np.matmul(inv, np.matmul(P, R))
print(np.round(v, 2))
```

输出将如下所示：

```
[1.47 2.12 1.47 2.44 3.42 2.44 1.99 2.82 1.99 0.]
```

请记住，这些是理论上真实的（而不是估计的）状态值（对于给定的折现率），与我们之前在图 4-7 中通过模拟估计的值一致！

如果你想知道为什么我们不简单地设置 γ 为 1，请记住我们现在已经引入了折扣因子，这是数学收敛所必需的。如果你仔细想一想，那么存在一种可能性，即机器人会随机移动，但可以无限长时间地"活着"，获得无限奖励。是的，这是极不可能的，而且你在实践中永远不会看到这一点。所以，你可能认为我们可以在这里设置 $\gamma = 1$。但是，这将导致一个奇异矩阵，我们无法对其取逆。因此，我们将选择 $\gamma = 0.9999$。出于实际目的，这一折扣因子几乎同等地衡量了即时奖励和未来奖励。

我们可以通过模拟或矩阵求逆以外的其他方式估计状态值。接下来让我们看一下迭代方法。

4.2.5 迭代式地估计状态值

强化学习的中心思想之一是使用值函数定义来迭代式地估计值函数。为此，我们任意初始化状态值并将其定义用作更新规则。由于我们根据其他估计来估计状态，因此这是一种**自举**（bootstrapping）方法。当对所有状态的状态值的最大更新小于设定的阈值时，我们停止。

这是在机器人示例中估计状态值的代码：

```
def estimate_state_values(P, m2, threshold):
    v = np.zeros(m2 + 1)
    max_change = threshold
    terminal_state = m2
    while max_change >= threshold:
        max_change = 0
        for s in range(m2 + 1):
            v_new = 0
            for s_next in range(m2 + 1):
                r = 1 * (s_next != terminal_state)
                v_new += P[s, s_next] * (r + v[s_next])
            max_change = max(max_change, np.abs(v[s] - v_new))
            v[s] = v_new
    return np.round(v, 2)
```

结果将与图 4-7 中的估计非常相似。只需运行以下代码：

```
estimate_state_values(P, m2, 0.01)
```

你应该得到类似下面的东西：

```
array([1.46, 2.11, 1.47, 2.44, 3.41, 2.44, 1.98, 2.82, 1.99,
0.])
```

这看起来很棒！同样，请记住以下几点：

❑ 我们必须遍历所有可能的状态。当状态空间很大时，这是难以处理的。

❑ 我们明确地使用了转移概率。在现实系统中，我们不知道这些概率是多少。

现代强化学习算法解决了这些问题，其使用函数近似来表示状态并采样从（模拟）环境的转移。我们将在后面的章节中介绍这些方法。

现在，我们将介绍最后一个主要部分——行动。

4.3 引入行动：马尔可夫决策过程

马尔可夫奖励过程使我们能够建模和研究带有奖励的马尔可夫链。当然，我们的最终目标是控制这样一个系统，以达到最大的奖励。现在，我们将决策纳入马尔可夫奖励过程。

4.3.1 定义

马尔可夫决策过程只不过是具有影响转移概率和潜在奖励的决策的马尔可夫奖励过程。

信息

一个马尔可夫决策过程由元组 $\langle S, A, P, R, \gamma \rangle$ 表征，其中我们在马尔可夫奖励过程上增加了一个有限的行动集 A。

马尔可夫决策过程是强化学习背后的数学框架。所以，现在是时候回顾一下我们在第 1 章介绍的强化学习图了，如图 4-8 所示。

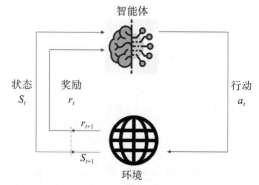

我们在马尔可夫决策过程中的目标是找到最大化期望累积奖励的**策略**。策略只是告诉给定状态要采取哪些行动。换句话说，它是从状态到行动的映射。更形式化地说，策略是给定状态下行动的分布，表示为 π：

$$\pi(a\,|\,s) = P[A_t = a\,|\,S_t = s]$$

智能体的策略可能会影响转移概率以及奖励，它完全定义了智能体的行为。它也是静止的，不会随着时间而改变。因此，马尔可夫决策过程的动态由以下转移概率定义：

图 4-8　马尔可夫决策过程图

$$p(s',r\,|\,s,a) \triangleq P(S_{t+1} = s', R_t = r\,|\,S_t = s, A_t = a)$$

这些适用于所有状态和行动。

接下来，让我们看看马尔可夫决策过程在网格世界示例中的如何表现的。

4.3.2　网格世界作为马尔可夫决策过程

想象一下，我们可以在网格世界中控制机器人，但仅限于某种程度。在每个步骤中，我们可以采取以下行动之一：向上、向下、向左和向右。然后，机器人有 70% 的概率朝着行动方向前进，而朝其他方向前进则各有 10% 的概率。鉴于这些动态，示例策略可能如下：

- ❑ 当处于状态 (0,0) 时，向右
- ❑ 当处于状态 (1,0) 时，向上

该策略还确定转移概率矩阵和奖励分布。例如，我们可以写出状态 (0,0) 的转移概率并给出我们的策略，如下所示：

- ❑ $P(S_{t+1} = (1,0), R_t = 1\,|\,S_t = (0,0), A_t = 向右) = 0.7$
- ❑ $P(S_{t+1} = (0,1), R_t = 1\,|\,S_t = (0,0), A_t = 向右) = 0.1$
- ❑ $P(S_{t+1} = 崩溃, R_t = 0\,|\,S_t = (0,0), A_t = 向右) = 0.2$

> **提示**
>
> 　一旦在马尔可夫决策过程中定义了策略，状态和奖励序列就成为一个马尔可夫奖励过程。

现在，让我们对如何表达策略更加严格一些。请记住，策略实际上是给定状态下行动的概率分布。因此，我们说"策略是在状态 (0,0) 中采取'向右'的行动"实际上意味着"我们在状态 (0,0) 中以概率 1 采取'向右'的行动"。这可以更形式化地表达如下：

$$\pi(\text{向右} \mid (0,0)) = 1$$

一个完全合法的策略是概率策略。例如，当处于状态 (1,0) 时，我们可以选择以相等的概率向左或向上行动，如下：

$$\pi(\text{向上} \mid (1,0)) = 0.5$$
$$\pi(\text{向左} \mid (1,0)) = 0.5$$

同样，我们在强化学习中的目标是找出一个针对环境和手头问题的最优策略，以最大化期望的折扣回报。从下一章开始，我们将详细介绍如何做到这一点并提供详细的示例。现在，这个示例足以说明马尔可夫决策过程在简单示例中的样子。

接下来，我们将为马尔可夫决策过程定义值函数和相关方程，就像我们为马尔可夫奖励过程所做的那样。

4.3.3 状态值函数

我们已经在马尔可夫奖励过程的上下文中讨论了一个状态的值。一个状态的值，我们现在形式化地称其为**状态值函数**，定义为从状态 S 开始时的期望折扣回报。然而，这里有一个关键点：马尔可夫决策过程中的状态值函数是为策略定义的。总而言之，转移概率矩阵是由策略决定的。因此，改变策略很可能会导致不同的状态值函数。这形式化定义如下：

$$v_\pi(s) \triangleq E_\pi[G_t \mid S_t = s] = E_\pi\left[\sum_{k=0}^{\infty} \gamma^k R_{t+k+1} \mid S_t = s\right]$$

注意状态值函数中的下标 π，以及期望运算符。除此之外，这个想法与我们在马尔可夫奖励过程中定义的想法相同。

现在，我们可以最终定义 v_π 的贝尔曼方程：

$$v_\pi(s) \triangleq \sum_a \pi(a \mid s) \sum_{s',r} p(s',r \mid s,a)[r + \gamma v_\pi(s')]$$

从我们关于马尔可夫奖励过程的讨论中，你已经知道状态的值是相互关联的。这里唯一的区别是，现在转移概率取决于行动以及根据策略将它们置于给定状态的相应概率。想象一下"不采取行动"是我们网格世界中可能采取的行动之一。图 4-7 中的状态值对应于在任何状态下都不采取行动的策略。

4.3.4 行动值函数

我们在强化学习中经常使用的一个有趣的量是行动值函数。现在，假设你有一个策略 π（不一定是最优策略）。该策略已经告诉你针对每个状态采取哪些行动以及相关的概率，你将遵循该策略。但是，对于当前时间步，你会问"如果我最初在当前状态下采取行动 a，然后对所有状态采取策略 π，那么期望的累积回报是多少？"这个问题的答案是**行动值函数**。形式上，这是我们以多种但等效的方法来定义它的方式：

$$q_\pi(s,a) \triangleq E_\pi[G_t \mid S_t = s, A_t = a]$$

$$= E_\pi\left[\sum_{k=0}^{\infty} \gamma^k R_{t+k+1} \mid S_t = s, A_t = a\right]$$

$$= E[R_{t+1} + \gamma v_\pi(s') \mid S_t = s, A_t = a]$$

$$= \sum_{s',r} p(s',r \mid s,a)[r + \gamma v_\pi(s')]$$

现在，你可能会问，如果我们此后仍然遵循策略 π，那么定义这个数量的意义何在。好吧，可以证明我们能通过选择为状态 S 提供最高行动值的行动来改进我们的策略，其由 $\arg\max_a q_\pi(s,a)$ 表示。

我们将在下一章后面讨论如何改进和找到最优策略。

4.3.5   最优状态值和行动值函数

一个最优策略是给出最优状态值函数的策略：

$$v_*(s) \triangleq \max_\pi v_\pi(s), \text{ 对于所有 } s \in S$$

一个最优策略用 π_* 表示。请注意，不止一种策略可能是最优的。但是，存在一个单独的最优状态值函数。我们也可以定义最优行动值函数如下：

$$q_*(s,a) \triangleq \max_\pi q_\pi(s,a)$$

最优状态值函数和行动值函数之间的关系如下：

$$q_*(s,a) = E[R_{t+1} + \gamma v_*(S_{t+1}) \mid S_t = s, A_t = a]$$

4.3.6   贝尔曼最优性

当我们之前为 $v_\pi(s)$ 定义贝尔曼方程时，我们需要在方程中使用 $\pi(a \mid s)$。这是因为状态值函数是为策略定义的，当处于状态 S 时，我们需要根据策略建议的行动（如果建议以正概率采取多项行动，则连同相应的概率）来计算期望奖励和后续状态的值。这个等式如下：

$$v_\pi(s) \triangleq \sum_a \pi(a \mid s) \sum_{s',r} p(s',r \mid s,a)[r + \gamma v_\pi(s')]$$

然而，当处理最优状态值函数 v_*，我们实际上不需要从某处检索 $\pi(a \mid s)$ 以插入等式中。为什么？因为最优策略应该是建议一个最大化结果表达的行动。毕竟，状态值函数表示累积期望奖励。如果最优策略没有提出最大化期望项的行动，那将不是一个最优策略。因此，对于最优策略和状态值函数，我们可以写一种特殊形式的贝尔曼方程。这被称为**贝尔曼最优性方程**，定义如下：

$$v_*(s) = \max_a q_*(s,a)$$

$$= \max_a E[R_{t+1} + \gamma v_*(s') \mid S_t = s, A_t = a]$$

$$= \max_a \sum_{s',r} p(s',r \mid s,a)[r + \gamma v_*(s')]$$

类似地，我们可以写出针对行动值函数的贝尔曼最优性方程：

$$q_*(s,a) = E[R_{t+1} + \gamma v_*(s') \mid S_t = s, A_t = a]$$
$$= E[R_{t+1} + \gamma \max_a q_*(S_{t+1},a') \mid S_t = s, A_t = a]$$
$$= \sum_{s',r} p(s',r \mid s,a)[r + \gamma \max_a q_*(s',a')]$$

贝尔曼最优性方程是强化学习中最核心的思想之一，它将构成我们在下一章介绍的许多算法的基础。

至此，我们介绍了强化学习算法背后的大量理论。在实际使用它们来解决一些强化学习问题之前，我们将讨论马尔可夫决策过程的扩展，称为部分可观测的马尔可夫决策过程，它经常出现在许多现实世界的问题中。

4.4 部分可观测的马尔可夫决策过程

到目前为止，我们在本章中使用的策略定义是，它是从环境状态到行动的映射。现在，我们应该问的问题是，在所有类型的环境中，智能体真的知道状态吗？请记住状态的定义：它描述了与智能体决策相关的环境中的所有内容（例如，在网格世界的示例中，墙壁的颜色并不重要，因此它不会成为状态的一部分）。

如果你仔细想想，这是一个非常强的定义。考虑一下有人开车的情况。驾驶员在做出驾驶决定时是否了解周围世界的一切？当然不是！首先，这些汽车会经常在驾驶员的视线中相互遮挡。但是，不知道世界的确切状态并不能阻止任何人开车。在这种情况下，我们的决定基于我们的**观测**，例如，我们在驾驶过程中看到和听到的，而不是状态。然后，我们们说环境是**部分可观测的**。如果是马尔可夫决策过程，我们称其为**部分可观测的马尔可夫决策过程**（Partially Observable MDP，POMDP）。

在一个部分可观测的马尔可夫决策过程中，看到智能体的特定观测的概率取决于最近的行动和当前状态。描述这种概率分布的函数称为**观测函数**。

信息

一个部分可观测的马尔可夫决策过程由一个元组 $\langle S, A, O, \boldsymbol{P}, R, Z, \gamma \rangle$ 表征，其中 O 是可能观测的集合并且 Z 是一个观测函数，定义为：$Z(o,s',a) = P(O_{t+1} = o \mid S_{t+1} = s', A_t = a)$。

在实践中，拥有部分可观测的环境通常需要保留观测的记忆以作为行动的基础。换句话说，策略的形成不仅基于最新的观测，而且还基于最后 k 步的观测。为了更好地理解为什么会这样，想想自动驾驶汽车可以从来自相机的单个冻结场景中获得多少信息。仅这张图片并不能透露一些关于环境的重要信息，例如，其他汽车的速度和确切方向。为了推断

这一点，我们需要一系列场景，然后看看汽车是如何在场景之间移动的。

> **提示**
>
> 　　在部分可观测的环境中，保留观测的记忆可以发现有关环境状态的更多信息。这就是许多著名的强化学习设置使用**长短期记忆**（Long Short-Term Memory，LSTM）网络来处理观测结果的原因。我们将在后面的章节中更详细地讨论这一点。

　　至此，我们得出了关于马尔可夫决策过程的结论。现在，你将开始深入研究如何解决强化学习问题！

4.5　总结

　　在本章中，我们介绍了用于对现实生活中面临的序贯决策问题进行建模的数学框架：马尔可夫决策过程。为此，我们从不涉及任何奖励或决策概念的马尔可夫链开始。马尔可夫链简单地描述了系统基于当前状态进行转移的随机过程，与先前访问的状态无关。然后，我们添加了奖励的概念，并开始讨论诸如哪些状态在期望的未来奖励方面更有优势等。这为一个状态创造了一个"值"的概念。我们最终引入了"决策/行动"的概念并定义了马尔可夫决策过程。然后我们最终确定了状态值函数和行动值函数的定义。最后，我们讨论了部分可观测的环境以及它们影响智能体决策的方式。

　　我们在本章介绍的贝尔曼方程变体是当今许多强化学习算法的核心，这些算法被称为"基于值的方法"。现在你已经对它们的含义有了充分的了解，那么从下一章开始，我们将使用这些想法来提出最优策略。特别是，我们将首先研究马尔可夫决策过程的精确解算法，它们是动态规划方法。然后，我们将探讨诸如蒙特卡罗和时间差分学习之类的方法，它们提供近似解决方案，但不需要了解环境的精确动态，这与动态规划方法不同。

4.6　练习

1. 使用我们引入的马尔可夫链模型计算机器人的 n- 步转移概率，状态初始化为 $(2,2)$。你会注意到系统需要更多时间才能达到稳定状态。
2. 修改马尔可夫链以包含机器人撞墙的吸收状态。对于一个很大的 n 来说，你的 P^n 是什么？
3. 借助图 4-7 中的状态值，使用相邻状态值的估计值来计算角落状态的值。
4. 使用矩阵形式和运算取代一个 for 循环，从而迭代估计网格世界马尔可夫奖励过程中的状态值。
5. 使用图 4-7 中的值来计算 $q_\pi((1,0),\text{向上})$ 行动值，其中 π 策略对应于在任何状态下不采取行动。基于将 $q_\pi((1,0),\text{向上})$ 与 $v_\pi((1,0))$ 对比，你是否可以考虑更改策略以在状态 $(1,0)$ 下采取行动而不是不采取行动？

4.7　参考文献

- Silver, D. (2015). *Lecture 2: Markov Decision Processes*. Retrieved from a UCL course on RL: `https://www.davidsilver.uk/wp-content/uploads/2020/03/MDP.pdf`

- Sutton, R. S., & Barto, A. G. (2018). *Reinforcement Learning: An Introduction*. A Bradford book

- Ross, S. M. (1996). *Stochastic Processes*. 2nd ed., Wiley

第 **5** 章

求解强化学习问题

在上一章，我们为强化学习问题建模提供了数学基础。在本章中，我们将为解决它奠定基础。以下许多章节将重点介绍一些建立在此基础之上的特定解决方案方法。为此，我们将首先介绍**动态规划**（DP）方法，并介绍一些关键思想和概念。动态规划方法为**马尔可夫决策过程**（MDP）提供了最优解决方案，但需要完整的知识以及对环境的状态转移和奖励动态的紧凑表示。在现实场景中，这可能会受到严重限制且不切实际，其中智能体要么直接在环境本身中训练，要么在模拟环境中进行训练。**蒙特卡罗**和**时间差分**（TD）方法（我们将在后面介绍）与动态规划不同，它使用来自环境的采样转移并放宽上述限制。最后，我们们还将详细讨论是什么使模拟模型适合强化学习。

5.1 探索动态规划

动态规划是针对马尔可夫决策过程给出最优解方法的数学优化的一个分支。尽管大多数现实世界的问题都过于复杂，无法通过动态规划方法进行优化解决，但这些算法背后的思想是许多强化学习方法的核心。因此，对它们有充分的了解很重要。在本章中，我们将通过系统地介绍近似值，从这些最优方法转向更实用的方法。

我们将通过描述一个示例来开始本节，该示例将用作我们会在本章后面介绍的算法的用例。然后，我们将介绍如何使用动态规划进行预测和控制。

5.1.1 示例用例：食品卡车的库存补充

我们的用例涉及一家食品卡车企业，该企业需要决定每个工作日购买多少汉堡肉饼以补充其库存。库存规划是许多公司一直需要处理的零售和制造中的一类重要问题。当然，出于教学原因，我们的示例比你在实践中看到的要简单得多。但是，它仍然能让你对这个问题类有所了解。

现在，让我们深入研究这个例子：

❑ 我们的食品卡车在工作日于市中心运营。

❑ 每个工作日早上，店主需要根据 $A = \{0,100,200,300,400\}$ 决定购买多少汉堡肉饼。一个肉饼的成本为 $c = 4$ 美元。

❑ 在工作日，食品卡车最多可以储存 $C = 400$ 个肉饼。但是，由于卡车在周末不运行，并且任何到周五晚上未售出的库存都会变质，因此，如果在工作日期间购买的肉饼数量和现有库存超过了容量，那么多余的库存也会变质。

❑ 任何工作日的汉堡需求是一个随机变量 D，具有以下概率质量函数：

$$\Pr\{D = d\} = \begin{cases} 0.3, & d = 100 \\ 0.4, & d = 200 \\ 0.2, & d = 300 \\ 0.1, & d = 400 \\ 0, & 否则 \end{cases}$$

❑ 每个汉堡的净收入（扣除肉饼以外的配料成本）为 $b = 7$ 美元。

❑ 一天的销售额是需求和可用库存中的最小值，因为卡车的汉堡销量不能超过可用肉饼的数量。

所以，我们有一个多步库存规划问题，我们的目标是在一周内最大化总期望利润 $(b - c)$。

信息

　　一步库存规划问题通常被称为"报童问题"。这是关于在给定需求分布的情况下平衡超额和不足的成本。对于许多常见的需求分布，这个问题可以被解析性地求解。当然，许多现实世界的库存问题都是多步的，类似于我们将在本章中解决的问题。你可以在 https://en.wikipedia.org/wiki/Newsvendor_model 阅读有关报童问题的更多信息。我们将在第 15 章解决这个问题的一个更复杂的版本。

接下来，我们将在 Python 中创建这个环境。

用 Python 实现食品卡车环境

根据上面描述的动态，我们将创建一个食品卡车示例的模拟环境。为此，我们将使用为完全相同目的设计的流行框架，即 OpenAI 的 Gym 库。你以前可能遇到过它。但如果没有，那也没关系，因为它在此示例中不发挥关键作用。我们将介绍你在阅读过程中需要了解的内容。

信息

　　OpenAI 的 Gym 是用于定义强化学习环境以及开发和比较解决方案方法的标准库。它还兼容各种强化学习解决方案库，例如 RLlib。如果你还不熟悉 Gym 环境，请在此处查看其简明文档：https://gym.openai.com/docs/。

现在，让我们开始实现：

1. 我们首先导入自己需要的库：

```
import numpy as np
import gym
```

2. 接下来，我们创建一个 Python 类，它使用我们在上一节描述的环境参数进行初始化：

```
class FoodTruck(gym.Env):
    def __init__(self):
        self.v_demand = [100, 200, 300, 400]
        self.p_demand = [0.3, 0.4, 0.2, 0.1]
        self.capacity = self.v_demand[-1]
        self.days = ['Mon', 'Tue', 'Wed',
                     'Thu', 'Fri', "Weekend"]
        self.unit_cost = 4
        self.net_revenue = 7
        self.action_space = [0, 100, 200, 300, 400]
        self.state_space = [("Mon", 0)] \
                            + [(d, i) for d in self.days[1:]
                               for i in [0, 100, 200, 300]]
```

状态是工作日（或周末）的某天和当天对应的起始库存水平的元组。同样，行动是在销售开始之前要购买的肉饼数量。此购买的库存立即可用。请注意，这是一个完全可观测的环境，因此状态空间和观测空间是相同的。在一天开始时，可能的库存水平是 0、100、200 和 300（因为我们定义行动集、可能需求情景和容量的方式），不过我们周一开始没有库存。

3. 接下来，让我们定义一个方法，在给定当前状态、行动和需求的情况下，计算下一个状态和奖励以及相关数量。请注意，此方法不会更改对象中的任何内容：

```
    def get_next_state_reward(self, state, action,
demand):
        day, inventory = state
        result = {}
        result['next_day'] = self.days[self.days.
index(day) \
                                       + 1]
        result['starting_inventory'] = min(self.capacity,
                                            inventory
                                            + action)
        result['cost'] = self.unit_cost * action
        result['sales'] = min(result['starting_
inventory'],
                              demand)
        result['revenue'] = self.net_revenue *
result['sales']
        result['next_inventory'] \
```

```
                        = result['starting_inventory'] -
result['sales']
            result['reward'] = result['revenue'] -
result['cost']
            return result
```

4. 现在，我们定义一个方法，该方法使用 `get_next_state_reward` 方法返回给定状态 – 行动对的所有可能的转移和奖励，以及相应的概率。请注意，如果需求超过库存，那么不同的需求场景将导致相同的下一个状态和奖励：

```
def get_transition_prob(self, state, action):
    next_s_r_prob = {}
    for ix, demand in enumerate(self.v_demand):
        result = self.get_next_state_reward(state,
                                            action,
                                            demand)
        next_s = (result['next_day'],
              result['next_inventory'])
    reward = result['reward']
    prob = self.p_demand[ix]
    if (next_s, reward) not in next_s_r_prob:
        next_s_r_prob[next_s, reward] = prob
    else:
        next_s_r_prob[next_s, reward] += prob
    return next_s_r_prob
```

这就是我们现在所需要的。稍后，我们将在该类中添加其他方法，以便能够模拟环境。现在，我们将使用策略评估方法深入研究动态规划。

5.1.2　策略评估

在马尔可夫决策过程（和强化学习）中，我们的目标是获得（近似）最优策略。但是我们如何评估给定的策略呢？毕竟，如果无法评估它，我们就无法将其与另一种策略进行比较并决定哪个更好。因此，我们开始讨论带有**策略评估**（policy evaluation）的动态规划方法，也被称为**预测问题**（prediction problem）。有多种方法可以评估给定的策略。事实上，在第 4 章，当定义状态值函数时，我们讨论了如何分析和迭代性地计算它。这就是策略评估！在本节中，我们将使用迭代版本，接下来进行讨论。

5.1.2.1　迭代策略评估

让我们首先讨论迭代策略评估算法，并重新思考我们在前一章介绍的内容。然后，我们将评估食品卡车的所有者已经拥有的策略（基准策略）。

迭代策略迭代算法

回想一下，状态的值定义为给定策略的以下内容：

$$v_\pi(s) \triangleq E_\pi[G_t \mid S_t = s] = E_\pi\left[\sum_{k=0}^{\infty} \gamma^k R_{t+k+1} \mid S_t = s\right]$$

$v_\pi(s)$ 是从状态 s 开始并遵循策略 π 的期望折扣累积奖励。在我们的食品卡车示例中，状态 (Monday, 0) 的值是从周一零库存开始的一周的奖励（利润）。最大化 $v(\text{Monday}, 0)$ 的策略将是最优策略！

现在，贝尔曼方程告诉我们状态值必须彼此一致。这意味着期望的一步奖励加上下一个状态的折扣值应该等于当前状态的值。更形式化地，其如下所示：

$$\begin{aligned}
v_\pi(s) &\triangleq E_\pi\left[\sum_{k=0}^{\infty} \gamma^k R_{t+k+1} \mid S_t = s\right] \\
&= E_\pi[R_{t+1} + \gamma G_{t+1} \mid S_t = s] \\
&= E_\pi[R_{t+1} + \gamma v_\pi(S_{t+1}) \mid S_t = s]
\end{aligned}$$

因为我们知道这个简单问题的所有转移概率，因此我们可以分析计算此期望：

$$v_\pi(s) \triangleq \sum_a \pi(a \mid s) \sum_{s',r} p(s', r \mid s, a)[r + \gamma v_\pi(s')]$$

开头的这项 $\sum_a \pi(a \mid s)$ 是因为该策略可能建议在给定状态下采取行动。由于转移概率依赖于行动，因此我们需要考虑策略可能导致我们采取的每个可能行动。

现在，获得迭代算法所需要做的就是将贝尔曼方程转移为如下更新规则：

$$v_\pi^{k+1}(s) := \sum_a \pi(a \mid s) \sum_{s',r} p(s', r \mid s, a)[r + \gamma v_\pi^k(s')]$$

更新的单轮 k 涉及更新所有状态值。该算法直到状态值的变化在连续迭代中足够小时才停止。我们不去证明这点，但是这个更新规则可以被证明当 $k \to \infty$ 时收敛到 v_π。该算法被称为采用**期望更新**（expected update）的**迭代策略评估**（iterative policy evaluation），因为我们考虑了所有可能的一步转移。

在实施此方法之前的最后一个注意事项是，我们不会携带 k 和 $k+1$ 的两个状态值的两个副本，并在整轮更新后将 v_π^k 替换为 v_π^{k+1}，而是进行就地更新。这趋向于更快地收敛，因为我们对状态值的最新估计立即可用于其他状态更新。

接下来，让我们评估库存补货问题的基准策略。

基础库存补货策略的迭代评估

假设食品卡车的所有者有以下策略：在工作日开始时，所有者以相等的概率补货至多 200 或 300 个肉饼。例如，如果一天开始时的库存是 100，那么他们购买 100 或 200 个肉饼的可能性相同。让我们评估这个策略，看看我们可以在一周内获得多少利润：

1. 我们首先定义一个返回 policy（策略）字典的函数，其中的键对应于状态。对应于一个状态的值是另一个字典，它具有作为键的行动以及作为值的在该状态下选择该行动的概率：

```
def base_policy(states):
    policy = {}
    for s in states:
        day, inventory = s
        prob_a = {}
        if inventory >= 300:
            prob_a[0] = 1
        else:
            prob_a[200 - inventory] = 0.5
            prob_a[300 - inventory] = 0.5
        policy[s] = prob_a
    return policy
```

2. 现在是策略评估。我们定义一个函数来计算给定状态的期望更新和该状态的相应策略：

```
def expected_update(env, v, s, prob_a, gamma):
    expected_value = 0
    for a in prob_a:
        prob_next_s_r = env.get_transition_prob(s, a)
        for next_s, r in prob_next_s_r:
            expected_value += prob_a[a] \
                            * prob_next_s_r[next_s, r] \
                            * (r + gamma * v[next_s])
    return expected_value
```

对于给定的 s，该函数计算了 $\sum\limits_{a}\pi(a\,|\,s)\sum\limits_{s',r}p(s',r\,|\,s,a)[r+\gamma v_{\pi}^{k}(s')]$

3. 策略评估函数对所有状态执行期望更新，直到状态值收敛（或达到最大迭代次数）：

```
def policy_evaluation(env, policy, max_iter=100,
                      v = None, eps=0.1, gamma=1):
    if not v:
        v = {s: 0 for s in env.state_space}
    k = 0
    while True:
        max_delta = 0
        for s in v:
            if not env.is_terminal(s):
                v_old = v[s]
                prob_a = policy[s]
                v[s] = expected_update(env, v,
                                       s, prob_a,
                                       gamma)
                max_delta = max(max_delta,
                                abs(v[s] - v_old))
        k += 1
        if max_delta < eps:
            print("Converged in", k, "iterations.")
```

```
            break
        elif k == max_iter:
            print("Terminating after", k, "iterations.")
            break
    return v
```

让我们详细说明这个函数是如何工作的：

a）policy_evaluation 函数接收一个环境对象，它在我们的示例中是 FoodTruck 类的一个实例。

b）该函数评估指定的策略，该策略采用将状态映射到行动概率的字典的形式。

c）除非将初始化传递给函数，否则所有状态值都被初始化为 0。终止状态（本例中对应于周末的状态）的状态值不会更新，因为我们不会期望从那时起得到任何奖励。

d）我们定义一个 ε 值作为收敛的阈值。如果在给定轮次中所有状态值的更新之间的最大变化小于此阈值，则终止评估。

e）由于这是一个具有有限步数的情节任务，我们默认将折扣因子 gamma 设置为 1。

f）函数返回状态值，我们稍后会用到。

4. 现在，我们使用此函数评估所有者拥有的基准策略。首先，从我们上面定义的类中创建一个 foodtruck 对象：

```
foodtruck = FoodTruck()
```

5. 获取环境的基准策略：

```
policy = base_policy(foodtruck.state_space)
```

6. 评估基准策略并获取相应的状态值，具体来说就是针对初始状态：

```
v = policy_evaluation(foodtruck, policy)
print("Expected weekly profit:", v["Mon", 0])
```

7. 结果将如下所示：

Converged in 6 iterations.
Expected weekly profit: 2515.0

在此策略下初始状态（"Mon", 0）的状态值为 2515。这一周利润不差！

到目前为止做得很好！现在你可以评估给定策略并计算与该策略对应的状态值。不过，在改进策略之前，让我们再做一件事。让我们验证在此策略下模拟该环境会得到类似的奖励。

5.1.2.2　将策略评估与一次模拟进行比较

为了能够模拟环境，我们需要向 FoodTruck 类添加更多方法：

1. 创建一个重置方法，该方法简单地将对象初始化 / 重置为周一早上零库存。我们将在每次开始情节之前调用此方法：

```
def reset(self):
    self.day = "Mon"
    self.inventory = 0
    state = (self.day, self.inventory)
    return state
```

2. 接下来，定义一个方法来检查给定状态是否为终止状态。请记住，在此示例中，回合在一周结束时终止：

```
def is_terminal(self, state):
    day, inventory = state
    if day == "Weekend":
        return True
    else:
        return False
```

3. 最后，定义 step 方法，在给定当前状态和行动的情况下为一步模拟环境：

```
    def step(self, action):
        demand = np.random.choice(self.v_demand,
                                  p=self.p_demand)
        result = self.get_next_state_reward((self.day,
                                                  self.
inventory),
                                                action,
                                                demand)
        self.day = result['next_day']
        self.inventory = result['next_inventory']
        state = (self.day, self.inventory)
        reward = result['reward']
        done = self.is_terminal(state)
        info = {'demand': demand, 'sales':
result['sales']}
        return state, reward, done, info
```

　　该方法返回新的状态、一步奖励、回合是否已结束，以及我们希望返回的任何其他信息。这是标准的 Gym 惯例。它还更新存储在类中的状态。

4. 现在我们的 FoodTruck 类已准备好进行模拟。接下来，让我们创建一个函数，从给定状态的（可能是概率性的）策略中选择一个行动：

```
def choose_action(state, policy):
    prob_a = policy[state]
    action = np.random.choice(a=list(prob_a.keys()),
                              p=list(prob_a.values()))
    return action
```

5. 让我们创建一个函数（在类之外）来模拟给定的策略：

```
def simulate_policy(policy, n_episodes):
```

```
    np.random.seed(0)
    foodtruck = FoodTruck()
    rewards = []
    for i_episode in range(n_episodes):
        state = foodtruck.reset()
        done = False
        ep_reward = 0
        while not done:
            action = choose_action(state, policy)
            state, reward, done, info = foodtruck.
step(action)
            ep_reward += reward
        rewards.append(ep_reward)
    print("Expected weekly profit:", np.mean(rewards))
```

simulate_policy 函数简单地执行以下行动：

a）接收返回该策略在给定状态下建议的行动和对应概率的策略字典。

b）它根据该策略模拟一个指定数量的回合。

c）在一个回合中，它从初始状态开始，并在每个步骤中概率性地选择策略建议的行动。

d）选择的行动被传递给环境，环境根据自身动态转移到下一个状态。

6. 现在，让我们使用基准策略模拟环境！

```
simulate_policy(policy, 1000)
```

7. 结果应如下所示：

Expected weekly profit: 2518.1

太好了！这与我们分析计算的结果非常吻合！现在是时候将这种迭代策略评估方法用于更有用的事情了：寻找最优策略！

5.1.3　策略迭代

现在有了评估给定策略的方法，我们可以使用它来比较两个策略并迭代地改进它们。在本节中，我们首先讨论如何比较策略。然后，我们引入策略改进定理，最后将所有内容放在策略改进算法中。

5.1.3.1　策略比较和改进

假设我们有两个策略 π 和 π' 需要进行比较。我们称 π' 至少与 π 一样好：

$$v_{\pi'}(s) \geq v_{\pi}(s), \forall s \in S$$

换句话说，如果一个策略 π' 下的状态值对于所有可能的状态都大于或等于另一个策略 π 下的状态值，那么这意味着 π' 至少与 π 一样好。如果这个关系对于任何状态 s 是严格的不等式，那么 π' 是比 π 更好的策略。这应该是直观的，因为状态值表示从那时起的期望累积奖励。

现在，问题是我们如何从 π 到更好的策略 π'。为此，需要回顾一下我们在第 4 章定义的行动值函数：

$$q_\pi(s,a) \triangleq E[R_{t+1} + \gamma v_\pi(s') \,|\, S_t = s, A_t = a]$$

请记住，行动值函数的定义有点微妙。它是在以下条件下的期望累积未来奖励：

❑ 在当前状态 s 采取行动 a。

❑ 然后遵循策略 π。

细微差别是，策略 π 通常可能会在状态 s 时建议另一个行动。q 值表示在当前步骤中发生的与策略 π 的一次性偏离。

但这对改进策略有何帮助？**策略改进定理**（policy improvement theorem）建议如果先在状态 s 时选择 a 然后遵循 π 而不是每次都一直遵循 π，那么在状态 s 时每次都选择 a 是一个比 π 更好的策略。换言之，如果 $q_\pi(s,a) > v_\pi(s)$，那么我们可以通过在状态 s 时采取行动 a 来改善 π，并在其他状态时遵循 π。我们不在这里详细介绍这个定理的证明，但该证明实际上非常直观，它可以在文献（Sutton & Barto, 2018）中获得。

让我们概括一下这个论点。如果对所有 $s \in S$，

$$q_\pi(s, \pi'(s)) \geqslant v_\pi(s)$$

那么说某个策略 π' 至少与另一个策略 π 一样好。然后，我们需要做的就是选择可以最大化每个状态的 q 值的行动来改进策略。即

$$\pi'(s) \triangleq \arg\max_a q_\pi(s,a)$$

在我们结束本次讨论之前的最后一点说明：虽然我们描述了确定性策略的策略改进方法，但是策略对于给定状态 s 仅建议一个行动 a，该方法也适用于随机策略。

现在，让我们将这种策略改进转化为一种算法，使我们能够找到最优策略！

5.1.3.2 策略迭代算法

策略迭代算法简单地包括从任意策略开始，然后是策略评估步骤，然后是策略改进步骤。当重复此过程时，最终会带来最优策略。这个过程如图 5-1 所示。

实际上，在某些形式的策略评估和策略改进步骤之间进行迭代是解决强化学习问题的一般方法。这就是为什么这个想法被命名为**广义策略迭代**（Generalized Policy Iteration，GPI）（Sutton & Barto, 2018）。只是我们在本节中描述的策略迭代方法涉及这些步骤的具体形式。

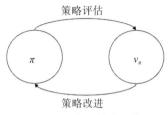

图 5-1 广义策略迭代

让我们为食品卡车环境实施策略迭代。

5.1.3.3 为库存补货问题实施策略迭代

我们已经对策略评估和期望更新步骤进行了编码。对于策略迭代算法，我们额外需要的是策略改进步骤，然后我们可以获得最优策略！这很令人兴奋，所以让我们开始吧：

1. 让我们从实现上面描述的策略改进开始：

```python
def policy_improvement(env, v, s, actions, gamma):
    prob_a = {}
    if not env.is_terminal(s):
        max_q = np.NINF
        best_a = None
        for a in actions:
            q_sa = expected_update(env, v, s, {a: 1},
gamma)
            if q_sa >= max_q:
                max_q = q_sa
                best_a = a
        prob_a[best_a] = 1
    else:
        max_q = 0
    return prob_a, max_q
```

此函数使用在当前策略下获得的值函数来搜索为给定状态提供最大 q 值的行动。对于终止状态，q 值始终等于 0。

2. 现在，我们将所有内容放在一个策略迭代算法中：

```python
def policy_iteration(env,  eps=0.1, gamma=1):
    np.random.seed(1)
    states = env.state_space
    actions = env.action_space
    policy = {s: {np.random.choice(actions): 1}
            for s in states}
    v = {s: 0 for s in states}
    while True:
        v = policy_evaluation(env, policy, v=v,
                        eps=eps, gamma=gamma)
        old_policy = policy
        policy = {}
        for s in states:
            policy[s], _ = policy_improvement(env, v, s,
                                actions, gamma)
        if old_policy == policy:
            break
    print("Optimal policy found!")
    return policy, v
```

这个算法从一个随机策略开始，在每次迭代中，执行策略评估和改进步骤。当策略稳定时停止。

3. 重要时刻！让我们找出我们的食品卡车的最优策略，看看期望的每周利润是多少！

```
policy, v = policy_iteration(foodtruck)
print("Expected weekly profit:", v["Mon", 0])
```

4. 结果应该如下所示：

```
Converged in 6 iterations.
Converged in 6 iterations.
Converged in 5 iterations.
Optimal policy found!
Expected weekly profit: 2880.0
```

我们刚制定了一项策略，预计每周利润为 2880 美元。这是对基准策略的重大改进！

你可以从输出中看到，随机策略有两个策略改进步骤。第三个策略改进步骤没有导致策略发生任何变化，算法终止。

让我们看看最优策略是什么样子的，如图 5-2 所示。

起始库存 / 天	周一	周二	周三	周四	周五
0	400	400	400	300	200
100		300	300	200	100
200		200	200	100	0
300		100	100	0	0

图 5-2　食品卡车示例的最优策略

策略迭代算法提出的内容非常直观。让我们先分析一下这个策略：

❑ 在周一和周二，保证在一周的剩余时间内售出 400 个汉堡。由于肉饼可以在工作日安全存放，因此将库存装满是有意义的。

❑ 在周三的开始，到周末的总销量有可能达到 300 份，100 份肉饼将被放坏。不过这个可能性很小且期望利润仍为正。

❑ 对于周四和周五，在需求少于库存的情况下，更加保守并降低成本高昂的损坏风险会更有意义。

恭喜！你已经使用策略迭代成功解决了马尔可夫决策过程！

提示

我们发现，最优策略很大程度上取决于肉饼的成本、单位的净收入以及需求分布。通过修改问题参数并再次求解，你可以更直观地了解最优策略的结构以及它是如何变化的。

你已经走了很长一段路！我们从马尔可夫决策过程和动态规划的基础开始构建了一个精确的求解方法。接下来，我们将研究另一种通常比策略迭代更有效的算法。

5.1.4　值迭代

策略迭代要求我们在执行改进步骤之前对策略进行全面评估，直到状态值收敛。在更复杂的问题中，等待完整的评估可能会非常昂贵。即使在我们的示例中，单个策略评估步骤也需要对所有状态进行 5 到 6 次扫描，直到收敛。事实证明，我们可以在策略评估收敛之前终止策略评估，而不会失去策略迭代的收敛保证。事实上，我们甚至可以将上一章介绍的贝尔曼最优性方程转化为更新规则，从而将策略迭代和策略改进合并为一个步骤：

$$
\begin{aligned}
v_{k+1}(s) &:= \max_a q_k(s,a) \\
&= \max_a E[R_{t+1} + \gamma v_k(S_{t+1}) \mid S_t = s, A_t = a] \\
&= \max_a \sum_{s',r} p(s',r \mid s,a)[r + \gamma v_k(s')]
\end{aligned}
$$

我们只是一次又一次地对所有状态执行更新，直到状态值收敛。这种算法称为**值迭代**（value iteration）。

> **提示**
>
> 请注意策略评估更新和值迭代更新之间的区别。前者从给定策略中选择行动，因此项 $\sum_a \pi(a \mid s)$ 在期望更新的前部。另外，后者不遵循策略，而是通过 $\max_a$ 运算符主动搜索最优行动。

这就是我们实现值迭代算法所需的全部内容。所以，让我们直接进入实现部分。

为库存补货问题实现值迭代

为了实现值迭代，我们将使用之前定义的 `policy_improvement` 函数。但是，在改进每个状态的策略之后，我们还将更新状态的状态值估计。

现在，我们可以继续使用以下步骤实现值迭代：

1. 我们首先定义上面定义的值迭代函数，并就地替换状态值：

```
def value_iteration(env, max_iter=100, eps=0.1, gamma=1):
    states = env.state_space
    actions = env.action_space
    v = {s: 0 for s in states}
    policy = {}
    k = 0
    while True:
        max_delta = 0
        for s in states:
            old_v = v[s]
            policy[s], v[s] = policy_improvement(env,
                                                 v,
                                                 s,
```

```
                                          actions,
                                          gamma)
        max_delta = max(max_delta, abs(v[s] - old_v))
    k += 1
    if max_delta < eps:
        print("Converged in", k, "iterations.")
        break
    elif k == max_iter:
        print("Terminating after", k, "iterations.")
        break
return policy, v
```

2. 然后，我们执行值迭代，并观察初始状态的值：

```
policy, v = value_iteration(foodtruck)
print("Expected weekly profit:", v["Mon", 0])
```

3. 结果应如下所示：

Converged in 6 iterations.
Expected weekly profit: 2880.0

值迭代给出了最优策略，但与策略迭代算法相比计算量更少！使用值迭代总共只需要对状态空间进行 6 次扫描，而策略迭代在 20 次扫描后达到相同的最优策略（17 次用于策略评估，3 次用于策略改进）。

现在，请记住我们围绕广义策略改进的讨论。实际上，你可以将策略改进步骤与截断策略评估步骤结合起来，在一些复杂示例中，在策略改进后状态值发生显著变化的情况下，该步骤比策略迭代和值迭代算法收敛得更快。

做得好！我们已经介绍了如何使用动态规划解决马尔可夫决策过程的预测问题，也介绍了两种用于找到最优策略的算法。对于我们的简单示例，它们非常有用。另外，动态规划方法在实践中存在两个重要的缺陷。接下来让我们讨论这些问题是什么，以及为什么我们需要其他的一些将在本章后面介绍的方法。

5.1.5　动态规划方法的缺点

动态规划方法非常适合快速掌握求解马尔可夫决策过程的方法。与直接搜索算法或线性规划方法相比，动态规划方法也更有效。但是在实践中，这些算法要么难以处理，要么无法使用。让我们详细说明原因。

5.1.5.1　维度灾难

策略迭代和值迭代算法都在整个状态空间上迭代多次，直到它们达到最优策略。我们还以表格形式存储每个状态的策略、状态值和行动值。另一方面，任何现实问题都会有大量可能的状态，这可以通过一种称为**维度灾难**（curse of dimensionality）的现象来解释。这是指随着我们添加更多维度，变量（状态）的可能值数量呈指数增长的事实。

考虑我们的食品卡车示例。为了跟踪肉饼情况，假设我们还跟踪汉堡面包、西红柿和洋葱。再假设每个物品的容量为 400，且我们对库存进行了精确计数。在这种情况下，可能的状态数将是 6×401^4，即大于 10^{11}。对于这样一个简单的问题，要跟踪的状态数也是相当大的。

一种缓解维度灾难的方法是**异步动态规划**：

❑ 这种方法建议不要在每次策略改进迭代中扫描整个状态空间，而是关注更有可能遇到的状态。

❑ 对于许多问题，并非状态空间的所有部分都同等重要。因此，在策略更新之前等待状态空间的完全扫描是浪费的。

❑ 使用异步算法，我们可以在策略改进的同时模拟环境，观察访问了哪些状态，并更新这些状态的策略和值函数。

❑ 同时，我们可以将更新后的策略传递给智能体，以便模拟继续使用新策略。

鉴于智能体充分探索状态空间，算法最终会收敛到最优解。

另外，我们用来解决这个问题的一个更重要的工具是**函数近似器**（function approximator），比如深度神经网络。想想吧！为库存级别 135、136、137 存储单独的策略/状态值/行动值有什么好处？好处不多，真的。与表格表示相比，函数近似器以更紧凑的方式（尽管近似）表示我们想要学习的内容。事实上，在许多情况下，由于其表示能力，深度神经网络只是函数近似的一种有意义的选择。这就是为什么从下一章开始，我们将专注于深度强化学习算法。

5.1.5.2　需要一个完整的环境模型

在迄今为止使用的方法中，我们在策略评估、策略迭代和值迭代算法中依赖环境的转移概率来获得最优策略。这是我们在实践中通常没有的奢侈品。要么是这些概率对于每个可能的转移都很难计算（这通常甚至是无法枚举的），要么是我们根本不知道它们。你知道什么更容易获得吗？来自环境本身或来自其**模拟**（simulation）的转移轨迹样本。事实上，模拟是强化学习中一个特别重要的组成部分，我们将在本章末尾单独讨论。

那么问题就变成了我们如何使用样本轨迹来学习接近最优的策略。这正是我们将在本章剩余部分使用蒙特卡罗和时间差分方法介绍的内容。你将学习的概念是许多高级强化学习算法的核心。

5.2　用蒙特卡罗法训练智能体

假设你想知道用一个特定的、可能有偏差的硬币来翻转正面的概率：

❑ 计算它的一种方法是仔细分析硬币的物理特性。尽管这可以为你提供结果的精确概率分布，但这远不是一种实用的方法。

❑ 或者，你可以多次掷硬币并查看样本中的分布。如果你没有大量样本，你的估计可能会有点偏差，但它可以满足大多数实际目的。使用后一种方法需要处理的数学运算将非常简单。

就像在硬币示例中一样，我们可以从随机样本中估计马尔可夫决策过程中的状态值和行动值。**蒙特卡罗**（Monte Carlo，MC）估计是一个通用概念，是指通过重复随机采样进行估计。在强化学习的上下文中，它指的是使用完整回合的样本轨迹来估计状态值和行动值的方法集合。使用随机样本非常方便，并且实际上对于任何现实的强化学习问题都是必不可少的，因为环境动态（状态转移和奖励概率分布）通常是以下任一情况：

❑ 太复杂而无法处理

❑ 一开始就不知道

因此，蒙特卡罗法是一种强大的方法，它允许强化学习智能体仅从它通过与环境交互收集的经验中学习最优策略，而不知道环境是如何工作的。

在本节中，我们将首先研究使用蒙特卡罗法估计给定策略的状态值和行动值。然后，我们将介绍如何进行改进以获得最优策略。

5.2.1 蒙特卡罗预测

与动态规划方法一样，我们需要能够评估给定策略 π 才能改进它。在本节中，我们将介绍如何通过估计相应的状态和行动值来评估策略。在此过程中，我们将简要回顾上一章的网格世界示例，然后进入食品卡车库存补货问题。

5.2.1.1 估计状态值函数

请记住，在策略 π 下状态 s 时的值 $v_\pi(s)$ 被定义为在状态 s 启动时的期望累积奖励：

$$v_\pi(s) = E_\pi[G_t \mid S_t = s] = E_\pi\left[\sum_{k=0}^{\infty} \gamma^k R_{t+k+1} \mid S_t = s\right]$$

蒙特卡罗预测建议，仅观测（许多）样本**轨迹**，以及从 s 开始的状态 – 行动 – 奖励元组序列，继而估计这一期望。这类似于翻转硬币以从样本中估计其分布。

最好用一个例子来解释蒙特卡罗法。特别是，在网格世界示例中看到它的工作原理将非常直观，所以让我们接下来重新审视它。

使用样本轨迹进行状态值估计

回想一下，网格世界中的机器人只要不崩溃，每次移动都会获得奖励 +1。当它撞到墙上时，这一情节就结束了。假设这个机器人只能在一定程度上被控制。当被指示朝特定方向前进时，它有 70% 的概率会遵循命令。机器人有 10% 的概率朝其他三个方向前进。

考虑图 5-3a 所示的确定性策略 π。如果机器人从状态 (1,2) 开始，它可以遵循的两个样本轨迹 τ_1 和 τ_2，以及进行每个转移的相应概率如图 5-3b 所示。

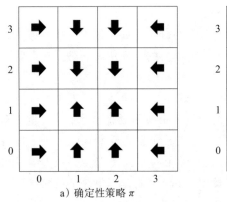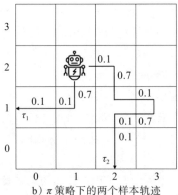

a）确定性策略 π b）π 策略下的两个样本轨迹

图 5-3   确定性策略 π 和 π 策略下的两个样本轨迹

提示

请注意，机器人遵循随机轨迹，但策略本身是确定性的，这意味着在给定状态下采取的行动（发送给机器人的命令）始终相同。由于概率状态转移，随机性来自环境。

对于轨迹 τ_1，观测到轨迹的概率和相应折扣回报如下：

$$\tau_1 : S_0 = (1,2), A_0 = 向下,$$
$$R_1 = 1, S_1 = (1,1), A_1 = 向上,$$
$$R_2 = 1, S_2 = (0,1), A_2 = 向右,$$
$$R_3 = 0, S_3 = 崩溃$$
$$p_\pi(\tau_1) = 0.7 \cdot 0.1 \cdot 0.1 = 0.007$$
$$G_{\tau_1} = 1 + \gamma 1 + \gamma^2 0$$

以及对于 τ_2：

$$\tau_2 : S_0 = (1,2), A_0 = 向下,$$
$$R_1 = 1, S_1 = (2,2), A_1 = 向下,$$
$$R_2 = 1, S_2 = (2,1), A_2 = 向上,$$
$$R_3 = 1, S_3 = (3,1), A_3 = 向左,$$
$$R_4 = 1, S_4 = (2,1), A_4 = 向上,$$
$$R_5 = 1, S_5 = (2,0), A_5 = 向上,$$
$$R_6 = 0, S_6 = 崩溃$$
$$p_\pi(\tau_2) = 0.1 \cdot 0.7 \cdot 0.1 \cdot 0.7 \cdot 0.1 \cdot 0.1 = 0.000049$$
$$G_{\tau_2} = 1 + \gamma 1 + \gamma^2 1 + \gamma^3 1 + \gamma^4 1 + \gamma^5 0$$

对于这两个样本轨迹，我们能够计算相应的概率和回报。但是，要计算 $s = (1,2)$ 状态值，我们需要评估以下表达式：

$$v_\pi(s) = E_\pi[G_t \mid S_t = s] = E_\pi[G_\tau \mid S_t = s] = \sum_i p_\pi(\tau_i) \cdot G_{\tau_i}$$

这表示我们需要确定下列信息：

❑ 按照策略 π 可能源自状态 $s = (1,2)$ 的每一条可能轨迹 τ

❑ 按照策略 π 观测到 τ 的概率，$p_\pi(\tau)$

❑ 对应的折扣回报，G_τ

好吧，那是不可能的任务。即使在这个简单的问题中，也有无穷多个可能的轨迹。

这正是蒙特卡罗预测的用武之地。它只是告诉我们通过样本回报的均值来估计状态 $(1,2)$ 的值，如下所示：

$$\hat{v}_\pi(1,2) = \frac{G_{\tau_1} + G_{\tau_2}}{2}$$

就是这样！样本轨迹和回报是你估计状态值所需的全部内容。

提示

请注意，v_π 表示状态的真实值，而 $\hat{v}_\pi$ 表示估计值。

在这一点上，你可能会问以下问题：

❑ 为什么有两个样本回报足以估计无限数量轨迹的结果？事实并非如此。你拥有的样本轨迹越多，你的估计就越准确。

❑ 我们怎么知道自己有足够的样本轨迹？这很难量化。但是更复杂的环境，尤其是当存在很大程度的随机性时，需要更多的样本才能进行准确的估计。但是，在添加更多轨迹样本时，检查估计是否收敛是个好主意。

❑ τ_1 和 τ_2 发生的可能性非常不同。在估计中为它们分配相同的权重是否合适？当我们在样本中只有两条轨迹时，这确实是有问题的。然而，随着我们对更多轨迹进行采样，我们可以期望观测到样本中的轨迹与其真实发生概率成正比。

❑ 我们可以使用相同的轨迹来估计它访问的其他状态的值吗？是的！事实上，这就是我们在蒙特卡罗预测中要做的事情。

接下来让我们详细说明如何使用相同的轨迹来估计不同状态的值。

首次访问与每次访问的蒙特卡罗预测

你回想一下马尔可夫性，它其实说的是未来依赖于当前状态，而不是过去的状态。因此，例如，我们可以将 τ_1 视为源自状态 $(1,2)$、$(1,1)$ 和 $(0,1)$ 的三个独立轨迹。我们将后两个轨迹称为 τ_1' 和 τ_1''。因此，我们可以获得样本集中轨迹所访问的所有状态的值估计。例如，状态 $(1,1)$ 的值估计如下：

$$\hat{v}_\pi(1,1) = G_{\tau_1'}$$
$$G_{\tau_1'} = 1 + \gamma 0$$

因为没有其他轨迹访问状态 $(1,1)$，我们使用单次回报来估计状态值。请注意，折扣适用于奖励，具体取决于它们与初始时间步长的时间距离。这就是折扣因子 γ 的指数减一的原因。

考虑图 5-4 中的以下一组轨迹并假设我们再次想要估计 $v(1,2)$。没有一个样本轨迹实际上来自状态 $(1,2)$，但这完全没问题。我们可以使用轨迹 τ_1、τ_2 和 τ_3 进行估计。但是这里有一个有趣的情况：τ_3 访问状态 $(1,2)$ 两次。我们应该仅使用从首次访问估计的回报，还是使用从每次访问估计的回报？

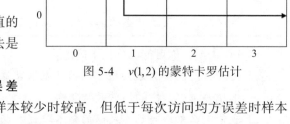

这两种方法都是有效的。前一种方法称为**首次访问蒙特卡罗法**（first-visit MC method），后一种方法称为**每次访问蒙特卡罗法**（every-visit MC method）。这两种方法对比情况如下：

- 当访问次数接近无穷大时，两者都收敛到真实 $v_\pi(s)$。
- 首次访问蒙特卡罗法给出了状态值的无偏估计，而每次访问蒙特卡罗法是有偏的。

图 5-4　$v(1,2)$ 的蒙特卡罗估计

- 首次访问蒙特卡罗法的**均方误差**（Mean Squared Error，MSE）在样本较少时较高，但低于每次访问均方误差时样本较多。
- 每次访问蒙特卡罗法更自然地用于函数近似。

如果听起来很复杂，其实不然！请记住以下几点：

- 我们正在尝试估计参数，例如 s 的状态值，$v_\pi(s) = E_\pi[G_t \mid S_t = s]$。
- 通过观测随机变量 G_t，折扣值从状态 s 开始多次返回。
- 考虑从他们第一次访问 s 到他们每次访问的轨迹都是有效的。

现在是时候实施下一个蒙特卡罗预测了！

实现状态值的首次访问蒙特卡罗估计

我们已经使用网格世界示例来获得视觉直觉，现在让我们回到食品卡车示例来实现。在这里，我们将实现首次访问蒙特卡罗法，但可以轻松地将实现修改为每次访问蒙特卡罗。这可以通过删除仅当状态未出现在接近该点的轨迹中时才计算回报的条件来完成。对于食品卡车的示例，由于轨迹永远不会访问相同的状态——因为作为状态的一部分的"周几"在每次转移后都会发生变化——这两种方法都是相同的。

让我们按照以下步骤来实现：

1. 我们首先定义一个函数，该函数采用轨迹并计算轨迹中出现的每个状态的第一次访问的回报：

```
def first_visit_return(returns, trajectory, gamma):
```

```
    G = 0
    T = len(trajectory) - 1
    for t, sar in enumerate(reversed(trajectory)):
        s, a, r = sar
    G = r + gamma * G
    first_visit = True
    for j in range(T - t):
        if s == trajectory[j][0]:
            first_visit = False
    if first_visit:
        if s in returns:
            returns[s].append(G)
        else:
            returns[s] = [G]
return returns
```

此函数执行以下行动：

a）将字典 returns 作为输入，其键是状态，值是在某些其他轨迹中计算的返回列表。

b）以列表 trajectory 作为输入，它是状态 – 行动 – 奖励元组的列表。

c）将每个状态的计算回报附加到 returns。如果该状态之前从未被另一个轨迹访问过，那么它会初始化列表。

d）向后遍历轨迹以方便地计算折扣回报。它在每个步骤中应用折扣因子。

e）检查每次计算后是否在轨迹中更早地访问了一个状态。它仅在第一次访问某个状态时将计算出的回报保存到 returns 字典中。

2. 接下来，我们在给定策略的情况下实现了一个模拟单回合环境的函数并返回了轨迹：

```
def get_trajectory(env, policy):
    trajectory = []
    state = env.reset()
    done = False
    sar = [state]
    while not done:
        action = choose_action(state, policy)
        state, reward, done, info = env.step(action)
        sar.append(action)
        sar.append(reward)
        trajectory.append(sar)
        sar = [state]
    return trajectory
```

3. 现在，实现首次访问返回蒙特卡罗函数，该函数使用给定策略模拟指定数量的回合 / 轨迹的环境。我们跟踪轨迹并平均由 first_visit_return 函数计算的每个状态的回报：

```
def first_visit_mc(env, policy, gamma, n_trajectories):
```

```
np.random.seed(0)
returns = {}
v = {}
for i in range(n_trajectories):
    trajectory = get_trajectory(env, policy)
    returns = first_visit_return(returns,
                                 trajectory,
                                 gamma)
for s in env.state_space:
    if s in returns:
        v[s] = np.round(np.mean(returns[s]), 1)
return v
```

4. 我们确保自己创建了一个环境实例（或者我们可以简单地使用前面部分中的那个）。还获得了基准策略，它以相同的概率将肉饼库存填充到200或300：

```
foodtruck = FoodTruck()
policy = base_policy(foodtruck.state_space)
```

5. 现在，让我们使用首次访问蒙特卡罗法从1000个轨迹中估计状态值：

```
v_est = first_visit_mc(foodtruck, policy, 1, 1000)
```

6. 结果 v_est 将如下所示：

```
{('Mon', 0): 2515.9,
 ('Tue', 0): 1959.1,
 ('Tue', 100): 2362.2,
 ('Tue', 200): 2765.2,
 ...
```

7. 现在，请记住，我们可以使用动态规划的策略评估方法来计算真实状态值以用于比较：

```
v_true = policy_evaluation(foodtruck, policy)
```

8. 真实状态值看起来非常相似：

```
{('Mon', 0): 2515.0,
 ('Tue', 0): 1960.0,
 ('Tue', 100): 2360.0,
 ('Tue', 200): 2760.0,
 ...
```

9. 我们可以得到不同数量的轨迹的估计，比如10、100和1000。让我们这样做并比较状态值估计如何更接近真实值，如图5-5所示。

让我们更仔细地分析一下结果：

a）随着我们收集更多的轨迹，估计值越来越接近真实状态值。你可以将轨迹的数量增加到更高的数量以获得更好的估计。

b）在我们收集了10条轨迹之后，没有为（"Tue", 200）估计值。这是因为在这10条轨迹中从未访问过此状态。这凸显了收集足够的轨迹的重要性。

c）对于当天开始时有300单位库存的状态，没有估计值。这是因为，根据基准策略，这些状态是不可能访问的。但是，我们不知道这些状态的值。另一方面，它们可能是我们希望策略引导我们达到的有值的状态。这是我们需要解决的**探索问题**。

	M	Tu	W	Th	F
0	2220	1767	1240	550	433
100		1725	1350	1000	633
200			1600	1500	750
300					

$\hat{v}_\pi$，在 10 条轨迹之后

	M	Tu	W	Th	F
0	2532	1918	1538	948	409
100		2354	1763	1203	783
200		3042	2329	3042	1042
300					

$\hat{v}_\pi$，在 100 条轨迹之后

	M	Tu	W	Th	F
0	2518	1967	1441	870	300
100		2374	1824	1264	726
200		2803	2187	1687	1151
300					

$\hat{v}_\pi$，在 1000 条轨迹之后

	M	Tu	W	Th	F
0	2515	1960	1405	850	295
100		2360	1805	1250	695
200		2760	2205	1650	1095
300		3205	2605	2095	1400

v_π，真实值

图 5-5　首次访问蒙特卡罗估计值与真实状态值

现在我们有了一种在不了解环境动态的情况下仅使用智能体在环境中的经验来估计状态值的方法。到目前为止做得很好！然而，一个重要问题依然存在。仅凭状态值估计，我们无法真正改进手头的策略。要查看为什么是这种情况，请回想一下我们如何使用动态规划方法改进策略，例如值迭代：

$$v_\pi^{k+1}(s) := \max_a q_\pi^k(s,a)$$
$$= \max_a E[R_{t+1} + \gamma v_\pi^k(S_{t+1}) \mid S_t = s, A_t = a]$$
$$= \max_a \sum_{s',r} p(s',r \mid s,a)[r + \gamma v_\pi^k(s')]$$

我们一起使用状态值估计和转移概率获得行动（q）值。然后，我们为每个状态选择最大化状态 q 值的行动。现在，由于不假设环境知识，我们不能从状态值到行动值。

这给我们留下了一个选择：我们需要直接估计行动值。幸运的是，它将类似于我们估计状态值的方式。接下来让我们看看使用蒙特卡罗法估计行动值。

5.2.1.2　估计行动值函数

当从状态 s 开始，采取行动 a 并遵循策略 π 时，行动值 $q_\pi(s,a)$ 代表期望折扣累积回报。考虑以下轨迹：

$$S_t, a_t, r_{t+1}, S_{t+1}, a_{t+1}, r_{t+2}, \cdots, r_T, S_T$$

观测到的折扣回报可用于估计 $q_\pi(s_t, a_t)$、$q_\pi(s_{t+1}, a_{t+1})$ 等。然后我们可以使用它们来确定给定状态 s 的最优行动，如下所示：

$$a^* = \arg\max_a q(s, a)$$

这里有一个挑战：如果对于可以在状态 s 下采取的所有可能的 a，我们没有行动值估计，那么该怎么办？考虑网格世界示例。如果在状态 $(0,0)$ 时策略总是正确执行，我们将永远不会有一个从状态－行动对 $((0,0), left)$、$((0,0), down)$ 或者 $((0,0), up)$ 开始的轨迹。因此，即使其中一个行动给出了比 $((0,0), right)$ 更高的行动值，我们也永远不会发现它。情况与食品卡车示例中的基准策略类似。一般来说，当我们使用确定性策略，或者使用不以一定正概率采取所有行动的随机策略时，就是这种情况。

所以，我们在这里遇到的本质上是一个探索问题，这是强化学习中的一个基本挑战。对此有两种可能的解决方案：

- ❑ 以在随机初始状态中选择的随机行动开始轨迹，然后像往常一样遵循策略 π。这称为**探索开始**（exploring start）。这确保了至少一次选择所有状态－行动对，因此我们可以估计行动值。这种方法的缺点是我们需要使用随机初始化来开始情节。如果我们想从与环境的持续交互中学习行动值，而不进行频繁重启，那么这种方法不会有太大帮助。
- ❑ 探索问题的另一个更常见的解决方案是维持一个策略，该策略以正概率选择任何状态下的所有行动。更形式化地说，我们需要一个对所有 $a \in A(s)$ 和所有 $s \in S$ 满足 $\pi(a|s) > 0$ 的策略；其中 S 是所有可能状态的集合，而 $A(s)$ 是状态 s 下可用的所有可能行动的集合。这样的策略 π 被称为**软策略**（soft policy）。

在下一节，我们将使用软策略行动值估计，这将反过来用于策略改进。

5.2.2 蒙特卡罗控制

蒙特卡罗控制是指使用折扣回报样本找到最优／接近最优策略的方法的集合。换句话说，这是从经验中学习最优策略。而且，由于我们依靠经验来发现最优策略，所以我们必须探索，正如我们在前面所解释的。接下来，我们将实施 ε-贪心策略，使我们能够在训练期间进行探索，这是一种特殊形式的软策略。之后，我们将介绍两种不同风格的蒙特卡罗控制，即同策略和异策略方法。

5.2.2.1 实现 ε-贪心策略

与我们在老虎机问题中所做的非常相似，ε-贪心策略以 ε 概率随机选择一个行动；并且以 $1-\varepsilon$ 的概率选择最大化行动值函数的行动。通过这种方式，我们继续探索所有状态－行动对，同时选择我们认为具有高可能性的最优行动。

现在让我们实现一个函数，将确定性行动转移为 ε-贪心行动，我们稍后将需要它。该函数将概率 $1-\varepsilon+\varepsilon/|A(s)|$ 分配给最优行动，并将概率 $\varepsilon/|A(s)|$ 分配给所有其他行动：

```
def get_eps_greedy(actions, eps, a_best):
    prob_a = {}
    n_a = len(actions)
    for a in actions:
        if a == a_best:
            prob_a[a] = 1 - eps + eps/n_a
        else:
            prob_a[a] = eps/n_a
    return prob_a
```

在训练期间需要探索才能找到最优策略。另一方面，我们不想在训练后／推理期间采取探索性行动，而是想采取最优的行动。因此，这两种策略是不同的。为了区分，前者称为**行为策略**（behavior policy），后者称为**目标策略**（target policy）。我们可以使状态和行动值与前者或后者对齐，从而产生两类不同的方法：**同策略**（on-policy）和**异策略**（off-policy）。接下来让我们详细比较这两种方法。

5.2.2.2　同策略方法和异策略方法的对比

请记住，状态值和行动值均与特定策略相关联，因此符号为 v_π 和 q_π。同策略方法估计训练期间使用的行为策略的状态和行动值，例如，生成训练数据／经验的行为策略。异策略方法估计行为策略以外的策略的状态和行动值，例如目标策略。理想情况下，我们希望将探索与值估计分离。让我们详细研究一下为什么会这样。

同策略方法对值函数估计的影响

探索性策略通常不是最优的，因为它们为了探索而偶尔采取随机行动。由于同策略方法估计行为策略的状态和行动值，因此次优性反映在值估计中。

考虑以下修改后的网格世界示例，以了解涉及探索性行动在值估计中的影响是如何存在潜在危害：机器人需要在 3×1 网格世界的状态 2 中选择向左或向右，在状态 1 和 3 中选择向上和向下。机器人完全遵循行动，因此环境中没有随机性。具体情况如图 5-6 所示。

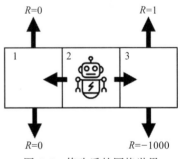

机器人有一个 ε- 贪心策略，它建议以 0.99 的概率采取最优行动，以 0.01 的概率采取探索性行动。状态 3 中的最优策略是极有可能向上。在状态 1 中，选择并不重要。以上方式获得的状态值估计将如下：

图 5-6　修改后的网格世界

$$v(1) = 0 \cdot p_{\text{up}} + 0 \cdot p_{\text{down}} = 0$$
$$v(3) = 1 \cdot 0.99 - 1000 \cdot 0.01 = -9.01$$

以同策略方式为状态 2 获得的策略将建议向左，朝向状态 1。另一方面，在这种确定性环境中，机器人可以在不涉及探索的情况下完全避免大惩罚。策略上的方法将无法识别这一点，因为探索会影响值估计并因此产生次优策略。另一方面，在某些情况下，我们可能希望智能体考虑探索的影响，例如，如果样本是使用物理机器人收集的，并且某些状态的访问成本很高。

同策略和异策略方法之间样本效率的比较

如上所述，异策略方法估计与行为策略不同的策略的状态和行动值。另外，同策略方法只为行为策略估计这些值。当我们在后续章节中介绍深度强化学习同策略方法时，我们将看到，一旦行为策略更新，这就需要同策略方法丢弃过去的经验。然而，异策略深度强化学习方法可以一次又一次地重用过去的经验。这在样本效率方面具有显著优势，尤其是在获取经验成本高昂的情况下。

另一个异策略方法能够使用由行为策略以外的策略生成的经验，此能力派上用场的另一个领域是，当我们想要基于非强化学习控制器（例如，经典 PID 控制器或人工操作员）所生成的数据来热启动训练时。当环境难以模拟或难以从中收集经验时，这尤其有用。

同策略方法的优点

自然的问题是，为什么我们还要谈论同策略方法而不是忽略它们？同策略方法有几个优点：

- 如上所述，如果从环境中采样的成本很高（实际环境而不是模拟），我们可能希望有一个反映探索对避免灾难性后果的影响的策略。
- 异策略方法与函数近似器结合使用时，可能会出现收敛到好策略的问题。我们将在下一章讨论这个问题。
- 当行动空间连续时，同策略方法更容易使用，我们将在后面讨论。

有了这个，终于是时候实现同策略以及异策略蒙特卡罗法了！

5.2.2.3　同策略蒙特卡罗控制

我们前面描述的 GPI 框架建议在某些形式的策略评估和策略改进之间来回切换，这也是我们使用蒙特卡罗法来获得最优策略的方法。在每个周期中，我们从一个完整的回合中收集一个轨迹，然后估计行动值并更新策略，等等。

让我们实现一个同策略蒙特卡罗控制算法，并用它来优化食品卡车库存补货：

1. 我们首先创建一个函数，该函数生成一个随机策略，其中所有行动都可能被采取，用于初始化策略：

```
def get_random_policy(states, actions):
    policy = {}
    n_a = len(actions)
    for s in states:
        policy[s] = {a: 1/n_a for a in actions}
    return policy
```

2. 现在，我们构建同策略首次访问蒙特卡罗控制算法：

```
import operator
```

```
def on_policy_first_visit_mc(env, n_iter, eps, gamma):
    np.random.seed(0)
    states = env.state_space
    actions = env.action_space
    policy = get_random_policy(states, actions)
    Q = {s: {a: 0 for a in actions} for s in states}
    Q_n = {s: {a: 0 for a in actions} for s in states}
    for i in range(n_iter):
        if i % 10000 == 0:
            print("Iteration:", i)
        trajectory = get_trajectory(env, policy)
        G = 0
        T = len(trajectory) - 1
        for t, sar in enumerate(reversed(trajectory)):
            s, a, r = sar
            G = r + gamma * G
            first_visit = True
            for j in range(T - t):
                s_j = trajectory[j][0]
                a_j = trajectory[j][1]
                if (s, a) == (s_j, a_j):
                    first_visit = False
            if first_visit:
                Q[s][a] = Q_n[s][a] * Q[s][a] + G
                Q_n[s][a] += 1
                Q[s][a] /= Q_n[s][a]
                a_best = max(Q[s].items(),
                            key=operator.itemgetter(1))
[0]
                policy[s] = get_eps_greedy(actions,
                                            eps,
                                            a_best)
    return policy, Q, Q_n
```

这与首次访问蒙特卡罗预测方法非常相似，具有以下关键差别：

a) 我们不是估计状态值 $v(s)$，而是估计行动值 $q(s,a)$。

b) 为了探索所有状态 – 行动对，我们使用 ε- 贪心策略。

c) 这是首次访问方法，但不是检查状态是否更早出现在轨迹中，我们检查状态 – 行动对是否更早出现在我们更新 $q(s,a)$ 估计之前的轨迹中。

d) 每当我们更新状态 – 行动对的估计 $q(s,a)$ 时，我们也会更新策略以分配最高的概率给最大化 $q(s,a)$ 的行动 $\arg\max_a q(s,a)$。

3. 使用算法优化食品卡车策略：

```
policy, Q, Q_n = on_policy_first_visit_mc(foodtruck,
                            300000,
```

```
                                    0.05,
                                    1)
```

4. 输出 policy 字典。你将看到它是我们之前使用动态规划方法找到的最优方法：

```
{('Mon', 0):{0:0.01, 100:0.01, 200:0.01, 300:0.01,
400:0.96},
…
```

就是这样！与动态规划方法不同，该算法不使用任何环境知识。它从与（模拟）环境的交互中学习！而且，当我们运行算法足够长的时间时，它会收敛到最优策略。

很好！接下来，让我们继续进行异策略蒙特卡罗控制。

5.2.2.4　异策略蒙特卡罗控制

在异策略方法中，我们在某个行为策略 b 下收集了一组样本（轨迹），但我们希望使用该经验来估计目标策略 π 下的状态和行动值。这需要我们使用一种称为**重要性采样**（importance sampling）的技巧。让我们看看接下来是什么，然后描述异策略蒙特卡罗控制。

重要性采样

让我们开始在一个简单的游戏设置中描述重要性采样，你可以在其中掷一个六面骰子。根据骰子上出现的情况，你将获得一个随机奖励。这可能是这样的：如果你得到 1，你会从均值为 10、方差为 25 的正态分布中获得奖励。所有结果都有类似的你不知道的隐藏奖励分布。我们用随机变量 $H(x), x \in \{1, \cdots, 6\}$ 表示当面 x 出现时你收到的奖励。

你想估计单次展开后的期望奖励，即

$$E[H] = \sum_{x=1}^{6} E[H(x)]p(x)$$

其中 $p(x)$ 是观测方 x 的概率。

现在，假设你有两个骰子 A 和 B 可供选择，具有不同的概率分布。你首先选择 A，然后掷骰子 n 次。你的观测结果如表 5-1 所示。

表 5-1　骰子在 n 次展开后观测到的奖励

i	1	2	3	4	5	…	n
x_i	2	6	6	1	3	…	4
$h_i(x_i)$	10	23	0	94	21	…	32

这里，$h_i(x_i)$ 表示在 i 次展开后当观测到面为 x_i 时观测到的奖励。骰子 A 的估计期望奖励 $\hat{\mu}_H^A$ 定义如下：

$$\hat{\mu}_H^A = \frac{1}{n} \sum_{i=1}^{n} h_i(x_i)$$

现在的问题是，我们是否可以使用此数据来估计骰子 B 的期望奖励（如 $\hat{\mu}_H^B$），而不需要任何新的观测？如果我们知道 $p_A(x)$ 和 $p_B(x)$，那么答案是肯定的。接下来我们进行解释。

在当前估计中，每个观测的权重为 1。重要性采样建议根据 p_B 缩放这些权重。现在，考虑观测 $(x_1 = 2, h_1(2) = 10)$。如果使用骰子 B，我们观测到 $x = 2$ 的可能性是骰子 A 的三倍，那么我们将这个观测在总和中的权重增加到 3。更形式化地说，我们执行以下行动：

$$\hat{\mu}_H^B = \frac{1}{n} \sum_{i=1}^{n} \frac{p_B(x_i)}{p_A(x_i)} h_i(x_i)$$

这里的比率 $\rho_x = \dfrac{p_B(x)}{p_A(x)} = \dfrac{p_{\text{new}}(x)}{p_{\text{old}}(x)}$ 被称为重要性采样比率。顺便说一下，上面的估计 $\hat{\mu}_H^B$ 被称为**普通重要性采样**（ordinary importance sampling）。我们还可以根据新的权重来归一化新的估计值，并获得以下**加权重要性采样**（weighted importance sampling）：

$$\hat{\mu}_H^B = \frac{\sum_{i=1}^{n} \rho_{x_i} h_i(x_i)}{\sum_{i=1}^{n} \rho_{x_i}}$$

现在，在此处理之后，让我们回到使用它来获得偏离策略的预测。在蒙特卡罗预测的上下文中，观测骰子的特定面对应于观测特定轨迹，骰子奖励对应于总回报。

如果你心里在考虑"好吧，我们实际上不知道观测到一个特定轨迹的概率，这就是我们使用蒙特卡罗法的原因，不是吗？"你说得对，但我们不需要。下面来谈谈原因。从某个状态 s_t 开始，在行为策略 b 下观测到轨迹 $a_t, s_{t+1}, a_{t+1}, \cdots, s_T$ 的概率如下所示：

$$\begin{aligned}
\Pr\{a_t, s_{t+1}, a_{t+1}, \cdots, s_T \mid s_t; a_{t:T-1} \sim b\} &= b(a_t \mid s_t) \cdot p(s_{t+1} \mid s_t, a_t) \\
&\quad \cdot b(a_{t+1} \mid s_{t+1}) \cdot p(s_{t+2} \mid s_{t+1}, a_{t+1}) \cdot \cdots \cdot p(s_T \mid s_{T-1}, a_{T-1}) \\
&= \prod_{k=t}^{T-1} b(a_k \mid s_k) p(s_{k+1} \mid s_k, a_k)
\end{aligned}$$

用 π 替换 b 就得到了目标策略的表达式。现在，当计算重要性采样比率时，转移概率被约掉了，我们最终得到以下式子（*Sutton & Barto*, 2018）：

$$\rho_{t:T-1} \triangleq \prod_{k=t}^{T-1} \frac{\pi(a_k \mid s_k)}{b(a_k \mid s_k)}$$

有了这个，我们可以估计行为策略下的期望：

$$E[G_t \mid s] = v_b(s)$$

然后估计目标策略下的期望：

$$E[\rho_{t:T-1} G_t \mid s] = v_\pi(s)$$

让我们在实现重要性采样之前给出如下的建议来结束此节的讨论：

- ❑ 为了能够使用在行为策略 b 下获得的样本以估计 π 下的状态和行动值，必须满足如果 $\pi(a \mid s) > 0$，则 $b(a \mid s) > 0$。因为我们不希望在目标策略下强制可以选择的 a，b 通常被选为软策略。
- ❑ 在加权重要性采样中，如果分母为零，则认为估计为零。
- ❑ 上面的公式忽略了回报中的折扣，处理起来有点复杂。

- 观测到的轨迹可以根据首次访问或每次访问规则进行切割。
- 普通重要性采样是无偏的，但可能具有非常高的方差。另外，加权重要性采样是有偏的，但通常具有低得多的方差，因此在实践中它是首选。

下面让我们进入编码部分。

库存补货问题的应用

在异策略蒙特卡罗法的应用中，我们使用加权重要性采样。行为策略被选为 ε- 贪心策略，但目标是最大化每个状态的行动值的贪心策略。另外，我们使用一种增量方法来更新状态和行动值估计如下（Sutton & Barto，2018）：

$$W_i = \rho_{t_i:T-1}$$

$$V_n := \frac{\sum_{k=1}^{n-1} W_k G_k}{\sum_{k=1}^{n-1} W_k}, \ n \geq 2$$

$$V_{n+1} := V_n + \frac{W_n}{C_n}(G_n - V_n), \ n \geq 1$$

以及：

$$C_{n+1} := C_n + W_{n+1}$$

现在，可以完成实现如下：

1. 让我们首先定义函数，以增量实现异策略蒙特卡罗法：

```
def off_policy_mc(env, n_iter, eps, gamma):
    np.random.seed(0)
    states =  env.state_space
    actions = env.action_space
    Q = {s: {a: 0 for a in actions} for s in states}
    C = {s: {a: 0 for a in actions} for s in states}
    target_policy = {}
    behavior_policy = get_random_policy(states,
                                        actions)
    for i in range(n_iter):
        if i % 10000 == 0:
            print("Iteration:", i)
        trajectory = get_trajectory(env,
                                    behavior_policy)
    G = 0
    W = 1
    T = len(trajectory) - 1
    for t, sar in enumerate(reversed(trajectory)):
        s, a, r = sar
        G = r + gamma * G
        C[s][a] += W
```

```
            Q[s][a] += (W/C[s][a]) * (G - Q[s][a])
            a_best = max(Q[s].items(),
                        key=operator.itemgetter(1))[0]
            target_policy[s] = a_best
            behavior_policy[s] = get_eps_greedy(actions,
                                                eps,
                                                a_best)
            if a != target_policy[s]:
                break
            W = W / behavior_policy[s][a]
    target_policy = {s: target_policy[s] for s in states}
    return target_policy, Q
```

2. 我们使用异策略蒙特卡罗法来优化食品卡车库存补货策略：

```
policy, Q = off_policy_mc(foodtruck, 300000, 0.05, 1)
```

3. 最后，显示获取到的策略。你会发现它是最理想的！

```
{('Mon', 0): 400,
 ('Tue', 0): 400,
 ('Tue', 100): 300,
 ('Tue', 200): 200,
 ('Tue', 300): 100,
 ('Wed', 0): 400,
 ...
```

我们现在实现出了蒙特卡罗法。接下来，我们将深入探讨另一个非常重要的主题：时间差分学习。

5.3　时间差分学习

本章介绍的第一类求解马尔可夫决策过程的方法是动态规划：

❑ 它需要完全了解环境动态才能找到最优解。

❑ 它使我们能够通过值函数的一步更新向解决方案前进。

然后，我们介绍了蒙特卡罗法：

❑ 它们只需要从环境中采样的能力，因此它们从经验中学习，而不是了解环境动态——这是动态规划的巨大优势。

❑ 但是它们需要等待完整的事件轨迹来更新策略。

从某种意义上说，**时间差分**（Temporal-Difference，TD）方法是两全其美的方法：它们从经验中学习，并且可以在每一步之后通过**自举**（bootstrapping）更新策略。表 5-2 给出了时间差分与动态规划和蒙特卡罗法的比较。

表 5-2　动态规划、蒙特卡罗法和时间差分学习方法的比较

	动态规划	蒙特卡罗法	时间差分学习
从经验中学习，不必了解环境动态	✗	✓	✓
使用自举	✓	✗	✓
用部分事件轨迹更新策略		✗	✓

所以，时间差分方法是强化学习的核心，你会以各种形式一次又一次地遇到它们。在本节中，你将学习如何以表格形式实现时间差分方法。我们将在接下来的章节中介绍的现代强化学习算法使用函数近似（例如神经网络）实现时间差分方法。

5.3.1　一步时间差分学习

时间差分方法可以在单个状态转移或多个状态转移后更新策略。前一个版本称为一步时间差分学习或 TD(0)，与 n- 步时间差分学习相比，它更容易实现。我们将开始介绍带有预测问题的一步时间差分学习。然后，我们将介绍一种同策略方法 SARSA，接着介绍一种异策略方法，即著名的 Q- 学习。

5.3.1.1　时间差分预测

记住我们如何根据一步奖励和下一个状态的值来编写策略 π 的状态值函数：

$$v_{\pi}(s) \triangleq E_{\pi}[R_{t+1} + \gamma v_{\pi}(S_{t+1}) \mid S_t = s]$$

当智能体在处于状态 s 的情况下根据策略 π 采取行动时，它观测到三个随机变量：

- ❑ $A_t = a$
- ❑ $R_{t+1} = r$
- ❑ $S_{t+1} = s'$

我们已经知道在该策略下观测到 a 的概率，但后两者来自环境。观测到的量 $r + \gamma v_{\pi}(s')$ 为我们提供了基于单个样本的一个新估计 $v_{\pi}(s)$。当然，我们不想完全丢弃现有的估计值并将其替换为新的估计值，因为转移通常是随机的，并且即使具有相同的行动 $A_t = a$，我们也可以观测到完全不同的值 S_{t+1} 和 R_{t+1}。时间差分学习的想法是，我们使用这个观测来更新现有的估计 $\hat{v}_{\pi}(s)$，通过将其移动到这个新估计的方向。其中步长 $\alpha \in (0,1]$，控制我们向新估计移动的积极程度。更形式化地，我们使用以下更新规则：

$$\hat{v}_{\pi}(s) := (1-\alpha)\hat{v}_{\pi}(s) + \alpha(r + \gamma v_{\pi}(s'))$$
$$= \hat{v}_{\pi}(s) + \alpha[r + \gamma v_{\pi}(s') - \hat{v}_{\pi}(s)]$$

方括号中的项被称为**时间差分误差**。从名称来看很明显，它估计了当前 $S_t = s$ 的状态值估计 $\hat{v}_{\pi}(s)$ 与最新观测结果不符的程度。$\alpha = 0$ 将完全忽略新信号，而 $\alpha = 1$ 将完全忽略已有估计。另外，由于观测通常是有噪声的，而新的估计本身使用另一个错误估计 $v_{\pi}(S_{t+1})$，因此不能完全依赖新的估计。所以，α 值在 0 和 1 之间取，通常更靠近 0。

使用它，实现一个时间差分预测方法来评估一个给定策略 π 并估计状态值便非常简单。

接下来使用时间差分预测来评估食品卡车示例中的基准策略:

1. 首先,我们通过以下函数实现如上所述的时间差分预测:

```
def one_step_td_prediction(env, policy, gamma, alpha, n_
iter):
    np.random.seed(0)
    states = env.state_space
    v = {s: 0 for s in states}
    s = env.reset()
    for i in range(n_iter):
        a = choose_action(s, policy)
        s_next, reward, done, info = env.step(a)
        v[s] += alpha * (reward + gamma * v[s_next] -
v[s])
        if done:
            s = env.reset()
        else:
            s = s_next
    return v
```

这个函数使用指定的策略在指定的迭代次数上简单地模拟给定的环境。在每次观测之后,它使用给定的步长 α 和折扣因子 γ 进行一步时间差分更新。

2. 接下来,我们得到由之前介绍的 base_policy 函数定义的基准策略:

```
policy = base_policy(foodtruck.state_space)
```

3. 然后,让我们使用时间差分预测来估计状态值,对于 $\gamma = 1$ 和 $\alpha = 0.01$ 超过 100 000 步:

```
one_step_td_prediction(foodtruck, policy, 1, 0.01,
100000)
```

4. 四舍五入后,状态值估计将如下所示:

```
{('Mon', 0): 2507.0,
 ('Tue', 0): 1956.0
...
```

如果你回看动态规划方法部分并检查我们使用策略评估算法获得的基准差分下的真实状态值,你将看到时间差分估计与其非常一致。

很好!我们已经使用时间差分预测成功地评估了给定的策略,并且一切都按期望工作。另外,就像使用蒙特卡罗法一样,我们知道我们必须估计行动值才能改进策略并在没有环境动态的情况下找到最优策略。接下来,我们将研究两种不同的方法,即 SARSA 和 Q- 学习,它们正是这样做的。

5.3.1.2 使用 SARSA 进行同策略控制

对 TD(0) 稍作添加和修改,我们可以将其转化为最优控制算法。即,我们将执行以下行动：

- ❑ 确保我们始终有一个软策略，例如 ε-greedy，以便随时间推移针对给定状态尝试所有行动。
- ❑ 估计行动值。
- ❑ 根据行动值估计改进策略。

我们将在每个步骤中完成所有这些行动，并使用观测结果 $S_t = s$、$A_t = a$、$R_{t+1} = r$、$S_{t+1} = s'$、$A_{t+1} = a'$，因此得名 SARSA。特别是，行动值的更新规则如下：

$$\hat{q}_\pi(s,a) := \hat{q}_\pi(s,a) + \alpha[r + \gamma\hat{q}_\pi(s',a') - \hat{q}_\pi(s,a)]$$

现在，让我们深入了解实现！

1. 我们定义函数 sarsa，它将环境、折扣因子 γ、探索参数 ε 和学习步长 α 作为参数。此外，实现通常的初始化：

```python
def sarsa(env, gamma, eps, alpha, n_iter):
    np.random.seed(0)
    states = env.state_space
    actions = env.action_space
    Q = {s: {a: 0 for a in actions} for s in states}
    policy = get_random_policy(states, actions)
    s = env.reset()
    a = choose_action(s, policy)
```

2. 接着实现算法循环部分，其中我们模拟环境一步，观测到 r 和 s'，根据 s' 和 ε- 贪心策略选择下一个行动 a'，并更新行动值估计：

```python
for i in range(n_iter):
    if i % 100000 == 0:
        print("Iteration:", i)
    s_next, reward, done, info = env.step(a)
    a_best = max(Q[s_next].items(),
                key=operator.itemgetter(1))[0]
    policy[s_next] = get_eps_greedy(actions, eps, a_
best)
    a_next = choose_action(s_next, policy)
    Q[s][a] += alpha * (reward
                        + gamma * Q[s_next][a_next]
                        - Q[s][a])
    if done:
        s = env.reset()
        a_best = max(Q[s].items(),
                    key=operator.itemgetter(1))[0]
        policy[s] = get_eps_greedy(actions, eps, a_
best)
        a = choose_action(s, policy)
    else:
```

```
        s = s_next
        a = a_next
    return policy, Q
```

3. 然后，让我们使用一系列超参数执行算法，例如 $\gamma = 1, \varepsilon = 0.1, \alpha = 0.05$，以及超过 100 万次迭代：

```
policy, Q = sarsa(foodtruck, 1, 0.1, 0.05, 1000000)
```

4. 我们得到的 policy 如下：

```
{('Mon', 0): {0: 0.02, 100: 0.02, 200: 0.02, 300: 0.02,
400: 0.92},
 ('Tue', 0): {0: 0.02, 100: 0.02, 200: 0.02, 300: 0.92,
400: 0.02},
 ('Tue', 100): {0: 0.02, 100: 0.02, 200: 0.02, 300: 0.92,
400: 0.02},
...
```

请注意，在训练后实施此策略时，探索性行动将被忽略，我们总是会简单地选择每个状态概率最高的行动。

5. 行动值，例如针对状态 Monday, 0 起始库存（通过 Q[('Mon', 0)] 访问），如下所示：

```
{0: 2049.95351191411,
 100: 2353.5460655683123,
 200: 2556.736260693101,
 300: 2558.210868908282,
 400: 2593.7601273913133}
```

就是这样！我们已经成功地为我们的示例实现了 TD(0) 算法。但是请注意，我们获得的策略是接近最优的，而不是我们使用动态规划方法获得的最优策略。策略上也有不一致的地方，比如在两个状态 (Tuesday,0) 和 (Tuesday,100) 都有购买 300 个肉饼的策略。没有得到最优策略有几个原因：

❑ SARSA 在极限内收敛到最优解，例如当 $n_{\text{iter}} \to \infty$ 时。在实践中，我们运行算法的步数有限。尝试增加 n_{iter}，你将发现策略（通常）会变得更好。

❑ 学习率 α 是一个需要调整的超参数。收敛速度取决于此选择。

❑ 这是一个同策略算法。因此，由于 ε- 贪心策略，行动值反映了探索，这不是我们在这个例子中真正想要的。因为，在训练之后，在实践中遵循策略时不会有探索（因为我们需要探索只是为了发现每个状态的最优行动）。我们将在实践中使用的策略与我们估计行动值的策略不同。

接下来，我们转向 Q- 学习，这是一种异策略时间差分方法。

5.3.1.3　使用 Q- 学习进行异策略控制

如上所述，我们希望将行动值估计与探索效果隔离开来，这意味着使用异策略方法。Q-

学习就是这样一种方法，它非常强大，因此非常受欢迎。

在 Q-学习中，行动值按照如下方式更新：

$$\hat{q}_\pi(s,a) := \hat{q}_\pi(s,a) + \alpha[r + \gamma \max_u \hat{q}_\pi(s',u) - \hat{q}_\pi(s,a)]$$

注意到，这里没有使用 $\gamma\hat{q}_\pi(s',a')$，而是使用了项 $\gamma \max_u \hat{q}_\pi(s',u)$。这个差异看起来很小，但其实是关键。这意味着智能体用于更新行动值的行动 u，不一定是在 $S_{t+1}=s'$、$A_{t+1}=a'$ 时在下一步中将采取的行动。相反，u 是最大化 $\hat{q}_\pi(s',\cdot)$ 的行动，就像我们在不训练时使用的一样。因此，行动值估计中不涉及任何探索性行动，并且它们与训练后将遵循的策略保持一致。

这意味着智能体在下一步中采取的行动，例如 $A_{t+1}=a'$，没有在更新中使用。相反，我们在更新中使用状态 $S_{t+1}=s'$ 的最大行动值，例如 $\max_u \hat{q}_\pi(s',u)$。这样的行动 u 是我们训练后会使用的行动值，因此在行动值估计中不涉及探索性行动。

Q-学习的实现与 SARSA 仅略有不同。让我们继续看看 Q-学习的实际应用：

1. 我们首先用通常的初始化来定义 q_learning 函数：

```python
def q_learning(env, gamma, eps, alpha, n_iter):
    np.random.seed(0)
    states = env.state_space
    actions = env.action_space
    Q = {s: {a: 0 for a in actions} for s in states}
    policy = get_random_policy(states, actions)
    s = env.reset()
```

2. 然后，我们实现主循环，智能体在状态 s 中采取的行动来自 ε-贪心策略。在更新期间，使用 $\hat{q}_\pi(s',\cdot)$ 的最大：

```python
for i in range(n_iter):
    if i % 100000 == 0:
        print("Iteration:", i)
    a_best = max(Q[s].items(),
                    key=operator.itemgetter(1))[0]
        policy[s] = get_eps_greedy(actions, eps, a_best)
        a = choose_action(s, policy)
        s_next, reward, done, info = env.step(a)
        Q[s][a] += alpha * (reward
                              + gamma * max(Q[s_next].
values())
                              - Q[s][a])
        if done:
            s = env.reset()
        else:
            s = s_next
```

3. 在主循环完成后，我们返回剥离了探索性行动的策略：

```
policy = {s: {max(policy[s].items(),
            key=operator.itemgetter(1))[0]: 1}
        for s in states}
return policy, Q
```

4. 最后，我们使用选择的超参数执行算法，如下所示：

```
policy, Q = q_learning(foodtruck, 1, 0.1, 0.01, 1000000)
```

5. 观察返回的 policy：

```
{('Mon', 0): {400: 1},
 ('Tue', 0): {400: 1},
 ('Tue', 100): {300: 1},
 ('Tue', 200): {200: 1},
 ('Tue', 300): {100: 1},
 ...
```

你将看到此超参数集为你提供了最优策略（或接近它的策略，具体取决于实际情况下随机化的效果）。

我们对 Q-学习的讨论到此结束。接下来，让我们讨论如何将这些方法扩展到 *n*- 步学习。

5.3.2　*n*- 步时间差分学习

在蒙特卡罗法中，我们在进行策略更新之前收集了完整的回合。在另一个极端情况下，对于 TD(0)，我们在环境中的一次转移后更新了值估计和策略。通过在 *n* 个转移步之后更新策略，可以找到一个最优点。对于 $n=2$，两步回报定义如下：

$$G_{t:t+2} \triangleq R_{t+1} + \gamma R_{t+2} + \gamma^2 v_\pi(S_{t+2})$$

而一般形式如下：

$$G_{t:t+n} \triangleq R_{t+1} + \gamma R_{t+2} + \cdots + \gamma^{n-1} R_{t+n} + \gamma^n v_\pi(S_{t+n})$$

此形式可以用在时间差分更新中，以减少自举中使用的估计值的重量，这在开始训练时可能尤其不准确。我们不在这里包含实现，因为它稍微有点复杂，但仍然希望此替代方案能引起你的注意，使你将其包含在自己的工具包中。

至此，我们讲完了时间差分方法！在完成本章之前，让我们先来仔细看看模拟在强化学习中的重要性。

5.4　了解模拟在强化学习中的重要性

到目前为止，我们已经多次提到，尤其是在第 1 章中谈到强化学习的成功案例时，强化学习对数据的渴望比常规深度学习高出几个数量级。这就是训练一些复杂的强化学习智能体需要数月时间且超过数百万次迭代的原因。由于在物理环境中收集此类数据通常是不切实际的，因此我们在训练强化学习智能体时严重依赖模拟模型。这也带来了一些挑战：

- ❑ 许多企业没有针对其业务流程的模拟模型。这使得将强化学习技术用于业务中变得具有挑战性。
- ❑ 当存在模拟模型时，通常过于简单而无法捕捉真实世界的动态。因此，强化学习模型很容易过度拟合模拟环境，并可能在部署中失败。校准和验证模拟模型以使其充分反映现实需要花费大量时间和资源。
- ❑ 一般来说，在现实世界中部署经过模拟训练的强化学习智能体并不容易，因为它们是两个不同的世界。这违背了机器学习的核心原则，即训练和测试应该遵循相同的分布。这被称为**模拟到现实**（sim2real）的差距。
- ❑ 模拟保真度的提高伴随着速度缓慢和计算资源消耗，这对于快速实验和强化学习模型开发来说是一个真正的劣势。
- ❑ 许多模拟模型不够通用，无法涵盖过去未遇到但将来可能遇到的场景。
- ❑ 许多商业模拟软件可能难以与强化学习包自然可用的语言（例如 Python）集成（由于缺乏适当的 API）。
- ❑ 即使可以集成，模拟软件也可能不够灵活，无法与算法一起工作。例如，这些软件可能不会揭示环境的状态，并在需要时重置系统，定义终止状态，等等。
- ❑ 许多模拟供应商允许每个许可证的会话数量有限，而强化学习模型开发需要是最快的，这样你才可以并行运行数千个模拟环境。

在本书中，我们将介绍一些技术来克服其中的一些挑战，例如，针对 sim2real 差距的域随机化和针对没有模拟的环境的离线强化学习。但是，本节的关键信息是，你通常应该在自己的模拟模型上投入更多，以充分利用强化学习。特别是，你的模拟模型应该快速、准确并且可扩展到海量会话。

至此，我们已经取得了长足的进步，并为强化学习解决方案方法奠定了坚实的基础！接下来，让我们总结一下本章所学到的内容，并看看下一章将要学习的内容。

5.5 总结

在本章中，我们介绍了解决马尔可夫决策过程的三种重要方法：动态规划、蒙特卡罗法和时间差分学习。我们已经看到，虽然动态规划为马尔可夫决策过程提供了精确的解决方案，但它依赖于环境知识。另外，蒙特卡罗和时间差分学习方法探索环境并从经验中学习。特别是时间差分学习，甚至可以从环境中的一步转移中学习。在此过程中，我们还讨论了用于估计行为策略的值函数的同策略方法，以及用于目标策略的异策略方法。最后，我们还讨论了模拟器在强化学习实验中的重要性以及使用模拟器时要注意什么。

接下来，我们将进入下一阶段并深入研究深度强化学习，这将使我们能够使用强化学习解决一些现实世界的问题。特别是，在下一章，我们将详细介绍深度 Q- 学习。

5.6　练习

1. 更改这些值以查看修正问题的最优策略变化。
2. 在值迭代算法中于策略改进步骤之后增加策略评估步骤。在返回策略改进之前，你可以设置要执行评估的迭代次数。将 `policy_evaluation` 函数与你选择的 `max_iter` 值一起使用。此外，请注意如何跟踪状态值的变化。

5.7　参考文献

- Sutton, R. S., & Barto, A. G. (2018). *Reinforcement Learning: An Introduction.* A Bradford Book. URL: `http://incompleteideas.net/book/the-book.html`

- Barto, A. (2006). *Reinforcement learning.* University of Massachusetts – Amherst CMPSCI 687. URL: `https://www.andrew.cmu.edu/course/10-703/textbook/BartoSutton.pdf`

- Goldstick, J. (2009). *Importance sampling. Statistics 406: Introduction to Statistical Computing at the University of Michigan*: `http://dept.stat.lsa.umich.edu/~jasoneg/Stat406/lab7.pdf`

第二部分

深度强化学习

本部分将深入介绍最先进的强化学习算法，让你深入了解每种算法的优缺点。

本部分包含以下章节：

第 6 章

规模化的深度 Q- 学习

在之前的章节中，我们介绍了用来解决**马尔可夫决策过程**问题的**动态规划**方法，并在之后提到了这类方法有两个重要的缺陷：首先动态规划方法假设对环境的奖励和转移动态是完全可知的，其次它们使用表格来存储和表示状态与行动值，在许多实际应用中随着所有可能的状态行动组合数目的增长，这类表示方法是难以拓展的。**蒙特卡罗（MC）方法**和**时间差分（TD）方法**能够解决第一类问题，这类方法从与环境的交互中学习，不需要知道有关环境动态的信息。此外，第二类问题尚未得到解决，而深度学习则有助于解决这类问题。**深度强化学习（DRL）**能够利用神经网络的强大表达能力去学习适用于各种情况的策略。

理想很丰满，现实很骨感，由于我们在表格型 Q- 学习条件下得到的许多理论保证在深度强化学习方法中都不成立，因此让函数近似方法能够真正有效还是一个很棘手的问题。所以，深度 Q- 学习方法很大程度上是讲述如何将神经网络有效应用于强化学习的各种技巧方法。本章将为你介绍在函数近似条件下失效的方法以及如何应对这些失败。

一旦将神经网络与强化学习方法相结合，我们会面临另一个挑战：深度强化学习对样本数据的需求量远大于监督学习。这就要求我们去开发具有高度可扩展性的深度强化学习算法，本章中我们将针对深度 Q- 学习采用现代化的 Ray 框架来实现这种算法。最后，我们将为你介绍 RLlib，一种基于 Ray 的生产级强化学习框架。本章的目的是加深你对不同 Q- 学习方法之间的联系的理解，以及对哪些方法有效和为什么有效等问题的认识与理解，而不是使用 Python 去独立实现每一种算法，你将采用 Ray 和 RLlib 去构建和使用这些具有扩展性的方法。

6.1 从表格型 Q- 学习到深度 Q- 学习

当我们在第 5 章介绍表格型 Q- 学习方法时，很明显我们无法将这些方法真正拓展到大多数现实世界的问题中。考虑一个强化学习问题，它以图像作为输入。一张 128×128 像素大小、三颜色通道、每个像素位取值为 $[0, 255]$ 的 8 比特图片共有 $256^{128 \times 128 \times 3}$ 种可能的取值，这是一个连你的计算器都无法计算出的数字。正是考虑到这个原因，我们需要采用函数近似方法来表示值函数。鉴于神经网络 / 深度学习在监督学习和无监督学习领域取得的成功，将它们应用于强化学习中的函数近似是一种很自然的选择。此外，正如我们在前面提到的，当采用函数近似时，表格型 Q- 学习中的各种理论保证都失效了。本节将介绍两种深度 Q- 学习算法，即**神经网络拟合的 Q- 迭代**（NFQ）和在线 Q- 学习，之后探讨它们不适用于哪种情况。这样，我们就为将在后续章节中讨论的深度 Q- 学习方法奠定基础。

6.1.1　神经网络拟合的 Q- 迭代

NFQ 算法旨在用表示行动值的神经网络（即 Q 函数）去拟合从环境中采样并由先前可用的 Q 值自举得到的目标 Q 值（Riedmiller，2015）。让我们首先学习一下 NFQ 算法是如何工作的，然后讨论 NFQ 算法实际应用时的一些注意事项以及它的局限性。

6.1.1.1　NFQ 算法

回顾一下，在表格型 Q- 学习中，行动值通过重复应用以下更新规则，从自环境内收集到的 (s,a,r,s') 元组样本中进行学习：

$$Q(s,a) := Q(s,a) + \alpha[r + \gamma \max_{a'} Q(s',a') - Q(s,a)]$$

此处，Q 代表了对最优策略行动值 q_* 的估计（注意，我们从此处开始使用大写字母 Q，这是在深度强化学习领域约定俗成的记号）。Q- 学习的目标是通过对 (s,a,r,s') 样本序列应用贝尔曼最优算子来实现将当前估计的 $Q(s,a)$ 朝着目标值 $y = r + \gamma \max_{a'} Q(s',a')$ 更新。NFQ 算法与表格型 Q- 学习算法类似，但有着如下几点不同之处：

❏ Q 值通过由 θ 参数化的神经网络而不是一个表格来表示，我们记作 Q_θ。

❏ 不同于表格型 Q- 学习每次采用单个样本增量式地更新 Q 值，NFQ 算法从环境中一次性收集批量样本数据去更新 Q 值并且用神经网络去拟合目标 Q 值。

❏ 关于目标 Q 值，需要经过多轮计算并用最新的 Q 函数去拟合参数以获得最新的目标值。

综合上面的论述，以下是 NFQ 算法的细节：

1. 初始化参数 θ 和策略 π。

2. 使用策略 π 收集 N 个样本 $\{(s_i, a_i, r_i, s_i') \,|\, i = 1, \cdots, N\}$。

3. 对所有的样本，通过应用贝尔曼最优算子来得到目标值，$y_i = r_i + \gamma \max_{a_i'} Q_\theta(s_i', a_i')$，$i = 1, \cdots, N$。如果 s_i' 是终止状态，则设置 $y_i = r_i$。

4. 通过最小化 Q_θ 与目标值之间的误差来得到参数 θ。确切地说，$\theta := \arg \min_\theta \sum_{i=1}^{N} L(Q_\theta(s_i, a_i), y_i)$，$L$ 是损失函数，例如平方误差，$\frac{1}{2}(Q_\theta(s_i, a_i) - y_i)^2$。

5. 根据新的 Q_θ 值来更新策略 π。

我们可以对拟合 Q- 迭代算法做出许多改进，但那不是我们在此处重点关注的对象。接下来，我们将介绍在实现该算法时的几点基本的注意事项。

6.1.1.2　实现拟合 Q- 迭代算法时的注意事项

为了让拟合 Q- 迭代算法在实际应用中有效，这里有几个重要的点需要注意，我们陈述如下：

- 策略 π 应该是能让智能体在样本收集期间探索足够丰富的状态–行动对的柔性策略，例如 ε- 贪心策略。因此探索的程度也是一个超参数。
- 设置参数 ε 过大可能会产生问题，因为只有当智能体连续多步执行某个较好的策略（策略开始改进）时，才有可能到达某些状态。一个例子是在视频游戏中，只有当成功完成前期任务时，后续关卡才能开启，而这是一个高度随机化的策略难以实现的。
- 当我们得到目标值后，基于这些值估计的行动值可能是不准确的，因为我们采用了自举法，使用本身不准确的 $Q_\theta(s_i', a_i')$ 来更新 $Q_\theta(s_i, a_i)$。因此，我们需要重复步骤 2 和步骤 3 K 次以希望在下一轮迭代中获得更准确的目标值。这就引出了另一个超参数 K。
- 我们最初用于收集样本的策略可能还不够好，以至于无法将智能体引导至状态空间的某些特定位置，这种情况类似于设置较高的 ε。因此，在更新策略之后继续收集更多的样本，将这些样本加入样本集合中并重复该过程，通常是一个不错的想法。
- 注意这是一种异策略算法，这意味着样本可能会来自当前策略或者其他策略，例如一个已经部署在环境中的非强化学习控制器。

实际上，即使有这些改进，采用 NFQ 算法依然很难解决马尔可夫决策过程问题。下一小节让我们来看一下其原因。

6.1.1.3　拟合 Q- 迭代算法存在的挑战

虽然拟合 Q- 迭代算法有许多成功的应用，但该算法本身依然存在一些重要的缺陷：

- 每次采用收集到的批量数据来重复步骤 3 时，我们都需要从头开始学习参数 θ。换句话说，步骤 3 涉及 $\underset{\theta}{\arg\min}()$ 运算符，而不是像我们在梯度下降中所做的那样，用新数据逐步更新 θ。在某些应用中，强化学习模型需要在数十亿的样本上进行训练。采用更新后的目标值在数十亿样本上一遍又一遍地训练一个神经网络是不切实际的。
- SARSA 和类 Q- 学习方法在使用表格表示值函数的情况下有收敛性保证。然而，当采用函数近似方法时，这些理论保证都失效了。
- 同时采用函数近似和 Q- 学习这种基于自举法的异策略方法时，训练是极不稳定的，这也被称为**死亡三组合**。

在介绍如何解决这些问题之前，让我们更加细致地研究一下后两个问题。接下来会包含一些理论推导，如果你能理解的话，这将有助于你对深度强化学习方法所面临的困难有更深刻的认识。若你不想了解这些理论知识，跳过这一部分直接到 6.1.2 节也完全没问题。

函数近似带来的收敛性问题

为了解释为什么在使用函数近似时，Q- 学习的收敛性保证会失效，让我们首先回忆一下为什么表格型 Q- 学习算法能够收敛：

❑ 如果我们在处于状态 s 时选择行动 a，在开始时只偏离策略 π 一次，而在剩余的时间步内遵循策略，则 $q_\pi(s,a)$ 的定义是期望的折扣回报：

$$q_\pi(s,a) = E[R_{t+1} + \gamma v_\pi(S_{t+1}) \mid S_t - s, A_t = a]$$

❑ 贝尔曼最优算子，定义为 $\mathcal{B}$，作用于行动值函数 $q(s,a)$ 并映射到如下值：

$$\mathcal{B}q(s,a) = E[R_{t+1} + \gamma \max_{a'} q(S_{t+1}, a') \mid S_t = s, A_t = a]$$

注意 $\max_a q(s',a)$ 作用在期望函数内部，它不受其他策略 π 的影响。$\mathcal{B}$ 是一个算子、一个函数，区别于行动值函数的定义。

❑ 行动值函数是最优的，当且仅当对所有的 s、a，$\mathcal{B}$ 将 q 映射到 q 本身：

$$q_*(s,a) = E[R_{t+1} + \gamma \max_{a'} q_*(S_{t+1}, a') \mid S_t = s, A_t = a]$$

$$q_* = \mathcal{B}q_*$$

更确切地说，算子 $\mathcal{B}$ 的唯一不动点是最优 q 函数，记作 q_*。这就是贝尔曼最优性方程。

❑ $\mathcal{B}$ 是一个**压缩映射**，这意味着每次我们将 $\mathcal{B}$ 应用于任意两个不同的行动值函数向量（例如 q 和 q'）时，向量中的元素是对 s 和 a 的所有实例的一些行动值估计，这两个向量之间的距离会变得更近。这是针对 L_∞ 范数而言的，它是所有 $q(s,a)$ 和 $q'(s,a)$ 之间差的绝对值的最大值：$\|\mathcal{B}q - \mathcal{B}q'\|_\infty \leqslant k\|q - q'\|_\infty$，此处，$0 < k < 1$。

如果令其中一个行动值函数向量为最优行动值函数向量，则我们可以得到下列关系：

$$\|\mathcal{B}q - q_*\|_\infty \leqslant k\|q - q_*\|_\infty$$

这意味着我们可以从某些任意的 q 值出发，不断重复地应用贝尔曼算子并更新 q 值，继而不断地接近最优 q_*。

❑ 综上所述，$\mathcal{B}$ 是一种更新法则，能够让我们从任意的 q 值出发得到最优 q_*。这种方法与值迭代方法的流程非常相似。

现在，注意到让神经网络去拟合一批采样得到的目标值并不能保证对于每一对 (s,a)，其行动值估计都能够更靠近最优值。这是因为拟合运算不考虑单个样本的误差——它也没有能力可以这样做，因为参数化的行动值函数已经对其自身的函数空间做了某种特定的结构性假设——但它可以最小化平均误差。因此，我们失去了贝尔曼算子在 L_∞ 范数下的压缩性质。取而代之的是，NFQ 通过调整参数 θ 在 L_2 范数下拟合目标值，这并没有收敛性保证。

信息

关于值函数理论为什么会在函数近似中失败的更详细直观的解释，请查看 Sergey

Levine 教授在 `https://youtu.be/doR5bMe-Wic?t=3957` 的讲座，这也启发了我对本节内容的介绍。整个课程可以在网上找到，它是你深入了解强化学习理论的一个很好的资源。

紧接着，现在让我们研究一下著名的"死亡三组合"，这给我们提供了另一个视角来看待为什么在异策略算法（例如 Q- 学习）中采用函数近似和自举法是有问题的。

死亡三组合

Sutton 和 Barto 创造了**死亡三组合**（the deadly triad）这个术语，其含义是，一种强化学习算法如果全部采用了以下几种方法，则很可能会发散：

❑ 函数近似

❑ 自举法

❑ 异策略样本收集

他们提供了这个简单的例子来解释这个问题。考虑一个包含两种状态的马尔可夫决策过程，两种状态分别是左和右。在状态左只能采取一个行动，即走到状态右并得到 0 奖励。在状态左的观测是 1，在状态右的观测是 2。我们用一个带有一个参数 w 的简单线性函数近似器来表示行动值。具体情况如图 6-1 所示。

图 6-1　一个会发散的马尔可夫决策过程片段 [来源：文献（Sutton & Barto，2018）]

现在，考虑行动策略只从左侧状态进行采样。同样假设参数 w 的初始值为 10 并且 $\gamma = 0.99$。TD（时间差分）误差的计算如下：

$$\delta = r + \gamma Q(右, 最优行动) - Q(左, 到右)$$
$$= 0 + 0.99 \cdot 2w - w$$
$$= 0.98w$$
$$= 9.8$$

现在，如果我们使用收集到的从左到右的转移数据以及 $\alpha = 0.1$ 去更新线性函数近似器，则新的参数值 w（左侧状态的行动值）为 $10 + 0.1 \cdot 9.8 = 10.98$。注意，这同样更新了右侧状态的行动值。下一轮，行动策略继续只采样左侧状态，新的 TD 误差变成了：

$$\delta = 0.98w = 10.76$$

更新后的 TD 误差甚至比最初的 TD 误差都大！你将看到这最终会如何发散。发生这个问题的原因如下：

❑ 这是一种异策略方法并且行动策略恰巧只访问到了一半的状态空间。

❑ 采用了函数近似方法，其参数基于我们收集到的有限的样本数据进行更新，而未访问到的状态行动的值估计也随之更新。

❑ 采用了自举法，并且还采用了从未访问过的状态行动对应的糟糕的值估计来计算目标值。

这个简单的例子说明了"死亡三组合"是如何破坏 RL 方法的稳定性的。有关该主题的其他示例和更详细的解释，建议你阅读 6.8 节中第一条参考文献的相关内容。

由于我们只谈到了挑战，我们现在终于要开始解决这些挑战了。请记住，NFQ 要求我们将整个神经网络完全适应手头的目标值，以及我们如何寻找梯度更新。这就是下一小节的在线 Q- 学习带给我们的。在线 Q- 学习引入了其他挑战，我们将在 6.2 节中使用深度 Q- 网络（DQN）解决这些挑战。

6.1.2 在线 Q- 学习

正如我们前面提到的，拟合 Q- 迭代的缺点之一是，它需要在每批样本中找到 $\arg\min_\theta \sum_{i=1}^{N} L(Q_\theta(s_i,a_i), y_i)$ 值，当问题复杂且需要大量数据进行训练时，这是不切实际的。在线 Q- 学习走向了另一个极端：在观测每个样本 (s_i, a_i, r_i, s_i') 后，采用梯度下降更新 θ。接下来，让我们详细介绍一下在线 Q- 学习算法。

6.1.2.1 算法

在线 Q- 学习算法的工作原理如下：

1. 初始化 θ_0 和策略 π_0，然后初始化环境并观测 s_0。循环 $t=1$ 到 T，执行以下步骤。
2. 在给定状态 s_{t-1} 中，使用策略 π_{t-1} 采取行动 a_{t-1}，观测到状态 s_t 和 r_t，这些形成了元组 $(s_{t-1}, a_{t-1}, r_t, s_t)$。
3. 获取目标值 $y_t = r_t + \gamma \max_a Q_{\theta_{t-1}}(s_t, a)$，但如果 s_t 是一个终止状态，则设置 $y_t = r_t$。
4. 采取梯度更新 $\theta_t := \theta_{t-1} - \alpha \nabla_\theta L(Q_{\theta_{t-1}}(s_{t-1}, a_{t-1}), y_t)$，其中 α 是步长。
5. 根据新的 θ_t 值将策略更新到 π_t。

结束循环

正如你所看到的，与 NFQ 相比的关键区别在于，在从环境中采样每个 (s, a, r, s') 元组后，需要更新神经网络参数。以下是一些关于在线 Q- 学习的其他注意事项：

❑ 与 NFQ 算法类似，我们需要一个持续探索状态 – 行动空间的策略。同样，这可以通过使用 ε - 贪心策略或其他软策略来实现。

❑ 同样类似于拟合的 Q- 迭代，因为这是一种异策略方法，样本可能服从来自与 Q 网络提议的策略无关的策略。

除此之外，在线 Q- 学习方法可能还有许多其他改进。我们将暂时关注深度 Q 网络，这是针对 Q- 学习的突破性改进，而不是讨论针对在线 Q- 学习的不那么重要的调整。但在此之前，让我们来看看为什么很难以目前的形式训练在线 Q- 学习。

6.1.2.2 在线 Q- 学习所面临的挑战

在线 Q- 学习算法存在以下问题：

- **梯度估计是有噪声的**：与机器学习中的其他梯度下降方法类似，在线 Q- 学习旨在使用样本估计梯度。它在这样做的时候只使用一个样本，这导致了有噪声的估计，使得损失函数难以优化。理想情况下，我们应该采用小批量方法，用一个以上的样本来估计梯度。

- **梯度更新不是真正的梯度下降**：这是因为 $\nabla_\theta L(Q_{\theta_{t-1}}(s_{t-1}, a_{t-1}), y_t)$ 包括 y_i，我们把 y_i 当作常数，尽管它不是。y_t 本身取决于 θ，但是我们忽略了这个事实，没有取其相对于 θ 的导数。

- **目标值在每个梯度更新后都会被更新，这就成了网络试图学习的移动目标**：这与监督学习不同，在监督学习中，标签（比方说图像）不会根据模型的预测而改变。这使得学习非常困难。

- **样本不是独立和相同的分布（独立同分布，i.i.d.）**：事实上，它们通常是高度相关的，因为马尔可夫决策过程是一个连续的决策环境，我们接下来观测到的东西高度依赖于我们之前采取的行动。这是对经典梯度下降法的另一种偏离，它破坏了其收敛特性。

由于所有这些挑战，以及我们在 NFQ 部分提到的关于"死亡三组合"的内容，在线 Q- 学习算法并不是解决复杂强化学习问题的可行方法。随着深度 Q 网络的革命性工作发生了改变，它解决了我们之前提到的后两个挑战。事实上，我们是从深度 Q 网络开始讨论深度强化学习的。所以，闲话少说，让我们深入讨论深度 Q 网络。

6.2 深度 Q 网络

DQN（Deep Q-Network，深度 Q 网络）是 Mnih 等人 2015 年的一项开创性工作，它使深度强化学习成为解决复杂序列控制问题的可行方法。其作者证明了一个单一的 DQN 架构，在不采用任何特征工程的情况下在雅达利游戏中可以做到超越人类的表现，这展现了人工智能所取得的令人激动的进步。让我们来看看是什么让 DQN 比我们之前提到的算法更有效。

6.2.1 DQN 中的关键概念

DQN 通过经验重放和目标网络这两个重要概念修改了在线 Q- 学习，极大地稳定了学习。接下来我们将描述这些概念。

6.2.1.1 经验重放

如前所述，仅使用从环境中依次采样的经验便会导致高度相关的梯度更新。相比之下，

DQN 将这些经验元组（s_i, a_i, r_i, s'_i）存储在一个重放缓冲区（内存）中，这一想法早在 1993 年就被提出了（Lin，1993 年）。在学习过程中，均匀随机地从这个缓冲区中抽取样本，这就消除了用于训练神经网络的样本之间的相关性，并给出近似独立同分布的样本。

与在线 Q- 学习相比，使用经验重放的另一个好处是经验被重用而不是丢弃，这减少了与环境必要的交互量——考虑到强化学习中需要大量的数据，这是一个重要的好处。

关于经验重放的一个有趣的提示是，有证据表明，在动物的大脑中也发生了类似的过程。动物似乎会在它们的海马体中重复它们过去的经历，这有助于它们的学习（McClelland 等，1995）。

6.2.1.2 目标网络

使用自举法的函数近似的另一个问题是，它创建了一个需要学习的移动目标。这使得原本就具有挑战性的任务注定失败，比如从噪声样本中训练神经网络。作者提出的一个关键点是创建一个神经网络的副本，它仅用于生成采样的贝尔曼更新中使用的 Q 值估计。即，样本 j 的目标值如下：

$$y_j = r_j + \gamma \max_{a'_j} Q_{\theta'}(s'_j, a'_j)$$

这里 θ' 是目标网络的参数，通过设置 $\theta' := \theta$，每 C 时间步更新一次。

与原始网络相比，在更新目标网络时产生延迟可能会使其动作值估计略显陈旧。另外，作为回报，目标值变得稳定，可以训练原始网络。

在讨论完整的 DQN 算法之前，让我们还讨论一下它所使用的损失函数。

6.2.1.3 损失函数

通过引入经验重放和目标网络，DQN 最小化了以下损失函数：

$$L(\theta) = \mathbb{E}_{(s, a, r, s') \sim U(D)}[(r + \gamma \max_{a'} Q_\theta(s', a') - Q_\theta(s, a))^2]$$

这里，D 是重放缓冲区，从其中均匀随机抽取一个小批量 (s, a, r, s') 元组来更新神经网络。

现在，终于是时候给出完整的算法了。

6.2.2 DQN 算法

DQN 算法包括以下步骤：

1. 初始化 θ 和重放缓冲区 D，具有固定容量 M。将目标网络参数设置为 $\theta' := \theta$。
2. 将策略 π 设置为对 Q_θ 的 ε- 贪心算法。
3. 给定状态 s 和策略 π，采取行动 a，并观测 r 和 s'。将转移元组 (s, a, r, s') 添加到重放缓冲区 D 中。如果是 $|D| > M$，则从缓冲区中弹出最早的转移元组。
4. 如果 $|D| \geqslant N$，从 D 随机抽取 N 的小批量样本，否则返回步骤 2。
5. 获取目标值，$y_j = r_j + \gamma \max_{a'_j} Q_{\theta'}(s'_j, a'_j), j = 1, \cdots, N$。如果 s'_j 是一个终止状态，则设置 $y_j = r_j$。

6. 采取梯度下降更新 θ，即 $\theta := \theta - \alpha \nabla_\theta J(\theta)$，其中

$$J(\theta) = \frac{1}{N}\sum_{j=1}^{N} L(Q_\theta(s_j, a_j), y_j) = \frac{1}{N}\sum_{j=1}^{N}(Q_\theta(s_j, a_j) - y_j)^2$$

7. 每 C 步，更新目标网络参数，$\theta' := \theta$。

8. 返回步骤 1。

关于 DQN 算法描述可以如图 6-2 所示。

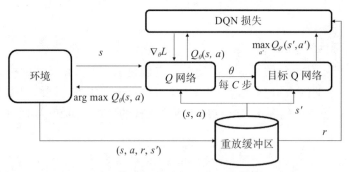

图 6-2 DQN 算法概览（来源：Nair 等人，2015）

在开创出 DQN 算法后，关于对其进行改进的许多扩展出现在了各种论文中。Hessel 等人（2018）结合了这些论文中一些最关键的东西，并称之为 Rainbow，接下来我们将讨论它们。

6.3 DQN 扩展：Rainbow

与普通的 DQN 相比，Rainbow 的改进带来了显著的性能提升，它们已经成为大多数 Q-学习实现的标准。在本节中，我们将讨论这些改进是什么，它们如何提供帮助，以及它们的相对重要性是什么。最后，我们将讨论 DQN 和这些扩展如何共同克服"死亡三组合"问题。

6.3.1 扩展

在 Rainbow 算法中包含的 DQN 有六个扩展，分别是双 Q- 学习、优先级重放、对决网络、多步学习、分布式强化学习和噪声网络。让我们从双 Q- 学习开始开始描述它们。

6.3.1.1 双 Q- 学习

在 Q- 学习中，一个众所周知的问题是，由于最大化操作 $\max_a Q_\theta(s, a)$，我们在学习过程中获得的 Q 值估计高于真实的 Q 值。这种现象被称为**最大化偏差**，我们遇到它的原因是，我们对 Q 值的噪声观测做了一个最大化操作。因此，我们最终估计的不是真实值的最大值，而是可能的观测值的最大值。

关于这种情况的两个简单描述，请考虑图 6-3 中的示例。

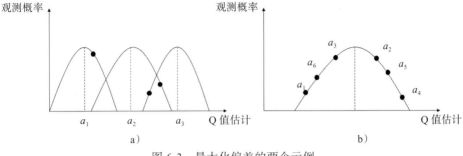

图 6-3　最大化偏差的两个示例

图 6-3a 和图 6-3b 显示了获得给定状态 s 下可用行动的各种 Q 值估计的概率分布，其中垂直线对应于真实的行动值。在图 6-3a 中，有 3 个可用的操作。经过几轮的样本收集，偶然，我们得到的估计是 $Q(s,a_2) > Q(s,a_3) > Q(s,a_1)$。不仅最优行动被错误地预测为 a_2，而且其行动值也被高估了。在图 6-3b 中，有 6 个可用的行动具有相同的 Q 值估计的概率分布。虽然它们的真实行动值是相同的，但当我们随机采样时，它们之间会偶然出现一个顺序。此外，由于我们取这些噪声观测值的最大值，它很可能会高于真实值，而 Q 值再次被高估了。

双 Q- 学习提出了一种解决最大化偏差的方案，通过解耦寻找最大化行动，并通过使用两个独立的行动值函数 Q_1 和 Q_2 来获得它的行动值估计。更正式地说，我们使用其中一个函数来找到最大化的行动：

$$a^* = \arg \max_a Q_1(s,a)$$

然后，我们使用另一个函数 $Q_2(s,a^*)$ 来获得行动值。

在表格型 Q- 学习中，这需要额外的努力来维护两个行动值函数。然后在每一步中随机交换 Q_1 和 Q_2。另外，DQN 已经提出维护一个具有 θ' 参数的目标网络，专门用于为自举提供行动值估计。因此，我们在 DQN 之上实现了双 Q- 学习，以获得最大化行动的行动值估计，如下：

$$Q_{\theta'}(s, \arg \max_a Q_\theta(s,a))$$

状态 – 行动对 (s_t, a_t) 的损失函数如下：

$$(r_{t+1} + \gamma Q_{\theta'}(s, \arg \max_a Q_\theta(s_t,a)) - Q_\theta(s_t,a_t))^2$$

就是这样！这就是双 Q- 学习在 DQN 环境下的工作原理。现在，让我们来看看下一个改进，即优先级重放。

6.3.1.2　优先级重放

正如我们所提到的，DQN 算法建议从重放缓冲区中均匀随机地采样经验。而我们很自然地期望，一些经验将会比其他的更"有趣"，在这个意义上，对于智能体来说将有更多的东西可以从其中学习。这在奖励稀疏的硬探索问题中尤其如此，其中有很多无趣的"失败"案例，只有少数具有非零奖励的"成功"案例。Schaul 等人于 2015 年提出使用 TD（时间差分）误差来衡量一种经验对智能体"有意义"或"令其惊讶"的程度。然后，将从重放缓冲区中采样特定经验的概率设置为与 TD 误差成正比。即在时间 t 遇到的经验采样的概率 p_t 与 TD 误差有以下关系：

$$p_t \propto \left| r_{t+1} + \gamma \arg \max_{a'} Q_{\theta'}(s_t, a') - Q_\theta(s_t, a_t) \right|^\omega$$

在这里，ω 是一个控制分布形状的超参数。请注意，对于 $\omega = 0$，这给出了整个经验的均匀分布，而较大的 ω 值越来越重视 TD 误差较大的经验。

6.3.1.3　对决网络

在强化学习问题中遇到的一个常见情况是，在某些状态下，智能体所采取的操作对环境的影响很小或根本没有影响。作为一个例子，考虑以下几点：

- ❏ 一个在网格世界中移动的机器人应该避免一个"陷阱"状态，即机器人无法通过它的行动逃脱。
- ❏ 相反，环境以一些较低的概率随机地使机器人脱离这种状态。
- ❏ 在这种状态下，机器人会失去一些奖励点数。

在这种情况下，算法需要估计陷阱状态的值，这样它就知道应该避免它。另外，试图估计单个行动的值是没有意义的，因为它只是在追逐噪声。事实证明，这损害了 DQN 的有效性。

对决网络提出了一种解决方案，该架构可以同时估计给定状态下的状态值和并行流中的行动**优势**。从术语中可以明显看出，给定状态下行动的**优势价值**是选择该行动所带来的额外预期累积回报，而不是所使用的策略 π 所暗示的。其正式定义如下：

$$A^\pi(s,a) = Q^\pi(s,a) - V^\pi(s)$$

因此，选择优势最高的行动就相当于选择 Q 值最高的行动。

通过从状态值和行动优势的显式表示中获得 Q 值，如图 6-4 所示，我们使网络能够很好地表示状态值，而不必准确地估计给定状态下的每个行动值。

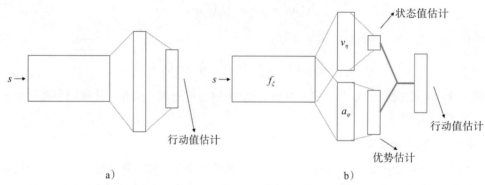

图 6-4　常规 DQN 和对决 DQN（来源：Wang 等人，2016）

在这一点上，你可能期望在这个架构中使用我们之前给出的公式来获得行动值估计。事实证明，这种普通的实现效果并不好。这是因为这种架构本身并不能强制网络学习相应分支中的状态和行动值，因为它们是通过它们的和来间接监督的。例如，如果你从状态值估计中减去 100，并在所有优势估计中加上 100，那么这个和将不会改变。为了克服"可识别性"的问题，我们需要记住这一点：在 Q- 学习中，策略是选择 Q 值最高的行动。让我们用 a^* 来表示这个最优的操作。然后，我们有以下内容：

$$Q(s,a^*) = V(s)$$

这就导致了 $A(s,a^*) = 0$。为了实现这一点，获得行动值估计的一种方法是使用以下公式：

$$Q_\theta(s,a) = v_\eta(f_\xi(s)) + a_\varphi(f_\xi(s),a) - \max_{a'} a_\varphi(f_\xi(s),a')$$

这里，f_ξ、v_η 和 a_φ 表示公共编码器、状态值和优势流；以及 $\theta = \{\xi,\eta,\varphi\}$。另外，图 6.4 的来源文献作者使用了以下替代方案，这导致了更稳定的训练：

$$Q_\theta(s,a) = v_\eta(f_\xi(s)) + a_\varphi(f_\xi(s),a) - \frac{\sum_a a_\varphi(f_\xi(s),a')}{N_{\text{actions}}}$$

通过这种架构，作者在雅达利的基准测试上获得了当时最先进的结果，证明了该方法的价值。

接下来，让我们来看看对 DQN 的另一个重要改进：多步学习。

6.3.1.4 多步学习

在上一章，我们提到了通过使用自环境中获得的估计内的多步折扣奖励，可以获得针对状态 – 行动对的更准确的目标值。在这种情况下，在自举中使用的 Q 值估计将被更大地削弱，继而减少这些估计的不准确性的影响。相反，更多的目标价值将来自采样的奖励。更正式地说，多步骤设置中的 TD 误差如下：

$$R_t^{(n)} \triangleq \sum_{k=0}^{n-1} \gamma^{(k)} r_{t+k+1}$$

$$R_t^{(n)} + \gamma^{(n)} \arg\max_{a'} Q_{\theta'}(s_{t+n},a') - Q_\theta(s_t,a_t)$$

你可以看到，随着 n 的增加，$\arg\max_{a'} Q_\theta(s_{t+n},a')$ 项的影响减小，原因是 $0 < \gamma < 1$。

下一个扩展是分布式强化学习，这是基于值的学习中最重要的思想之一。

6.3.1.5 分布式强化学习

在传统的 Q- 学习设置中，行动值函数在状态 s 中采取行动 a 时，会估计预期的折扣奖励，然后遵循目标策略。Bellemare 等人于 2017 年提出的分布式强化学习模型目标是学习针对状态值的离散支撑量 z 的概率质量函数。z 是向量，$N_{\text{atoms}} \in \mathbb{N}^+$ 原子集：$z^i = v_{\min} + (i-1)\frac{v_{\max} - v_{\min}}{N_{\text{atoms}} - 1}, i \in \{1,\cdots,N_{\text{atoms}}\}$。然后修改神经网络结构，以估计每个 i 上的

$p_\theta^i(s_t, a_t)$。当使用分布式强化学习时，TD 误差可以使用当前分布和目标分布之间的 KL（Kullback-Leibler）散度来计算。

在这里举一个例子，假设环境中任何状态的状态值都可以在 $v_{min} = 0$ 和 $v_{max} = 100$ 间运行。我们可以将这个范围离散为 11 个原子，得到 $z = \{0, 10, 20, \cdots, 100\}$。然后，对于一个给定的 s 值，值网络估计其值为 0、10、20 等的概率。结果表明，这种值函数的细粒度表示法显著提高了深度 Q- 学习的性能。当然，这里的额外复杂性是，v_{min}、v_{max} 和 N_{atoms} 是需要调优的额外超参数。

下面我们将介绍最后一个扩展：噪声网络。

6.3.1.6　噪声网络

常规 Q- 学习的探索由 ε 控制，它在整个状态空间上是固定的。而一些状态可能需要比其他状态更高精度的探索。噪声网络向行动值函数的线性层引入噪声，其程度是在训练过程中学习到的。更正式地说，噪声网络定位了线性层：

$$y = wx + b$$

然后用以下内容替换它

$$y \triangleq (\mu^w + \sigma^w \odot \varepsilon^w)x + \mu^b + \sigma^b \odot \varepsilon^b$$

这里，μ^w、σ^w、μ^b 和 σ^b 是学习到的参数，而 ε^w 和 ε^b 是具有固定统计量的随机变量，$\odot$ 表示元素级乘积。有了这种设置，探索率成为学习过程的一部分，这对硬探索问题尤其有用（Fortunato et al.，2017）。

这就是关于扩展的讨论。接下来，我们将转向讨论这些扩展的组合的结果。

6.3.2　集成智能体的性能

Rainbow 算法的贡献在于，它将之前的所有改进结合成一个单一的智能体。因此，它获得了当时著名的雅达利 2600 基准测试的最先进的结果，显示了将这些改进结合在一起的重要性。当然，一个显而易见的问题是，每一个独立的改进是否对结果有显著的贡献。作者演示了一些消融实验的结果来回答这个问题，我们将在接下来讨论。

6.3.3　如何选择使用哪些扩展：Rainbow 的消融实验

Rainbow 的论文根据独立扩展的重要性得出了以下发现：

❑ 优先级重放和多步学习被证明是促成该结果的最重要的扩展。将这些扩展从 Rainbow 架构中剔除会导致最高的性能下降，这表明了它们的重要性。

❑ 分布式 DQN 被证明是下一个重要的扩展，这在训练的后期变得更加明显。

❑ 从 Rainbow 智能体中去除噪声网络会导致性能下降，尽管其效果不像前面提到的其他扩展那么显著。

❑ 去除对决架构和双 Q- 学习对性能没有显著影响。

当然，这些扩展的影响取决于手头的问题，它们的加入成为一个超参数。然而，这些结果表明，优先级重放、多步学习和分布式 DQN 是在训练强化学习智能体时需要尝试的重要扩展。

在结束这部分内容之前，让我们重新讨论关于"死亡三组合"的问题，并试图理解为什么所有这些改进都没有什么问题。

6.3.4 "死亡三组合"发生了什么变化

"死亡三组合"假设当异策略算法与函数近似器和自举算法相结合时，训练很容易发散。然而，上述深度 Q- 学习的工作展示了巨大的成功故事。那么，如果"死亡三组合"问题背后的基本原理是准确存在的，我们怎么能取得这样的结果呢？

Hasselt 等人研究了这个问题，发现了对以下假设的支持：

- 当将 Q- 学习和传统的深度强化学习函数空间相结合时，无界散度是不常见的。所以，发散可能发生并不意味着它将会发生。根据作者提出的结果，可以得出结论，在开始时这不是一个明显的问题。
- 当在分离的网络上实现自举算法时，发散较小。在 DQN 工作中引入的目标网络有助于解决发散。
- 在纠正高估偏差时，发散较小，这意味着双 DQN 可以缓解发散问题。
- 较长的多步返回值将不太容易发散，因为它减少了自举的影响。
- 更大、更灵活的网络将更不容易发散，因为它们的表示能力比容量更小的函数近似器更接近表格型表示。
- 更强的更新优先级（高 w）将更容易发散，这是不好的。但是，更新的数量可以通过重要性采样来修正，这有助于防止发散。

这些提供了关于深度 Q- 学习的情况为什么不像一开始看起来那么糟糕的深刻见解。这一点从过去几年所报道的非常令人兴奋的结果中也可以明显看出，而深度 Q- 学习已经成为一种非常有前途的解决强化学习问题的方法。

这就是我们对深度 Q- 学习理论的讨论。接下来，我们将转向深度强化学习中的一个非常重要的方面，即它的可扩展实现。

6.4　分布式深度 Q- 学习

深度学习模型因其渴望数据而"臭名昭著"。当涉及强化学习时，对数据的渴望更大，这要求在训练强化学习模型时使用并行化。最初的 DQN 模型是一个单线程进程。尽管它取得了巨大的成功，但它的可扩展性却很有限。在本节中，我们会介绍将深度 Q- 学习并行化到许多（可能是数千个）过程的方法。

分布式 Q- 学习背后的关键是它的异策略本质，这实际上是将训练与经验生成分离开来的。换句话说，产生经验的具体过程 / 策略对训练过程并不重要（尽管该声明有注意事项）。结合使用重放缓冲区的想法，这允许我们并行化经验生成，并将数据存储在中央或分布式重放缓冲区中。此外，我们还可以并行化如何从这些缓冲区采样数据，并更新行动值函数。

让我们深入研究一下分布式深度 Q- 学习的细节。

6.4.1　分布式深度 Q- 学习架构的组成部分

在本节中，我们将描述分布式深度 Q- 学习架构的主要组成部分，然后我们将按照 Nair 等人（2015）引入的结构，研究具体的实现。

6.4.1.1　行动器

行动器（actor）是与给定策略的环境副本进行交互的过程，根据它们所处的状态采取行动，并观测奖励和下一个状态。例如，如果任务是学习如何下棋，那么每个行动器都会玩自己的国际象棋游戏并收集经验。**参数服务器**提供了 Q 网络的副本，以及探索参数，以便它们获得行动。

6.4.1.2　经验重放存储（缓冲区）

当行动器收集经验元组时，它们将其存储在重放缓冲区中。根据实现的不同，可能有一个全局重放缓冲区或多个本地重放缓冲区，可能与每个行动器关联一个。当重放缓冲区是全局缓冲区时，数据仍然可以以分布式方式存储。

6.4.1.3　学习器

学习器的工作是计算将更新参数服务器中的 Q 网络的梯度。为了做到这一点，学习器携带一个 Q 网络的副本，从重放内存中采样一小批经验，并在将它们通信回参数服务器之前计算损失和梯度。

6.4.1.4　参数服务器

参数服务器是存储 Q 网络的主副本并随学习过程进行更新的地方。所有进程定期从此参数服务器同步其 Q 网络版本。根据实现的不同，参数服务器可以包括多个碎片，以允许存储大量的数据，并减少每个碎片的通信负载。

在介绍了这个通用结构之后，让我们来详细介绍 Gorila 实现——早期分布的深度 Q- 学习架构之一。

6.4.2　通用强化学习架构：Gorila

Gorila 架构引入了一个通用框架，从而使用我们之前描述的组件来并行化深度 Q- 学习。由作者实现的该架构的一个特定版本，它将一个行动器、一个学习器和一个本地重放缓冲区捆绑在一起进行学习。然后，你可以为分布式学习创建许多捆绑包。该架构的描述如图 6-5 所示。

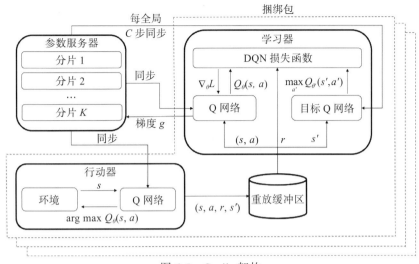

图 6-5 Gorila 架构

请注意，确切的流程将会随着 Rainbow 功能的改进而略有改变。

分布式深度 Q- 学习算法的细节如下：

1. 初始化具有固定容量 M 的重放缓冲区 D。使用一些 θ^+ 初始化参数服务器。将行动值函数和目标网络与参数服务器 $\theta := \theta^+$ 和 $\theta' := \theta^+$ 中的参数进行同步。

   对于 episode $=1$ 到 M，循环以下步骤。

2. 将环境重置为一个初始状态 s_1。同步 $\theta := \theta^+$。

   从 $t=1$ 到 T，循环执行以下步骤。

3. 根据给定 Q_θ 和 s_t 的 ε - 贪心策略，采取行动 a_t；观测 r_t 和 s_{t+1}。将经验存储在重放缓冲区 D 中。

4. 同步 $\theta := \theta^+$；从 D 中随机抽取一小批样本，并计算目标值 y。

5. 计算损失；计算梯度，并将其发送到参数服务器。

6. 参数服务器中的每个 C 梯度更新；同步 $\theta' := \theta^+$。

7. 循环结束。

我们省略了伪代码中的一些细节，比如如何计算目标值。最初的 Gorila 算法实现了一个没有 Rainbow 改进的最初版本 DQN。但是，你可以将它修改为使用 n- 步学习。然后，该算法的细节将需要相应地填写。

Gorila 架构的一个缺点是，它涉及在参数服务器、行动器和学习器之间传递大量的 θ 参数。根据网络的大小，这将意味着一个显著的通信负载。接下来，我们将研究 Ape-X 架构如何改进 Gorila。

6.4.3 分布式优先级经验重放：Ape-X

Horgan 等人于 2018 年引入了 Ape-X DQN 架构，它在 DQN、Rainbow 和 Gorila 的基

础上实现了一些显著的改进。实际上，Ape-X 架构是一个通用框架，可以应用于 DQN 以外的学习算法。

6.4.3.1　Ape-X 的主要贡献

以下是关于 Ape-X 如何分配强化学习训练的要点：

❏ 与 Gorila 相似，每个行动器都从自己的环境实例中收集经验。

❏ 与 Gorila 不同的是，有一个重放缓冲区，可以收集所有的经验。

❏ 与 Gorila 不同的是，有一个学习器从重放缓冲区中采样来更新中心 Q 和目标网络。

❏ Ape-X 架构完全将学习器与行动器分离，它们按照自己的节奏运行。

❏ 与常规的优先级经验重放不同，行动器在将经验元组添加到重放缓冲区之前计算初始优先级，而不是将它们设置为最大值。

❏ 在有关 Ape-X DQN 的论文中采用了双 Q-学习和多步学习改进，尽管其他 Rainbow 改进可以集成到架构中。

❏ 在 $\varepsilon \in [0,1]$，每个行动器被分配不同的探索率，其中低 ε 值的行动器利用对环境的了解，而高 ε 值的行动器则增加了所收集的经验的多样性。

Ape-X DQN 架构如图 6-6 所示。

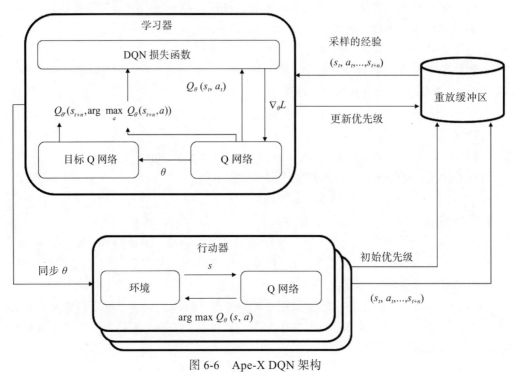

图 6-6　Ape-X DQN 架构

现在，让我们来研究行动器和学习器的算法。

6.4.3.2　行动器算法

以下是行动器算法：

1. 初始化 $\theta_0 := \theta$ 、 ε 和 s_0 。

　　从 $t = 1$ 到 T ，循环执行以下步骤。

2. 采取从 $\pi_{\theta_{t-1}}(s_{t-1})$ 获得的行动 a_{t-1} ，并观测 (r_t, s_t) 。

3. 将 (s_{t-1}, a_{t-1}, r_t) 经验添加到本地缓冲区中。

　　如果本地缓冲区中的元组数量超过了阈值 B ，请继续执行以下步骤。

4. 从本地缓冲区中获得 τ ，即一批多步数据。

5. 计算 τ 的 p ，以及经验的初始优先级。

6. 将 τ 和 p 发送到中央重放缓冲区。

7. 结束判断。

8. 每 C 步从学习器同步本地网络参数 $\theta_t := \theta$ 。

9. 结束循环。

对前面算法的一个澄清是：不要混淆本地缓冲区和重放缓冲区。它只是在发送到重放缓冲区之前积累经验的临时存储空间，并且学习器不与本地缓冲区交互。此外，向重放缓冲区发送数据的进程在后台运行，并且不会阻止通过环境的进程。

现在，让我们来看看学习器的算法。

6.4.3.3　学习器算法

以下是学习器算法的工作原理：

1. 初始化 Q 和目标网络， $\theta_0, \theta_0' := \theta_0$ 。

　　从 $t = 1$ 到 T ，循环执行以下步骤。

2. 采样一批经验 (id, τ) ，其中 id 有助于唯一地确定哪些经验被采样。

3. 使用 τ 、 θ_t 、 θ_t' 计算梯度 $\nabla \theta_t L$ ；使用梯度将网络参数更新为 θ_{t+1} 。

4. 为 τ 计算新的优先级 p ，并使用 id 更新重放缓冲区中的优先级。

5. 定期从重放缓冲区中删除旧的经验。

6. 定期更新目标网络参数。

7. 结束循环。

如果你研究一下行动器和学习器的算法，便可知道它们并没有那么复杂。然而，它们的关键直觉的耦合带来了显著的性能提高。

在结束本节的讨论之前，让我们接下来讨论一下 Ape-X 框架的一些实际细节。

6.4.3.4　在实现 Ape-X DQN 时的实际考虑事项

Ape-X 论文包含了关于实现的附加细节。一些关键内容如下：

❑ 行动器的探索率 $i \in \{0, \cdots, N-1\}$ ， $\varepsilon_i = \varepsilon^{1 + \frac{i}{N-1}\alpha}$ ，其中 $\varepsilon = 0.4$ 和 $\alpha = 0.7$ ，这些值在训练

中保持不变。

□ 在学习开始前有一个宽限期来收集足够的经验，作者将其设置为雅达利环境的 50 000 个过渡。

□ 奖励和梯度范式被裁剪，以稳定学习。

因此，记住在实现中注意这些细节。

到目前为止，我们对所有的理论和抽象内容进行了讨论，现在，终于是时候开始做一些练习了。在本书中，我们将严重依赖 Ray/RLlib 库。接下来，让我们来介绍一下 Ray，然后实现一个分布式的深度 Q- 学习智能体。

6.5 使用 Ray 实现可扩展的深度 Q- 学习算法

在本节中，我们将使用 Ray 库来实现一个并行化的 DQN 变体。Ray 是一个功能强大、通用但简单的框架，用于在单台机器和大型集群上构建和运行分布式应用程序。Ray 是为考虑到异构计算需求的应用程序而构建的。这正是现代深度强化学习算法所要求的，因为它们涉及长期和短期运行的任务、GPU 和 CPU 资源的使用等。事实上，Ray 本身有一个强大的强化学习库，称为 RLlib。Ray 和 RLlib 都已越来越多地在学术界和工业界被采用。

> **提示**
>
> 有关 Ray 与其他分布式后端框架的比较，如 Spark 和 Dask，请参见 `https://bit.ly/2T44AzK`。你会看到 Ray 是一个非常有竞争力的替代方案，甚至在一些基准测试中击败了 Python 自己的多处理器实现。

编写一个生产级的分布式应用程序是一项复杂的工作，而这并不是我们在这里的目标。为此，我们将在下一节介绍 RLlib。另外，出于教育方面的原因，实现你自己的自定义——尽管很简单——深度强化学习算法是非常有益的，如果没有其他原因的话。所以，这个练习将帮助你完成以下工作：

□ 向你介绍 Ray，你还可以将其用于强化学习以外的任务。

□ 让你了解如何构建自定义并行深度强化学习算法。

□ 如果你愿意深入研究 RLlib 源代码，它可以作为垫脚石。

然后，如果你愿意的话，你可以在这个练习的基础上构建自己的分布式深度强化学习想法。

6.5.1 Ray 入门

在开始练习之前，我们会先介绍一下 Ray。这只是一个相当简短的介绍，有关 Ray 如何工作的全面文档，我们建议你参考 Ray 的官方网站。

> **信息**
>
> Ray 和 RLlib 文 档 在 https://docs.ray.io/en/latest/index.html 处 可获得，其中包括 API 引用、示例和教程。源代码位于 GitHub 上的 https://github.com/ray-project/ray 处。

接下来，让我们讨论一下 Ray 中的主要概念。

6.5.1.1　Ray 中的主要概念

在研究编写一些 Ray 应用程序之前，我们首先需要讨论它将涉及的主要组件。Ray 允许常规的 Python 函数和类通过使用简单的 Python 装饰器 @ray.remote 在单独的远程进程上运行。在执行过程中，Ray 会负责这些函数和类的运行和执行位置——无论是在本地机器上的进程中，还是在集群上的某些地方（如果有的话）。更详细地说，以下是它们的内容：

- ❏ **远程函数（任务）**类似于常规的 Python 函数，只是它们以分布式的方式异步执行。一旦调用，远程函数立即返回对象 ID，并创建一个任务来在工作进程上执行它。请注意，远程函数并不维护调用之间的状态。
- ❏ **对象 ID（future）** 是对远程 Python 对象的引用，例如，远程函数的整数输出。远程对象存储在共享内存对象存储区中，并且可以通过远程函数和类进行访问。请注意，对象 ID 可能引用将来可用的对象，例如，在远程函数的执行完成后。
- ❏ **远程类（actor）**类似于常规的 Python 类，但是它们存在于一个工作进程中。与远程函数不同，它们是有状态的，而且它们的方法表现得很像远程函数，在远程类中共享状态。顺便说一句，这里的 "actor" 术语不要与分布式强化学习的 "行动器" 相混淆——尽管强化学习行动器可以使用 Ray 的 actor 来实现。

接下来，让我们来看看如何安装 Ray 以及使用远程函数和类。

6.5.1.2　安装和启动 Ray

Ray 可以通过一个简单的 `pip install -U Ray` 命令来安装。要将它与我们稍后将使用的 RLlib 库一起安装，只需使用 `pip install -U ray[rllib]`。

> **信息**
>
> 请注意，Linux 和 macOS 上均支持 Ray。在撰写本书时，Ray 的 Windows 发行版仍处于测试阶段。

安装后，在创建任何远程函数、对象或类之前，需要初始化 Ray：

```
import ray
ray.init()
```

接下来，让我们创建一些简单的远程函数。为了这样做，我们将使用 Ray 文档中的示例。

6.5.1.3 使用远程函数

如前所述，Ray 使用一个简单的装饰器将一个常规的 Python 函数转换为一个远程函数：

```
@ray.remote
def remote_function():
    return 1
```

一旦被调用，此函数就将执行一个工作进程。因此，多次调用此函数将创建多个可并行执行的工作进程。为此，需要调用一个具有 remote() 附加功能的远程函数：

```
object_ids = []
for _ in range(4):
    y_id = remote_function.remote()
    object_ids.append(y_id)
```

请注意，函数调用将不会等待彼此完成。但是，一旦被调用，该函数将立即返回一个对象 ID。为了使用对象 ID 检索函数作为常规 Python 对象的结果，我们只需使用 objects = ray.get(object_ids)。请注意，这将使进程等待对象可用。

对象 ID 可以传递给其他远程函数或类，就像普通的 Python 对象一样：

```
@ray.remote
def remote_chain_function(value):
    return value + 1
y1_id = remote_function.remote()
chained_id = remote_chain_function.remote(y1_id)
```

这里有几件事需要注意：

❑ 这将在这两个任务之间创建一个依赖关系。remote_chain_function 调用将等待 remote_function 调用的输出。

❑ 在 remote_chain_function 中，我们不需要调用 ray.get() 处理它，无论它是对象 ID 还是已接收到的对象。

❑ 如果这两个任务的两个工作进程位于不同的机器上，则输出将从一台机器复制到另一台机器。

这是对 Ray 远程函数的简要概述。接下来，我们将研究远程对象。

6.5.1.4 使用远程对象

常规 Python 对象可以很容易地转换为 Ray 远程对象，如下所示：

```
y = 1
object_id = ray.put(y)
```

这将对象存储在共享内存对象存储区中。请注意，远程对象是不可变的，并且它们的值在创建后不能被更改。

最后，让我们来看看 Ray 远程类。

6.5.1.5 使用远程类

在 Ray 中使用远程类（行动器）与使用远程函数非常相似。关于如何用 Ray 的远程装饰器来装饰类，相应示例如下：

```
@ray.remote
class Counter(object):
    def __init__(self):
        self.value = 0

    def increment(self):
        self.value += 1
        return self.value
```

为了从这个类中启动一个对象，除了调用这个类之外，我们还使用了 remote：

```
a = Counter.remote()
```

同样，在这个对象上调用一个方法需要使用 remote：

```
obj_id = a.increment.remote()
ray.get(obj_id) == 1
```

就是这样！关于 Ray 的简要概述为我们继续实现可扩展的 DQN 算法奠定了基础。

6.5.2 DQN 变体的 Ray 实现

在本节中，我们将使用 Ray 实现一个 DQN 变体，它将类似于 Ape-X DQN 结构，除了（为简单起见）没有实现优先级重放。该代码将包含以下组件：

❑ train_apex_dqn.py 是接受训练配置并初始化其他组件的主要脚本。
❑ actor.py 包括与环境交互并收集经验的强化学习行动器类。
❑ parameter_server.py 包括一个参数服务器类，它为行动器提供优化的 Q 模型权重。
❑ replay.py 包括重放缓冲区类。
❑ learner.py 包括一个学习器类，该类从重放缓冲区接收样本，采取梯度步骤，并将新的 Q 网络权重推送到参数服务器。
❑ models.py 包括使用 TensorFlow/Keras 创建一个前馈神经网络的函数。
然后，我们在 Gym 的 CartPole（v0）上运行这个模型，看看它的表现如何。我们开始吧！

6.5.2.1 主脚本

主脚本中的第一步是接收一组要在训练期间使用的配置。具体情况如下所示：

```
max_samples = 500000
config = {"env": "CartPole-v0",
          "num_workers": 50,
```

```
"eval_num_workers": 10,
"n_step": 3,
"max_eps": 0.5,
"train_batch_size": 512,
"gamma": 0.99,
"fcnet_hiddens": [256, 256],
"fcnet_activation": "tanh",
"lr": 0.0001,
"buffer_size": 1000000,
"learning_starts": 5000,
"timesteps_per_iteration": 10000,
"grad_clip": 10}
```

让我们来看看以下一些配置的一些细节：

❑ env 是 Gym 环境的名称。

❑ num_workers 是为收集经验而创建的训练环境／智能体的数量。注意，每个工作者在计算机上消耗一个 CPU，所以你需要调整它到你的机器。

❑ eval_num_workers 是指在训练时为评估策略而创建的评估环境／智能体的数量。同样，每个工作者都要消耗一个 CPU。请注意，这些智能体都有 $\varepsilon = 0$，因为我们不需要它们来探索环境。

❑ n_step 是多步学习的步骤数。

❑ max_eps 将在训练智能体中设置最大探索率 ε，因为我们将为每个训练智能体分配一个不同的探索率，范围为 $[0, max\_eps]$。

❑ timesteps_per_iteration 决定了我们运行评估的频率；多步学习的步骤数。请注意，这不是我们采取梯度步骤的频率，因为学习器将不断地采样和更新网络参数。

通过这个配置，我们创建了参数服务器、重放缓冲区和学习器。我们将马上详细介绍这些课程的细节。请注意，由于它们是 Ray 行动器，因此我们使用 remote 来启动它们：

```
ray.init()
parameter_server = ParameterServer.remote(config)
replay_buffer = ReplayBuffer.remote(config)
learner = Learner.remote(config,
                         replay_buffer,
                         parameter_server)
```

我们提到，学习器本身就是一个过程，它从重放缓冲区中不断采样并更新 Q 网络。我们在主脚本中开始学习：

```
learner.start_learning.remote()
```

当然，这不会单独做任何事情，因为行动器还没有收集经验。接下来，我们开始训练行动器，并立即让它们开始从自己的环境中采样：

```
for i in range(config["num_workers"]):
```

```
        eps = config["max_eps"] * i / config["num_workers"]
        actor = Actor.remote("train-" + str(i),
                            replay_buffer,
                            parameter_server,
                            config,
                            eps)
        actor.sample.remote()
```

我们也开始评估行动器，但我们不希望它们采样。当学习器更新 Q 网络时，这就会发生：

```
for i in range(config["eval_num_workers"]):
    eps = 0
    actor = Actor.remote("eval-" + str(i),
                        replay_buffer,
                        parameter_server,
                        config,
                        eps,
                        True)
```

最后，我们有一个主循环，在这里我们于训练和评估之间交替。随着评估结果的提高，我们将在训练中保存到最好的模型：

```
total_samples = 0
best_eval_mean_reward = np.NINF
eval_mean_rewards = []
while total_samples < max_samples:
    tsid = replay_buffer.get_total_env_samples.remote()
    new_total_samples = ray.get(tsid)
    if (new_total_samples - total_samples
            >= config["timesteps_per_iteration"]):
        total_samples = new_total_samples
        parameter_server.set_eval_weights.remote()
        eval_sampling_ids = []
        for eval_actor in eval_actor_ids:
            sid = eval_actor.sample.remote()
            eval_sampling_ids.append(sid)
        eval_rewards = ray.get(eval_sampling_ids)
        eval_mean_reward = np.mean(eval_rewards)
        eval_mean_rewards.append(eval_mean_reward)
        if eval_mean_reward > best_eval_mean_reward:
            best_eval_mean_reward = eval_mean_reward
            parameter_server.save_eval_weights.remote()
```

请注意，代码中有更多此处没有包含的内容（例如将评估度量保存到 TensorBoard）。所有细节请参阅完整的代码。

接下来，让我们来看看行动器类的细节。

6.5.2.2　强化学习行动器类

强化学习行动器负责根据一个探索性的策略从其环境中收集经验。探索率在每个行动器的主要脚本中确定，并在整个采样过程中保持不变。行动器类还会在本地存储经验，然后将其推送到重放缓冲区以减少通信开销。还要注意，我们区分训练和评估行动器，因为我们只对单一情节的评估行动器运行采样步骤。最后，行动器定期提取最新的 Q 网络权重来更新它们的策略。

下面是我们如何初始化一个行动器：

```python
@ray.remote
class Actor:
    def __init__(self,
                 actor_id,
                 replay_buffer,
                 parameter_server,
                 config,
                 eps,
                 eval=False):
        self.actor_id = actor_id
        self.replay_buffer = replay_buffer
        self.parameter_server = parameter_server
        self.config = config
        self.eps = eps
        self.eval = eval
        self.Q = get_Q_network(config)
        self.env = gym.make(config["env"])
        self.local_buffer = []
        self.obs_shape = config["obs_shape"]
        self.n_actions = config["n_actions"]
        self.multi_step_n = config.get("n_step", 1)
        self.q_update_freq = config.get("q_update_freq", 100)
        self.send_experience_freq = \
                    config.get("send_experience_freq", 100)
        self.continue_sampling = True
        self.cur_episodes = 0
        self.cur_steps = 0
```

行动器使用以下方法来更新和同步其策略：

```python
def update_q_network(self):
    if self.eval:
        pid = \
            self.parameter_server.get_eval_weights.remote()
    else:
        pid = \
            self.parameter_server.get_weights.remote()
    new_weights = ray.get(pid)
    if new_weights:
        self.Q.set_weights(new_weights)
```

评估权重被单独存储和提取的原因是，学习器总是学习，无论主循环中发生了什么，我们需要对 Q 网络的快照进行评估。

现在，我们为一个行动器编写采样循环。让我们从初始化循环中将要更新的变量开始：

```
def sample(self):
    self.update_q_network()
    observation = self.env.reset()
    episode_reward = 0
    episode_length = 0
    n_step_buffer = deque(maxlen=self.multi_step_n + 1)
```

在循环中要做的第一件事是获得行动，并在环境中迈出一步：

```
while self.continue_sampling:
    action = self.get_action(observation)
    next_observation, reward, \
    done, info = self.env.step(action)
```

我们的代码支持多步学习。为了实现这一点，滚动轨迹被存储在一个最大长度为 $n+1$ 的队列中。当队列处于全长时，它表示轨迹足够长，可以使经验存储在重放缓冲区中：

```
n_step_buffer.append((observation, action,
                        reward, done))
if len(n_step_buffer) == self.multi_step_n + 1:
    self.local_buffer.append(
        self.get_n_step_trans(n_step_buffer))
```

我们要记得更新我们所拥有的计数器：

```
self.cur_steps += 1
episode_reward += reward
episode_length += 1
```

在这段代码运行的最后，我们重置了环境和特定于此回合的计数器。我们还将经验保存在本地缓冲区中，而不管其长度如何。还要注意，如果这是一个评估阶段，我们会在运行结束时打破采样循环：

```
if done:
    if self.eval:
        break
    next_observation = self.env.reset()
    if len(n_step_buffer) > 1:
        self.local_buffer.append(
            self.get_n_step_trans(n_step_buffer))
    self.cur_episodes += 1
    episode_reward = 0
    episode_length = 0
```

我们定期将经验发送到重放缓冲区，并定期更新网络参数：

```
        observation = next_observation
        if self.cur_steps % \
                self.send_experience_freq == 0 \
                and not self.eval:
            self.send_experience_to_replay()
        if self.cur_steps % \
                self.q_update_freq == 0 and not self.eval:
            self.update_q_network()
return episode_reward
```

接下来，让我们来看看行动采样的细节。通过 ε - 贪心地选择行动，详情如下：

```
def get_action(self, observation):
    observation = observation.reshape((1, -1))
    q_estimates = self.Q.predict(observation)[0]
    if np.random.uniform() <= self.eps:
        action = np.random.randint(self.n_actions)
    else:
        action = np.argmax(q_estimates)
    return action
```

从轨迹队列中提取经验，如下所示：

```
def get_n_step_trans(self, n_step_buffer):
    gamma = self.config['gamma']
    discounted_return = 0
    cum_gamma = 1
    for trans in list(n_step_buffer)[:-1]:
        _, _, reward, _ = trans
        discounted_return += cum_gamma * reward
        cum_gamma *= gamma
    observation, action, _, _ = n_step_buffer[0]
    last_observation, _, _, done = n_step_buffer[-1]
    experience = (observation, action, discounted_return,
                  last_observation, done, cum_gamma)
    return experience
```

最后，将本地存储的经验元组发送到重放缓冲区，如下所示：

```
def send_experience_to_replay(self):
    rf = self.replay_buffer.add.remote(self.local_buffer)
    ray.wait([rf])
    self.local_buffer = []
```

这就是关于行动器的全部内容！接下来，让我们来看看参数服务器。

6.5.2.3　参数服务器类

参数服务器是一个简单的结构，它从学习器接收更新的参数（权重）并将它们提供给行动器。它主要由设置器和获取器以及一个保存方法组成。同样，请记住，我们会定期对参数进行快照，并使用它们进行评估。如果结果超过了之前的最佳结果，则保存权重：

```
@ray.remote
class ParameterServer:
    def __init__(self, config):
        self.weights = None
        self.eval_weights = None
        self.Q = get_Q_network(config)
    def update_weights(self, new_parameters):
        self.weights = new_parameters
        return True

    def get_weights(self):
        return self.weights

    def get_eval_weights(self):
        return self.eval_weights

    def set_eval_weights(self):
        self.eval_weights = self.weights
        return True

    def save_eval_weights(self,
                          filename=
                          'checkpoints/model_checkpoint'):
        self.Q.set_weights(self.eval_weights)
        self.Q.save_weights(filename)
        print("Saved.")
```

请注意，参数服务器存储实际的 Q 网络结构，只是为了能够使用 TensorFlow 的方便的保存功能。除此之外，只有神经网络的权重，而不是完整的模型，会在不同的过程之间传递，以避免不必要的开销和封装问题。

接下来，我们将介绍重放缓冲区的实现。

6.5.2.4　重放缓冲区类

正如前面提到的，简单起见，我们实现了一个标准的重放缓冲区（没有优先级采样）。因此，重放缓冲区接收来自行动器的经验，并将采样的经验发送给学习器。它还跟踪在训练中收到的总经验元组数：

```
@ray.remote
class ReplayBuffer:
    def __init__(self, config):
        self.replay_buffer_size = config["buffer_size"]
        self.buffer = deque(maxlen=self.replay_buffer_size)
        self.total_env_samples = 0
```

```
def add(self, experience_list):
    experience_list = experience_list
    for e in experience_list:
        self.buffer.append(e)
        self.total_env_samples += 1
    return True


def sample(self, n):
    if len(self.buffer) > n:
        sample_ix = np.random.randint(
            len(self.buffer), size=n)
        return [self.buffer[ix] for ix in sample_ix]


def get_total_env_samples(self):
    return self.total_env_samples
```

6.5.2.5　模型生成

由于我们只在过程之间传递 Q 网络的权重，每个相关的行动器都创建自己的 Q 网络副本。然后，这些 Q 网络的权重使用从参数服务器接收到的内容来设置。

Q 网络使用 Keras 创建，如下所示：

```
def get_Q_network(config):
    obs_input = Input(shape=config["obs_shape"],
                      name='Q_input')


    x = Flatten()(obs_input)
    for i, n_units in enumerate(config["fcnet_hiddens"]):
        layer_name = 'Q_' + str(i + 1)
        x = Dense(n_units,
                  activation=config["fcnet_activation"],
                  name=layer_name)(x)
    q_estimate_output = Dense(config["n_actions"],
                              activation='linear',
                              name='Q_output')(x)
    # Q Model
    Q_model = Model(inputs=obs_input,
                    outputs=q_estimate_output)
    Q_model.summary()
    Q_model.compile(optimizer=Adam(), loss='mse')
    return Q_model
```

这里的一个重要的实现细节是，这个 Q 网络不是我们想要训练的，因为给定一个状态，它预测所有可能的操作的 Q 值。另外，给定的经验元组只包含这些可能操作之一的目标值：智能体在该元组中选择的目标值。因此，当我们使用该经验元组更新 Q 网络时，梯度应该只通过所选行动的输出。其余的操作应该被掩蔽。我们通过使用一个基于所选行动的掩蔽输入来实现这一点，在这个 Q 网络上有一个自定义层，它只计算所选行动的损失。这给了我们一个可以训练的模型。

以下是我们实现掩蔽损失的方式：

```
def masked_loss(args):
    y_true, y_pred, mask = args
    masked_pred = K.sum(mask * y_pred, axis=1, keepdims=True)
    loss = K.square(y_true - masked_pred)
    return K.mean(loss, axis=-1)
```

然后，得到的可训练模型如下：

```
def get_trainable_model(config):
    Q_model = get_Q_network(config)
    obs_input = Q_model.get_layer("Q_input").output
    q_estimate_output = Q_model.get_layer("Q_output").output
    mask_input = Input(shape=(config["n_actions"],),
                       name='Q_mask')
    sampled_bellman_input = Input(shape=(1,),
                                  name='Q_sampled')

    # Trainable model
    loss_output = Lambda(masked_loss,
                         output_shape=(1,),
                         name='Q_masked_out')\
                        ([sampled_bellman_input,
                          q_estimate_output,
                          mask_input])
    trainable_model = Model(inputs=[obs_input,
                                    mask_input,
                                    sampled_bellman_input],
                            outputs=loss_output)
    trainable_model.summary()
    trainable_model.compile(optimizer=
                            Adam(lr=config["lr"],
                            clipvalue=config["grad_clip"]),
                            loss=[lambda y_true,
                                    y_pred: y_pred])
    return Q_model, trainable_model
```

这是学习器将优化的可训练模型。编译后的 Q 网络模型永远不会单独训练，我们在其中指定的优化器和损失函数只是占位符。

最后，让我们来看看学习器。

6.5.2.6　学习器类

学习器的主要工作是从重放缓冲区中获得一个经验样本，解包它们，并采取梯度步骤来优化 Q 网络。在这里，我们只包括类初始化和优化步骤的一部分。

该类的初始化方法如下：

```
@ray.remote
class Learner:
    def __init__(self, config, replay_buffer, parameter_
server):
        self.config = config
        self.replay_buffer = replay_buffer
        self.parameter_server = parameter_server
        self.Q, self.trainable = get_trainable_model(config)
        self.target_network = clone_model(self.Q)
```

现在是优化步骤。我们从重放缓冲区采样并更新我们保留的计数器：

```
    def optimize(self):
        samples = ray.get(self.replay_buffer
                             .sample.remote(self.train_batch_
size))
        if samples:
            N = len(samples)
            self.total_collected_samples += N
            self.samples_since_last_update += N
            ndim_obs = 1
            for s in self.config["obs_shape"]:
                if s:
                    ndim_obs *= s
```

然后，我们打开样本的封装，并对其进行重塑（reshape）：

```
n_actions = self.config["n_actions"]
obs = np.array([sample[0] for sample \
        in samples]).reshape((N, ndim_obs))
actions = np.array([sample[1] for sample \
        in samples]).reshape((N,))
rewards = np.array([sample[2] for sample \
        in samples]).reshape((N,))
last_obs = np.array([sample[3] for sample \
        in samples]).reshape((N, ndim_obs))
done_flags = np.array([sample[4] for sample \
        in samples]).reshape((N,))
gammas = np.array([sample[5] for sample \
        in samples]).reshape((N,))
```

我们创建掩蔽，以仅更新经验元组中所选操作的 Q 值：

```
masks = np.zeros((N, n_actions))
masks[np.arange(N), actions] = 1
dummy_labels = np.zeros((N,))
```

在主代码部分，我们首先准备可训练 Q 网络的输入，然后调用 fit（拟合）函数。为此，我们使用了一个双 DQN：

```
# double DQN
maximizer_a = np.argmax(self.Q.predict(last_obs),
axis=1)
target_network_estimates = self.target_network.
predict(last_obs)
q_value_estimates = np.array([target_network_
estimates[i,
                            maximizer_a[i]]
                            for i in range(N)]).
reshape((N,))
sampled_bellman = rewards + gammas * \
                        q_value_estimates * (1 - done_
flags)
trainable_inputs = [obs, masks,
                        sampled_bellman]
self.trainable.fit(trainable_inputs, dummy_labels,
verbose=0)
self.send_weights()
```

最后，我们定期更新目标网络：

```
if self.samples_since_last_update > 500:
    self.target_network.set_weights(self.Q.get_
weights())
    self.samples_since_last_update = 0
return True
```

有关详细信息，请参见 learner.py 中的完整代码。

就是这样！让我们来看看这个架构在 CartPole 环境中的表现。

6.5.2.7　结果

你可以通过简单地运行主脚本来开始训练。在运行它之前，有几件事要注意：

❑ 不要忘记激活安装 Ray 的 Python 环境。强烈推荐使用虚拟环境。

❑ 将 worker 总数（用于训练和评估）设置为小于你机器上的 CPU 数量。

这样你就可以按照以下方式开始训练了：

python train_apex_dqn.py

完整的代码包括一些添加的内容，用以保存 TensorBoard 上的评估进度。你可以使用脚本在同一文件夹中启动 TensorBoard，如下所示：

tensorboard --logdir logs/scalars

然后，转到默认的 TensorBoard 地址，即 http://localhost:6006/。从我们的实验中得出的评估结果如图 6-7 所示。

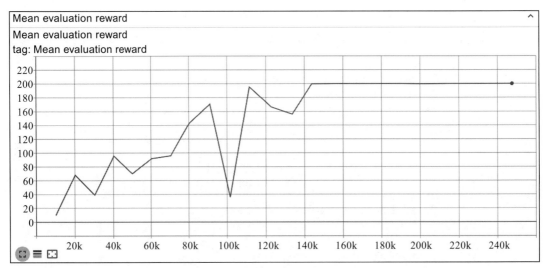

图 6-7　针对 Cart Pole（v0）的分布式 DQN 评估结果

你可以看到，经过近 15 万次迭代，奖励达到最大 200。

干得好！你已经实现了一个深度 Q- 学习算法，该算法可以使用 Ray 扩展到许多 CPU，甚至是集群上的许多节点！请随意改进这个实现，添加进一步的技巧，并融入自己的想法！

让我们以如何在 RLlib 中运行类似的实验来结束本章。

6.6　使用 RLlib 实现生产级深度强化学习算法

Ray 的创建者的动机之一是构建一个易于使用的分布式计算框架，它可以处理复杂和异构的应用程序，如深度强化学习（RL）。这样，他们还创建了一个广泛使用的基于 Ray 的深度强化学习库。使用 RLlib 训练一个类似于我们模型的模型非常简单。主要步骤如下：

1. 导入 Ape-X DQN 和训练器的默认训练配置。

2. 自定义训练配置。

3. 训练训练器。

就是这样！必要的代码非常简单。你所需要的只是以下几点：

```
import pprint
from ray import tune
from ray.rllib.agents.dqn.apex import APEX_DEFAULT_CONFIG
from ray.rllib.agents.dqn.apex import ApexTrainer


if __name__ == '__main__':
    config = APEX_DEFAULT_CONFIG.copy()
    pp = pprint.PrettyPrinter(indent=4)
    pp.pprint(config)
```

```
config['env'] = "CartPole-v0"
config['num_workers'] = 50
config['evaluation_num_workers'] = 10
config['evaluation_interval'] = 1
config['learning_starts'] = 5000
tune.run(ApexTrainer, config=config)
```

这样一来，你的训练就应该开始了。RLlib 有很好的 TensorBoard 日志记录。通过运行以下操作来初始化 TensorBoard：

tensorboard --logdir=~/ray_results

我们的评估结果如图 6-8 所示。

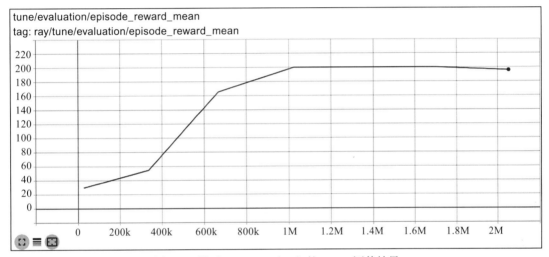

图 6-8 针对 Cart Pole（v0）的 RLlib 评估结果

结果是，我们的 DQN 实现非常有竞争力！但现在，有了 RLlib，你就可以从强化学习文献中获得许多改进。你可以通过更改默认配置来自定义训练。请花点时间浏览一下我们在代码中打印的所有可用选项的很长的列表，如下所示：

```
{   'adam_epsilon': 1e-08,
    'batch_mode': 'truncate_episodes',
    'beta_annealing_fraction': -1,
    'buffer_size': 2000000,
    'callbacks': <class 'ray.rllib.agents.callbacks.
DefaultCallbacks'>,
    'clip_actions': True,
    'clip_rewards': None,
    'collect_metrics_timeout': 180,
    'compress_observations': False,
    'custom_eval_function': None,
    'custom_resources_per_worker': {},
```

```
        'double_q': True,
        'dueling': True,
...
```

同样，这个列表也很长。但这显示了你对 RLlib 可用细节的了解！我们将在后续章节中继续使用 RLlib，并进入更多的细节。

恭喜你！在本章中，你做得很好，并且完成了很多工作。我们在这里讨论的方法提供了一个令人难以置信的"武器"可用来解决许多序贯决策问题。接下来的章节将深入深度学习领域中更先进的材料，现在你已经准备好迎接它们！

6.7　总结

本章，我们学习了从使用表格型 Q- 学习到实现现代分布式深度 Q- 学习算法。在此过程中，我们涵盖了 NFQ、在线 Q- 学习、DQN 与 Rainbow 改进、Gorila 架构和 Ape-X DQN 算法的细节。我们还介绍了 Ray 和 RLlib，它们是强大的分布式计算和深度强化学习框架。

下一章，我们将探讨另一类深度 Q- 学习算法：基于策略的方法。这些方法将允许我们直接学习随机策略并使用连续行动。

6.8　参考文献

- Sutton, R. S. & Barto, A. G. (2018). *Reinforcement Learning: An Introduction. The MIT Press*. URL: http://incompleteideas.net/book/the-book.html

- Mnih, V. et al. (2015). *Human-level control through deep reinforcement learning. Nature*, 518(7540), 529–533

- Riedmiller, M. (2005) Neural Fitted Q Iteration – First Experiences with a Data Efficient Neural Reinforcement Learning Method. In: Gama, J., Camacho, R., Brazdil, P.B., Jorge, A.M., & Torgo L. (eds) Machine Learning: ECML 2005. ECML 2005. *Lecture Notes in Computer Science*, vol. 3720. Springer, Berlin, Heidelberg

- Lin, L. (1993). *Reinforcement learning for robots using neural networks.*

- McClelland, J. L., McNaughton, B. L., & O'Reilly, R. C. (1995). *Why there are complementary learning systems in the hippocampus and neocortex: Insights from the successes and failures of connectionist models of learning and memory.* Psychological Review, 102(3), 419–457

- van Hasselt, H., Guez, A., & Silver, D. (2016). *Deep reinforcement learning with double Q-learning.* In: Proc. of AAAI, 2094–2100

- Schaul, T., Quan, J., Antonoglou, I., & Silver, D. (2015). *Prioritized experience replay.* In: Proc. of ICLR

- Wang, Z., Schaul, T., Hessel, M., van Hasselt, H., Lanctot, M., & de Freitas, N. (2016). *Dueling network architectures for deep reinforcement learning.* In: Proceedings of the 33rd International Conference on Machine Learning, 1995–2003

- Sutton, R. S. (1988). *Learning to predict by the methods of temporal differences.* Machine learning 3(1), 9–44

- Bellemare, M. G., Dabney, W., & Munos, R. (2017). *A distributional perspective on reinforcement learning.* In: ICML

- Fortunato, M., Azar, M. G., Piot, B., Menick, J., Osband, I., Graves, A., Mnih, V., Munos, R., Hassabis, D., Pietquin, O., Blundell, C., & Legg, S. (2017). *Noisy networks for exploration.* URL: `https://arxiv.org/abs/1706.10295`

- Hessel, M., Modayil, J., Hasselt, H.V., Schaul, T., Ostrovski, G., Dabney, W., Horgan, D., Piot, B., Azar, M.G., & Silver, D. (2018). *Rainbow: Combining Improvements in Deep Reinforcement Learning.* URL: `https://arxiv.org/abs/1710.02298`

- Hasselt, H.V., Doron, Y., Strub, F., Hessel, M., Sonnerat, N., & Modayil, J. (2018). *Deep Reinforcement Learning and the Deadly Triad.* URL: `https://arxiv.org/abs/1812.02648`

- Nair, A., Srinivasan, P., Blackwell, S., Alcicek, C., Fearon, R., Maria, A.D., Panneershelvam, V., Suleyman, M., Beattie, C., Petersen, S., Legg, S., Mnih, V., Kavukcuoglu, K., & Silver, D. (2015). *Massively Parallel Methods for Deep Reinforcement Learning.* URL: `https://arxiv.org/abs/1507.04296`

- Horgan, D., Quan, J., Budden, D., Barth-Maron, G., Hessel, M., Hasselt, H.V., & Silver, D. (2018). *Distributed Prioritized Experience Replay.* URL: `https://arxiv.org/abs/1803.00933`

第 7 章

基于策略的方法

我们在之前章节中讲解的基于值的方法在离散控制环境中取得了极好的结果。然而，诸如机器人等的许多应用需要连续控制方法。在本章中，我们将会介绍另一类重要的方法——基于策略的方法，该类方法能够让我们解决连续控制问题。另外，这些方法直接优化一个策略网络，因此有着更强的理论基础。最后，基于策略的方法能够学习真正的随机策略，在部分可观测环境和游戏中需要这种随机策略，而这是基于值的方法无法学到的。总之，基于策略的方法在很多方面对基于值的方法起到了补充。本章会详细介绍基于策略的方法，你将对这类方法如何生效有一个深刻的理解。

7.1 为什么我们应该使用基于策略的方法

在本章开始，我们会首先讨论以下内容：既然我们已经介绍了许多基于值的方法，为什么还要采用基于策略的方法。基于策略的方法可能更加本质，因为它们直接基于策略参数进行优化，而且基于策略的方法允许我们使用连续行动空间，能够学习到真正的随机策略。接下来，让我们详细介绍这几点。

7.1.1 一种更本质的方法

在 Q-学习中，策略通过学习行动值函数而间接获得，之后被用于确定最优行动。但是我们真的需要知道行动的值吗？大多数时候我们不需要，因为它们只是让我们获得最优策略的"引路人"。基于策略的方法直接学习策略函数的近似而不需要采用这样一种折中方法。这可以说是一种更本质的方法，因为我们能够通过梯度步骤直接优化策略，而不需要通过行动值函数间接进行。当大量的行动选择都有相似的值时，后者往往是一种低效的方法，因为这些行动的表现可能都很糟糕。

7.1.2 适用连续行动空间的能力

在前面章节中，我们提到的所有基于值的方法都只适用于离散行动空间。然而，有许多时候我们需要处理带有连续行动空间的问题，例如机器人，如果直接将行动离散化将会导致智能体产生糟糕的行为。但是，在基于值的方法中使用连续行动空间会出现什么问题呢？神经网络当然可以学习连续行动的值表示——毕竟，我们对状态空间没有离散约束。

然而，回忆一下，我们在计算目标值 $y = r + \gamma \max_{a'} Q(s', a')$ 时遍历了全部行动空间来取得最大行动值，同时我们使用 $\arg\max_{a} Q(s, a)$ 取得了在环境中表现的最优行动。在连续行动空间中，这类取最大化的方法实现起来并不直观，虽然我们可以采用下面这些方法来实现：

- ❑ 在最大化过程中，从连续行动空间中采样离散行动并选取值最大的那个行动。或者，对采样得到的行动拟合一个对应的值函数，并对那个值函数取最大值，这类方法称为**交叉熵方法**（Cross-Entropy Method，CEM）。
- ❑ 对行动值函数采用类似二次函数的函数近似器而不是采用神经网络，这样我们可以求出最大值的解析解。一个这方面的例子是**归一化优势函数**（Normalized Advantage Function，NAF）（Gu et al, 2016 **）。
- ❑ 学习一个单独的函数近似器来获得最大值，例如**深度确定性策略梯度**（Deep Deterministic Policy Gradient，DDPG）算法。

现在，CEM 和 NAF 方法的缺点是，与神经网络相比，它们表达连续行动策略的能力更弱。另外，DDPG 仍然是一种非常有竞争力的方法，我们会在本章后面部分讲到它。

信息

大多数基于策略的方法可以同时处理离散和连续行动空间。

7.1.3　学习到真正随机策略的能力

在 Q-学习方法中，我们使用软策略（例如 ε-贪心方法）使智能体能够在训练过程中探索环境。虽然这种方法在实践过程中效果很好，并且我们可以通过逐渐降低 ε 来让这种方法更有效，但 ε 并不是一个可以被学习的参数。基于策略的方法能够学习一个随机策略，并且这种随机策略能够在训练过程中引导更有效的探索。

或许一个更主要的原因是，我们不仅需要在训练过程中学习到一个随机策略，在测试评估时也需要随机策略。我们这样做主要有两个原因：

- ❑ 在**部分可观测环境**（POMDP）中，我们可能遇到**混淆状态**（aliased state），即使这些状态本身不同，它们所导出的观测值也可能相同，而在这些状态下最优行动是不同的。考虑图 7-1 所示的示例。

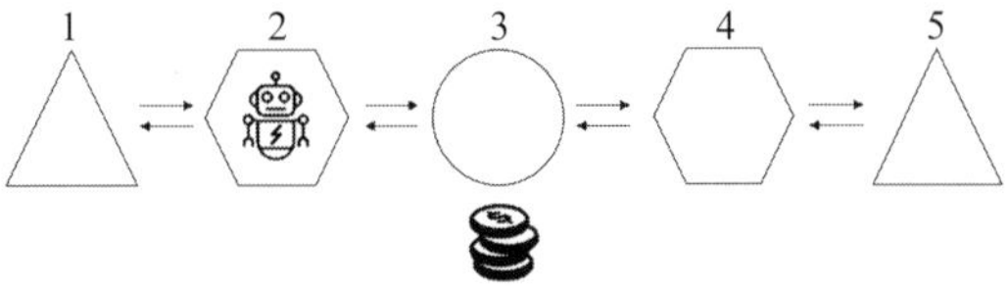

图 7-1　部分可观测环境中的机器人

智能体只能观测到状态的形状，但无法判断状态是什么。智能体被随机初始化，放置在除了3以外的任意一个状态上，它的目标是通过左右移动以最小的步数到达状态3并获得其中的硬币。当智能体观测到六边形状态时，最优行动是一个随机行动，因为一个确定性策略（例如一直向左）可能会使智能体困在状态1、2之间或者3、4之间。

❑ 在智能体对抗的游戏场景中，可能会存在随机策略是唯一最优策略的情况。一个代表性的例子是石头－剪刀－布游戏，最优策略是随机地选择一个行动。在此环境中任何其他策略都有可能会被对手利用。

基于值的方法不具备学习这种随机策略用以测试评估的能力，但是基于策略的方法可以。

提示

如果环境是完全可观测的，并且不是游戏场景，则存在一个确定性策略是最优的（即使可能存在不止一个最优策略并且其中某些是随机策略）。在这种情况下，我们在测试评估时不需要使用随机策略。

经过上述介绍，接下来让我们一起学习最流行的基于策略的方法。首先我们会介绍一般性的策略梯度方法，为之后介绍更复杂的算法做铺垫。

7.2 一般性策略梯度方法

我们将首先讨论基于策略的方法中最基本的算法——一般性策略梯度方法。虽然这种算法在实际问题中很少用到，但理解它是非常重要的，这能为我们之后讨论的复杂算法建立强大的直觉和理论基础。

7.2.1 策略梯度方法的优化目标

在基于值的方法中，我们的目标是找到一个对行动值的不错估计，并以此得到隐式的策略函数。而策略梯度方法直接针对强化学习的目标函数来优化策略——虽然我们依旧会使用值估计。目标函数是期望的累积折扣回报：

$$J(\pi_\theta) = E_{\tau \sim \rho_\theta(\tau)}\left[\sum_{t=0}^{T}\gamma^t R(S_t, A_t)\right]$$

与之前的表达方式相比，这是一种更为严谨的表达方式。让我们看一下此目标函数中都包含哪些元素：

❑ 目标函数用 J 表示，并且是关于策略 π_θ 的函数。

❑ 策略函数本身由我们正试图确定的 θ 来参数化。

❑ 智能体观测到的轨迹 τ 是由概率分布 ρ_θ 决定的随机轨迹。正如你所料，它是关于策略的函数，因此也是关于参数 θ 的函数。

❏ R 是一个对智能体来说未知的函数，给定状态 S_t 和行动 A_t 并根据环境的动态变化，它会给出一个奖励值。

现在我们有了一个想要最大化的目标函数 J，它依赖于我们能够控制的参数 θ。一个自然的优化方法是采取梯度上升算法：

$$\theta_{k+1} = \theta_k + \alpha \nabla_\theta J(\pi_{\theta_k})$$

其中，α 是步长。这是策略梯度方法背后的核心思想，即直接优化策略。

现在一个非常重要的目标是如何计算出梯度项，下面让我们一起来探讨。

7.2.2 计算梯度

理解目标函数关于策略参数 θ 的梯度是如何计算得到的，对于理解各种策略梯度方法变体背后的思想至关重要。让我们一步步推导出在一般性策略梯度方法中所用到的元素。

7.2.2.1 一种表示目标函数的不同方式

首先，让我们以一种稍微不同的方式来表达目标函数：

$$J(\pi_\theta) = E_{\tau \sim \rho_\theta(\tau)}[R(\tau)]$$
$$= \int R(\tau) \rho_\theta(\tau) d\tau$$

此处我们只是将轨迹及其对应的奖励表达成了一个整体，而不是单独的状态 – 行动对，$\tau = S_0$，A_0，S_1，A_1，…。接下来，我们使用期望的定义将它写成积分的形式（此处有一点记号滥用，因为我们使用了相同的记号 τ 来同时代表随机变量和它具体的值，但是从上下文中应该能够很明显地区分）。请记住，观测到一个特定轨迹 τ 的概率如下所示：

$$\rho_\theta(\tau) = \rho_\theta(s_0, a_0, s_1, a_1, \ldots)$$
$$= p(s_0) \prod_{t=0}^{\infty} \pi_\theta(a_t \mid s_t) p(s_{t+1} \mid s_t, a_t)$$

这是一个简单的链式乘法，即我们观测到一个状态、在该状态下根据策略采取行动以及观测到下一个状态的概率的乘积。此处 ρ 代表了环境的状态转移概率。

接下来，我们使用上述内容给出一个梯度的简便公式。

7.2.2.2 得出一个梯度的简便表达式

现在让我们回顾一下目标函数。我们可以将梯度写成如下形式：

$$\nabla_\theta J(\pi_\theta) = \nabla_\theta \int \rho_\theta(\tau) R(\tau) d\tau = \int \nabla_\theta \rho_\theta(\tau) R(\tau) d\tau$$

现在我们得到了需要处理的一项 $\nabla_\theta \rho_\theta(\tau)$。接下来我们通过一个小技巧对其变形：

$$\nabla_\theta \rho_\theta(\tau) = \nabla_\theta \rho_\theta(\tau) \frac{\rho_\theta(\tau)}{\rho_\theta(\tau)} = \rho_\theta(\tau) \nabla_\theta \log \rho_\theta(\tau)$$

这一恒等变形只是借助了定义 $\nabla_\theta \log \rho_\theta(\tau) = \nabla_\theta \rho_\theta(\tau) / \rho_\theta(\tau)$。将它放回到积分号中，我们得到

了目标函数梯度的期望表达（注意，这不是目标函数本身的期望）：

$$\nabla_{\theta}J(\pi_{\theta}) = \int \nabla_{\theta}\rho_{\theta}(\tau)R(\tau)d\tau$$
$$= \int \rho_{\theta}(\tau)\nabla_{\theta}\log\rho_{\theta}(\tau)R(\tau)d\tau$$
$$= E_{\tau \sim \rho_{\theta}(\tau)}[\nabla_{\theta}\log\rho_{\theta}(\tau)R(\tau)]$$

现在，我们得到了一个非常易于处理的梯度公式，这是关于梯度的期望值。当然，我们无法完全对它进行评估，因为我们不知道 $\rho_{\theta}(\tau)$，但是我们可以从环境中进行采样。

> **提示**
>
> 当你在强化学习公式中看到期望时，可以合理地认为我们会使用来自环境的采样来评估它。

7.2.2.3 求得梯度

在利用样本来估计梯度之前，我们还需要消除 ρ_{θ} 这一项，因为我们不知道它的具体表达式。我们可以通过显式地写出轨迹的概率乘积来实现：

$$\nabla_{\theta}\log\rho_{\theta}(\tau) = \nabla_{\theta}\log\left[p(s_0)\prod_{t=0}^{\infty}\pi_{\theta}(a_t \mid s_t)p(s_{t+1} \mid s_t, a_t) \right]$$
$$= \nabla_{\theta}\left[\log p(s_0) + \sum_{t=0}^{\infty}\log\pi_{\theta}(a_t \mid s_t) + \sum_{t=0}^{\infty}\log p(s_{t+1} \mid s_t, a_t) \right]$$

当我们对参数 θ 求梯度时，第一项和最后一项求和可以被消掉，因为它们并不依赖参数 θ。基于此，我们可以用已知项，也就是我们要处理的策略 $\pi_{\theta}(a_t \mid s_t)$ 来写出梯度的表达式：

$$\nabla_{\theta}\log\rho_{\theta}(\tau) = \sum_{t=0}^{\infty}\nabla_{\theta}\log\pi_{\theta}(a_t \mid s_t)$$

于是我们可以通过 N 条采样的轨迹来估计梯度：

$$\nabla_{\theta}J(\pi_{\theta}) \approx \frac{1}{N}\sum_{i=1}^{N}\nabla_{\theta}\log\rho_{\theta}(\tau_i)R(\tau_i)$$
$$= \frac{1}{N}\sum_{i=1}^{N}\left(\sum_{t=0}^{\infty}\nabla_{\theta}\log\pi_{\theta}(a_t^i \mid s_t^i) \right)\left(\sum_{t=0}^{\infty}\gamma^t R(s_t^i, a_t^i) \right)$$

这一梯度项旨在最大化具有高累积奖励的轨迹的似然，并相对地降低具有较低累积奖励的轨迹的似然。

这为我们提供了构成策略梯度算法的所有要素，我们接下来会介绍 REINFORCE 算法。

7.2.3 REINFORCE 算法

REINFORCE 算法是使用到我们上述推导的最早的策略梯度方法之一。在此基础上我们还需要大量的改进，以得到一个真正能够解决实际问题的方法。除此之外，理解

REINFORCE 算法对于在实际算法中形式化这些公式推导是很重要的。

在忽略折扣因子的有限步长问题中，REINFORCE 算法流程如下所示：

1. 初始化一个策略 π_θ：

   while 不满足某些给定的终止条件 *do*：

2. 在环境中利用策略 π_θ 收集 N 条轨迹 $\{\tau^i\}$。

3. 计算

$$\nabla_\theta J(\pi_\theta) \approx \frac{1}{N} \sum_{i=1}^{N} \left(\sum_{t=0}^{T} \nabla_\theta \log \pi_\theta(a_t^i \mid s_t^i) \right) \left(\sum_{t=0}^{T} R(s_t^i, a_t^i) \right)$$

4. 更新参数 $\theta := \theta + \alpha \nabla_\theta J(\pi_\theta)$：

   end while（循环结束）

REINFORCE 算法简单地利用当前的策略从环境中采样轨迹，然后利用这些采样来计算梯度并沿着梯度方向更新策略参数。

> **信息**
>
> 　　用采样得到的轨迹来计算当前策略参数的梯度估计这一事实使得策略梯度方法是**同策略**的。因此，我们无法利用其他策略产生的样本来改进当前的策略，这与基于值的方法不同。我们将在本章最后讨论几种异策略方法。
>
> 　　REINFORCE 算法需要用完整的轨迹来更新网络，因此是一种蒙特卡罗法。

接下来，让我们讨论一下为什么需要在 REINFORCE 算法的基础上继续改进。

7.2.4 REINFORCE 以及所有策略梯度方法存在的问题

一般来说，策略梯度方法中存在的最重要的问题是对 $\nabla_\theta J(\pi_\theta)$ 的估计有着很高的方差。如果你仔细思考这一点，就会发现有很多因素导致了这一问题：

- ❏ **环境中存在的随机性**可能会导致一个智能体即使在相同的策略下也会产生许多不同的轨迹，并且这些轨迹的梯度变化非常大。
- ❏ **采样轨迹的长度**可能会有明显的变化，这导致了不同的对数和奖励项的求和结果。
- ❏ **带有稀疏奖励的环境**可能是一个非常棘手的问题（根据稀疏奖励的定义）。
- ❏ **采样数量 N 值的大小**通常被设定在几千，以使得学习过程稳定可行，但这可能仍然不足以捕捉到轨迹的完整分布。

因此，我们通过采样得到的梯度估计可能会有很高的方差，这会使得学习过程非常不稳定。方差缩减是使学习过程稳定可行的一个重要目标，为此我们采用了非常多的技巧。接下来，我们介绍第一个技巧。

将奖励之和替换为 reward-to-go

让我们首先在梯度估计公式中按照如下方法重排各项：

$$\nabla_\theta J(\pi_\theta) \approx \frac{1}{N}\sum_{i=1}^{N}\left(\sum_{t=0}^{T}\nabla_\theta \log \pi_\theta(a_t^i \mid s_t^i)\left(\sum_{t=0}^{T}R(s_t^i,a_t^i)\right)\right)$$

这种表达形式意味着每一项 $\nabla_\theta \log \pi_\theta(a_t^i \mid s_t^i)$ 都被整条轨迹所得到的总奖励值加权。但直观上来说，对于每一项给定的 $\nabla_\theta \log \pi_\theta(a_t^i \mid s_t^i)$，我们对它的加权值应该是从这一状态 – 行动对出发所得的累积奖励和，因为从因果关系角度来看，将来发生的事情并不能影响过去的结果。更形式化地，我们可以把梯度估计写成如下形式：

$$\nabla_\theta J(\pi_\theta) \approx \frac{1}{N}\sum_{i=1}^{N}\left(\sum_{t=0}^{T}\nabla_\theta \log \pi_\theta(a_t^i \mid s_t^i)\left(\sum_{t'=t}^{T}R(s_{t'}^i,a_{t'}^i)\right)\right)$$

我们可以证明这种表达形式仍然给出了一个对梯度的无偏估计。由于我们对更少的奖励项求和，乘在对数项上的权重变得更小，因此方差也更小了。$\sum_{t'=t}^{T}R(s_{t'}^i,a_{t'}^i)$ 被称为时间步 t 的 reward-to-go。注意到这实际上是对 $Q(s_t^i,a_t^i)$ 的估计。我们将会在 Actor-Critic 算法中使用这一观测。

这一对 REINFORCE 算法的改进构成了一般性策略梯度（vanilla policy gradient）方法。接下来，我们将展示如何使用 RLlib 实现一般性策略梯度方法。

7.2.5　使用 RLlib 实现一般性策略梯度方法

RLlib 允许我们在一般性策略梯度方法的基础上使用多个展开器（行动器）并行采样。你会注意到，与基于值的方法不同的是，一般性策略梯度方法的样本收集是与网络权重更新同步进行的，因为这是一种同策略方法。

> **信息**
>
> 　　由于策略梯度方法是同策略的，我们需要确保用来更新神经网络参数的样本来自当前策略。这就要求在多个展开器并行采样时使用相同的策略。

并行化的一般性策略梯度方法的结构如图 7-2 所示。

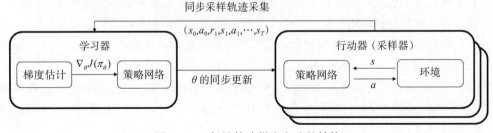

图 7-2　一般性策略梯度方法的结构

此刻值得注意的是，RLlib 实现将样本以（s,a,r,s'）的形式从行动器传递给学习器（learner），并在学习器中将它们连接起来以复原完整的轨迹。

在 RLlib 中使用一般性策略梯度方法是非常简便的，并且与我们在之前章节中使用基于值的方法的方式非常类似。下面让我们在带有连续行动空间的 Open AI Lunar Lander 环境下训练一个模型吧。

1. 首先，为了避免在使用 Gym 和 Box2D 包时出错，请使用如下方式来安装 Gym：

```
pip install gym[box2d]==0.15.6
```

2. 接下来编写 Python 代码，导入我们用来解析参数 ray 和 tune 的包：

```
import argparse
import pprint
from ray import tune
import ray
```

3. 导入一般性**策略梯度**（PG）训练器类以及对应的配置字典：

```
from ray.rllib.agents.pg.pg import (
    DEFAULT_CONFIG,
    PGTrainer as trainer)
```

注意，当我们使用不同的算法时，这部分代码是不同的。

4. 创建一个主函数，并将 Gym 环境名作为一个参数接收：

```
if __name__ == "__main__":
    parser = argparse.ArgumentParser()
    parser.add_argument('--env',
                        help='Gym env name.')
    args = parser.parse_args()
```

5. 更改配置字典中用于训练的 GPU 数目和用于样本收集与评估的 CPU 数目：

```
config = DEFAULT_CONFIG.copy()
config_update = {
        "env": args.env,
        "num_gpus": 1,
        "num_workers": 50,
        "evaluation_num_workers": 10,
        "evaluation_interval": 1
    }
config.update(config_update)
pp = pprint.PrettyPrinter(indent=4)
pp.pprint(config)
```

print 语句是为了让你能够清晰地看到还有哪些配置参数是你可以更改的。你可以更改类似学习率这样的参数。目前，我们不打算讨论这些超参数的优化细节。并且对于一般性策略梯度方法来说，其本身包含的超参数要远少于其他更加复杂的算法。最后一个注意事项：我们设置一组评估器的原因是，让训练流程与我们稍后要介绍的异策略算法保持一致。通常我们并不需要这样做，因为同策略算法在训练和评估过程中遵循相同的策略。

6. 初始化 ray 并训练智能体迭代特定的轮数：

```
ray.init()
tune.run(trainer,
        stop={"timesteps_total": 2000000},
        config=config
        )
```

7. 将这份代码保存为 Python 文件 `pg_agent.py`。你可以用如下方式来训练智能体：

```
python pg_agent.py --env "LunarLanderContinuous-v2"
```

8. 在 TensorBoard 上监测训练过程：

```
tensorboard --logdir=~/ray_results
```

训练过程将如图 7-3 所示。

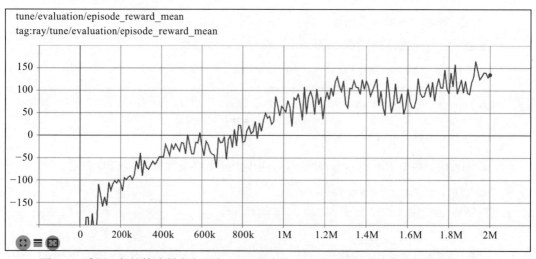

图 7-3　采用一般性策略梯度方法在 Gym 的连续 Lunar Lander 环境中训练智能体的过程

这就是一般性策略梯度方法！此算法并没有使用我们将在后续章节中介绍的改进方法，能达到这个性能已经非常不错了。你可以在其他的 Gym 环境中尝试这个算法。提示：钟摆环境可能会让你感到有些头疼。

> **提示**
>
> 为了使用 Tune 保存在训练过程中的最优模型，你可能需要写一个简单地 wrapper 训练函数，细节可以在如下链接中找到：`https://github.com/ray-project/ray/issues/7983`。当你观测到评估得分有提升时可以保存模型。

接下来，我们将介绍一类更强大的算法：Actor-Critic 算法。

7.3 Actor-Critic 算法

Actor-Critic 算法对策略梯度算法中存在的高方差问题提出了进一步的改进方案。就像 REINFORCE 和其他一些策略梯度方法一样，Actor-Critic 算法诞生于十几年前。然而，将这种方法与深度强化学习算法相结合，能够使它们解决更实际的问题。本节我们首先介绍一下 Actor-Critic 算法背后的核心思想，之后我们会给出它们的详细定义。

7.3.1 进一步减小策略梯度方法的方差

你应该还记得之前为了降低梯度估计的方差，我们将在一条轨迹中得到的奖励之和替换为了 reward-to-go。虽然这样做是正确的，但还不够。现在我们会进一步介绍两种方法来降低方差。

7.3.1.1 估计 reward-to-go

根据一条轨迹求得的 reward-to-go 项 $\sum_{t'=t}^{T}R(s_{t'},a_{t'})$ 是对当前策略 π_θ 下行动值函数 $Q^\pi(s_{t'}^i,a_t^i)$ 的估计。

> **信息**
>
> 注意我们此处使用的行动值估计 $Q^\pi(s,a)$ 与 Q- 学习方法中的估计 $Q(s,a)$ 的区别。前者在当前行为策略 π 下估计行动值，后者在目标策略 $\arg\max_a Q(s,a)$ 下估计行动值。

目前，访问状态 – 行动对 (s,a) 的每一条轨迹都有可能产生不同的 reward-to-go 估计值。这增加了梯度估计中的方差。如果我们能够在策略更新循环中对给定的 (s,a) 给出一个特定的估计值会怎么样？这将会减小那些通过高噪声的 reward-to-go（行动值）估计引起的方差。但我们怎样才能得到这样的一个估计值呢？答案是训练一个神经网络，使其能为我们生成这样的估计。于是我们通过采样得到的 reward-to-go 值来训练这样的神经网络。当我们通过神经网络获得对特定状态 – 行动对的估计时，我们得到一个确定的值，而不是许多不同的估计值，这反过来减小了方差。

本质上说，这种神经网络的功能是评估策略的价值，这也是我们称之为 Critic 的原因，而策略网络告诉智能体如何在环境中**行动**，因此被称为 Actor-Critic。

> **信息**
>
> 在每次策略更新之后，我们并不会从头开始训练 Critic 网络。反之，类似策略网络，我们基于采样的数据通过梯度更新它。因此，Critic 相对于旧策略是一个有偏估计。然而，我们愿意做出这种取舍来减小方差。

最后但同样重要的一点是，我们使用基线来减小方差，这是我们接下来要讨论的内容。

7.3.1.2   使用一个基线

策略梯度算法背后的思想是我们希望通过调整策略参数，使得产生高奖励轨迹的行动的似然值更大，而产生低奖励轨迹的行动的似然值更小：

$$\nabla_\theta J(\pi_\theta) = \nabla_\theta \int \rho_\theta(\tau) R(\tau) d\tau$$
$$\theta := \theta + \alpha \nabla_\theta J(\pi_\theta)$$

这种表达形式的一个缺点是，梯度上升的方向和步长几乎完全取决于轨迹中奖励之和 $R(\tau)$。考虑下面两个例子：

❑ 在一个迷宫环境中，智能体希望在尽量短的时间内找到出口。在到达出口之前，奖励值是流失时间的负数。

❑ 同样的迷宫环境，但奖励值是一百万美元减掉到达出口之前所消耗的时间所对应的每秒一美元的罚款。

从数学角度上看，两者是相同的优化问题。现在考虑一下在某种策略 π_θ 下得到的特定轨迹在这两种奖励函数下会导致什么样的梯度步骤。不管策略的好坏，第一种奖励函数将会导致在所有轨迹下都产生负梯度，而第二种奖励函数几乎可以肯定会导致正梯度。此外，对于后者，由于固定的奖励值太大，以至于经过的秒数所造成的惩罚可以忽略不计，将使得策略网络的学习非常困难。

理想情况下，我们希望度量在一条特定轨迹中观测到的**相对奖励值**，这是在其中采取的一系列行动与其他轨迹相比的结果。这样，我们就可以对导致高奖励轨迹的参数做正向梯度优化，而对其他参数做负向梯度优化。为了度量相对奖励值，一个简单的技巧是从奖励之和中减去一个基线 b：

$$\nabla_\theta J(\pi_\theta) = \nabla_\theta \int \rho_\theta(\tau)(R(\tau) - b) d\tau$$

最明显的基线选择是平均轨迹奖励，按照如下方式采样：

$$b = \frac{1}{N} \sum_{i=1}^{N} R(\tau^i)$$

可以证明减去这一项后我们仍然能够得到一个对梯度的无偏估计，但有着更小的方差，而且在某些情况下差异可能会非常显著。因此，使用基线几乎总是能得到更好的结果。

当与 reward-to-go 估计方法结合使用时，基线的一个自然的选择是状态值，基于此可以导出如下梯度估计：

$$\nabla_\theta J(\pi_\theta) \approx \frac{1}{N} \sum_{i=1}^{N} \left(\sum_{t=0}^{T} \nabla_\theta \log \pi_\theta(a_t^i \mid s_t^i) A^\pi(s_t^i, a_t^i) \right)$$
$$A^\pi(s_t^i, a_t^i) = Q^\pi(s_t^i, a_t^i) - V^\pi(s_t^i)$$

其中 $A^\pi(s_t^i, a_t^i)$ 是优势项，它通过让智能体在状态 s_t 采取行动 a_t 而不是遵循现有策略来度量智能体的优势程度。

用 Critic 估计优势函数，直接或间接地导出了优势（Advantage）Actor-Critic 算法，我们接下来会进行介绍。

7.3.2　优势 Actor-Critic 算法：A2C

到目前为止，我们介绍的内容已经足够组成著名的 A2C 算法。在介绍完整的算法以及采用 RLlib 实现以前，让我们更详细地讨论一下如何估计优势项。

7.3.2.1　如何估计优势函数

存在多种使用 Critic 估计优势函数的方法。Critic 网络可以做以下事情：

❑ 直接估计 $A^\pi(s,a)$。

❑ 通过估计 $Q^\pi(s,a)$，我们可以还原出 $A^\pi(s,a)$。

请注意，这两种方法都涉及维护一个输出同时依赖于状态和行动的网络。然而，我们可以使用一种更简单的方式。记住行动值函数的定义：

$$q_\pi(s_t,a_t) = E[R_{t+1} + \gamma v_\pi(S_{t+1}) | S_t = s_t, A_t = a_t]$$

当我们采样得到一步转移数据时，我们已经得到了奖励值、下一时刻状态以及一个元组 $(S_t = s_t, A_t = a_t, R_{t+1} = r_{t+1}, S_{t+1} = s_{t+1})$。因此我们可以通过如下方式得到 $Q^\pi(s_t,a_t)$ 估计：

$$Q^\pi(s_t,a_t) = r_{t+1} + \gamma V^\pi(s_{t+1})$$

其中 $V^\pi(s_{t+1})$ 是对真实状态值 v_π 的估计。

信息

　　请注意符号中的细微差别。q_π 和 v_π 代表的是真实值，而 Q_π 和 V_π 是它们的估计。S_t, A_t, R_t 是随机变量，而 s_t, a_t, r_t 是随机变量的采样值。

最后我们可以如下估计优势函数：

$$A^\pi(s_t,a_t) = r_{t+1} + \gamma V^\pi(s_{t+1}) - V^\pi(s_t)$$

这允许我们通过神经网络只估计状态值函数以得到一个优势函数的估计值。为了训练这个网络，我们可以通过自举法来得到状态值的目标值。因此，使用计算得到的元组 $(s_t,a_t,r_{t+1},s_{t+1})$，我们可以计算得到 $V^\pi(s)$ 的目标值为 $r_{t+1} + \gamma V^\pi(s_{t+1})$（这与 $Q^\pi(s_t,a_t)$ 的估计值相同，因为我们恰好从当前的随机策略中得到了该行动）。

在陈述完整的 A2C 算法之前，让我们先看一下它的实现架构。

7.3.2.2　A2C 架构

A2C 的不同智能体采用同步样本收集，也就是说，所有的展开器在同一时间使用相同的策略网络去收集样本。之后这些样本被传递给学习器用以更新 Actor（策略网络）和 Critic（值网络）。在这种意义下，该架构与我们上文提到的一般性策略梯度算法非常相似。只不过，这一次我们有了一个 Critic 网络。因此，问题是如何将 Critic 网络引进来。

如图 7-4 所示，Actor 和 Critic 的设计可以从完全独立的神经网络结构（见图 7-4a）到完全共享的设计方式（除了最后一层网络）。

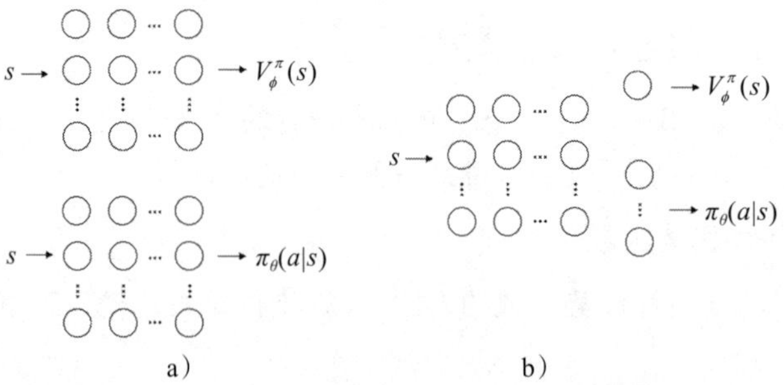

图 7-4　独立的与共享的神经网络

独立结构设计的优点是，它往往更加稳定。这是因为 Actor 和 Critic 的方差以及它们目标值的变化范围差异较大。让它们之间共享网络需要精心调整超参数，例如学习率，否则会使得学习过程很不稳定。另一方面，使用共享架构具有交叉学习的优势以及公共特征提取的能力。当特征提取是训练过程的主要部分时，例如当观测结果是图像时，这可能特别方便。当然，任何介于两者之间的结构都是可行的。

最后，让我们介绍一下 A2C 算法。

7.3.2.3　A2C 算法

接下来让我们把所有的想法组织起来并形成 A2C 算法：

1. 使用参数 θ 和 ϕ 初始化 Actor 和 Critic 网络。

　　while 不满足某些给定的终止条件 *do*：

2. 使用 π_θ 从（并行）环境中收集一批 N 个样本的数据 $\{(s_i, a_i, r_i, s_i')\}_{i=1}^N$。

3. 得到状态值的目标值 $\{y_i \mid y_i = r_i + \gamma V_\phi^\pi(s_i')\}_{i=1}^N$。

4. 使用梯度下降来更新关于损失函数 $L(V_\phi^\pi(s_i), y_i)$ 的参数 ϕ，例如二次损失函数。

5. 得到优势值估计：

$$\{A^\pi(s_i, a_i) \mid A(s_i, a_i) = r_i + \gamma V_\phi^\pi(s_i') - V_\phi^\pi(s_i)\}_{i=1}^N。$$

6. 计算：

$$\nabla_\theta J(\pi_\theta) \approx \frac{1}{N} \sum_{i=1}^N \nabla_\theta \log \pi_\theta(a_i \mid s_i) A^\pi(s_i, a_i)。$$

7. 更新：

$$\theta := \theta + \alpha \nabla_\theta J(\pi_\theta)。$$

8. 将新的参数 θ 同步到所有展开器中。

end while（循环结束）

注意，我们也可以对优势估计和状态值目标采用多步学习而非单步估计。在 7.3 节的最后，我们会提供一种多步学习的一般性版本。但是现在，让我们看一下如何使用 RLlib 实现 A2C 算法。

7.3.2.4　使用 RLlib 实现 A2C

在 RLlib 中使用 A2C 算法训练一个强化学习智能体，与我们在一般性策略梯度方法中采取的步骤非常相似。因此，与其再次呈现完整的流程，我们不如只描述两者的不同之处。主要的区别在于导入 A2C 类：

```
from ray.rllib.agents.a3c.a2c import (
    A2C_DEFAULT_CONFIG as DEFAULT_CONFIG,
    A2Ctrainer as trainer)
```

之后你可以采用与训练基于一般性策略梯度方法的智能体类似的方式来训练基于 A2C 算法的智能体。我们在此处不会展示训练的结果，本章最后会对比所有的算法。

接下来，我们介绍另一种著名的算法：A3C。

7.3.3　异步优势 Actor-Critic 算法：A3C

在损失函数以及如何使用 Critic 方面，A3C 算法与 A2C 非常相似。事实上，A3C 是 A2C 的前身，尽管出于教学原因，我们在此以相反的顺序介绍它们。A2C 与 A3C 之间的区别在于结构以及梯度的计算和分配方式。接下来，让我们讨论一下 A3C 架构。

7.3.3.1　A3C 架构

A3C 架构与 A2C 有以下几点不同：

- ❑ A3C 的异步特点是来自展开器以自己的节奏从主策略网络提取参数 θ，而无须与其他展开器同步。
- ❑ 因此，展开器能够同时采用不同的策略。
- ❑ 为了避免在中心学习器使用在其他不同策略下得到的样本来计算梯度，梯度的计算通过各个展开器使用它们各自的参数完成。
- ❑ 因此传递给中心学习器的不是样本而是梯度。
- ❑ 这些梯度会异步地传递给主策略网络。

如图 7-5 所示的示意图展示了 A3C 架构。

A3C 算法存在以下两种缺点：

- ❑ 更新主策略网络的梯度信息可能是相对滞后的，并且是通过不同的参数 θ 计算得到的，而不是主策略网络的参数。这在理论上是有问题的，因为这些梯度并不是主策略网络参数的真实梯度。
- ❑ 传递的梯度可能是大规模的向量组，尤其是在神经网络规模很大时，比起单纯传递样本，这可能会造成明显的通信负担。

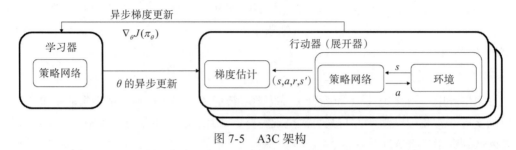

图 7-5　A3C 架构

尽管有这些缺陷，但 A3C 算法的核心优势是能够得到不相关或者弱相关的样本和梯度更新，类似于深度 Q- 学习方法中的经验重放机制。另外，在大量实验中，人们发现 A2C 算法的效果和 A3C 算法类似，有时甚至超过 A3C 算法。因此，A3C 算法的使用并不普遍。但我们仍然对 A3C 加以介绍，希望你理解这些算法的演进过程以及它们之间的关键区别。接下来让我们看一下如何使用 RLlib 实现 A3C 算法。

7.3.3.2　使用 RLlib 实现 A3C

我们可以通过在 RLlib 中导入对应的训练类来得到 A3C 算法：

```
from ray.rllib.agents.a3c.a3c import (
    DEFAULT_CONFIG,
    A3CTrainer as trainer)
```

之后，你可以根据我们在前面小节中提供的代码来训练智能体。

最后，我们将介绍策略梯度方法背景下的一般性多步强化学习算法。

7.3.4　一般性优势函数估计

我们之前提到过，你可以对优势函数做多步估计。即我们不再使用如下所示的一步转移来估计优势函数：

$$A^{\pi}(s_t, a_t) = r_{t+1} + \gamma V^{\pi}(s_{t+1}) - V^{\pi}(s_t)$$

使用 n- 步转移能够得到更准确的优势函数估计：

$$A_n^{\pi}(s_t, a_t) = -V^{\pi}(s_t) + r_{t+1} + \gamma r_{t+2} + \cdots + \gamma^n V^{\pi}(s_{t+n})$$

当然，当 $n= \infty$ 时，估计就变成了使用采样得到的 reward-to-go，这是我们之前为减小优势函数估计中的方差而摒弃的方法。另外，$n=1$ 倾向于对当前估计的 V^{π} 引入太大的偏差。因此，超参数 n 是一种在估计优势函数时权衡偏差 – 方差的方式。

一个自然的问题是，我们是否一定需要在优势函数估计中使用一个单值 n。例如，我们可以使用 A_1^{π}、A_2^{π}、A_3^{π} 来估计优势函数，并取它们的均值。那么取所有可能的 A_n^{π} 的加权平均（凸组合）会怎么样呢？这就是**一般性优势函数估计**（Generalized Advantage Estimator,

GAE）所做的事情。更确切地说，它通过指数衰减的方式对 A_n^π 做加权：

$$A_{GAE(\lambda)}^\pi(s_t,a_t) = (1-\lambda)(A_1^\pi + \lambda A_2^\pi + \lambda^2 A_3^\pi + \lambda^3 A_4^\pi + \cdots)$$

$$= \sum_{l=0}^{\infty} (\lambda\gamma)^l \delta_{t+l}$$

其中 $\delta_{t+l} = r_{t+l+1} + \gamma V^\pi(s_{t+l+1}) - V^\pi(s_{t+l})$ 和 $0 \leq \lambda \leq 1$ 是超参数。因此，GAE 给出了另一种权衡偏差和方差的方式。特别地，当 $\lambda = 0$ 时，$A_{GAE(\lambda)}^\pi = A_1^\pi$，这时优势函数的估计有着较大的偏差。当 $\lambda = 1$ 时，$A_{GAE(\lambda)}^\pi = A_n^\pi$，这等价于使用采样得到的 reward-to-go 减去基线，这时优势函数的估计有着较大的方差。任意 $\lambda \in (0,1)$ 都是两者的折中。

你可以在 RLlib 的 Actor-Critic 算法的配置文件中定义参数 "use_gae" 以及 "lambda"，继而实现 GAE。

以上便是我们对 Actor-Critic 部分的讨论。接下来，我们将介绍一种最近提出的方法，名叫**信任域方法**，这种方法在 A2C 和 A3C 上都带来了较大的性能提升。

7.4 信任域方法

信任域方法的改进是策略梯度方法领域的一个重要发展。特别是，与 A2C 和 A3C 算法相比，TRPO 和 PPO 算法都有了显著的性能提升。例如在竞赛中达到了专家级水平的 Dota 2 AI 便是使用 PPO 和 GAE 训练的。本节我们会详细介绍这些算法，以帮助你理解它们的原理。

> **信息**
> Sergey Levine 教授是 TRPO 和 PPO 论文的合著者，相比于本节内容，他在自己的在线讲座中更深入地介绍了这些方法背后的数学细节。这个讲座可以在 https://youtu.be/uR1Ubd2hAlE 上找到。我强烈建议你观看该讲座，以提高你对这些算法的理论理解。

7.4.1 将策略梯度转化为策略迭代

在前面的几章中，我们描述了如何将大多数强化学习算法视为策略迭代的一种形式，在策略评估和改进之间交替进行。你可以在相同的背景下考虑策略梯度方法：

❑ 样本收集和优势估计：策略评估

❑ 梯度更新：策略改进

现在，我们将使用一个策略迭代的观点来为即将到来的算法奠定基础。首先，让我们来看看如何量化强化学习目标中的改进。

7.4.1.1 量化改进

一般来说，策略改进的目的是尽可能地改善现有的策略。正形式化地，其目标如下：

$$\max_{\theta'} \mathcal{L}(\theta')$$

$$\mathcal{L}(\theta') = J(\pi_{\theta'}) - J(\pi_{\theta})$$

其中，θ 是现有的策略。利用 J 的定义和一些代数，我们可以显示如下：

$$\mathcal{L}(\theta') = E_{\tau \sim \rho_{\theta'}(\tau)} \left[\sum_t \gamma^t A^{\pi_\theta}(S_t, A_t) \right]$$

这个等式说明：

- 新策略 θ' 针对现有策略 θ 获得的改进可以用现有策略下的优势函数进行量化。
- 这个计算所需要的期望运算是在新的策略 θ' 下。

记住，完全计算这些期望或优势函数几乎是不实际的。我们总是使用现有的策略（此处为 θ）来估计它们，并与环境交互。现在，前者是一个令人愉快的点，因为我们知道如何使用样本来估计优势——上一节都是关于这些的。我们也知道，可以收集样本来估计期望，这是我们在 $\mathcal{L}(\theta')$ 中所拥有的。然而，这里的问题是，期望是关于一个新的策略 θ'。我们不知道 θ' 是什么，事实上，这就是我们正在试图找到的东西。所以我们不能使用 θ' 从环境中收集样本。从现在开始，一切都将是关于如何解决这个问题，以便我们可以迭代地改进策略。

7.4.1.2　消除 θ'

让我们展开这个期望，并根据组成 $\rho_{\theta'}(\tau)$ 的边际概率将其写下来：

$$\mathcal{L}(\theta') = \sum_t E_{S_t \sim p_{\theta'}(S_t)}[E_{A_t \sim \pi_{\theta'}(A_t|S_t)}[\gamma^t A^{\pi_\theta}(S_t, A_t)]]$$

它使用以下内容：

$$\rho_{\theta'}(\tau) = \rho_{\theta'}(s_0, a_0, s_1, a_1, \cdots)$$

$$= p(s_0) \prod_{t=0}^{\infty} \pi_{\theta'}(a_t \mid s_t) p_{\theta'}(s_{t+1} \mid s_t, a_t)$$

我们可以使用重要性采样来消除内部期望中的 θ'：

$$\mathcal{L}(\theta') = \sum_t E_{S_t \sim p_{\theta'}(S_t)} \left[E_{A_t \sim \pi_{\theta}(A_t|S_t)} \left[\frac{\pi_{\theta'}(A_t \mid S_t)}{\pi_{\theta}(A_t \mid S_t)} \gamma^t A^{\pi_\theta}(S_t, A_t) \right] \right]$$

现在，消除外部期望中的 θ' 是一个具有挑战性的部分。关键思想是在优化过程中保持"足够接近"现有的策略，即 $\pi_{\theta'} \approx \pi_{\theta}$。在这种情况下，可以证明 $p_{\theta}(S_t) \approx p_{\theta'}(S_t)$，我们可以用后者代替前者。

这里的一个关键问题是如何衡量策略的接近程度，这样我们就可以确保前面的近似是有效的。由于其良好的数学特性，这种测量的一个普遍选择是 Kullback-Leibler（KL）散度。

信息

如果你不太熟悉 KL 散度，可以在这里找到一个很好的解释：`https://youtu.be/2PZxw4FzDU?t=226`。

使用由于策略的接近性（并对这种接近性进行约束）而产生的近似，可以得出以下优化函数：

$$\max_{\theta'} \mathcal{L}(\theta') \approx \sum_t E_{S_t \sim p_\theta(S_t)}\left[E_{A_t \sim \pi_\theta(A_t|S_t)}\left[\frac{\pi_{\theta'}(A_t \mid S_t)}{\pi_\theta(A_t \mid S_t)} \gamma^t A^{\pi_\theta}(S_t, A_t) \right] \right]$$

$$s.t. \quad D_{KL}(\pi_{\theta'}(A_t \mid S_t) \| \pi_\theta(A_t \mid S_t)) \leqslant \varepsilon$$

其中 ε 是一个界。

接下来，让我们看看如何使用其他近似来进一步简化这个优化问题。

7.4.1.3　在优化中使用泰勒级数展开式

既然有了一个函数 $\mathcal{L}(\theta')$，并且知道我们在接近另一个点 θ 时评估它，这应该需要使用泰勒级数展开式。

> **信息**
>
> 　　如果你需要学习泰勒级数，或加深你的知识直觉，一个很好的资源是这个视频：`https://youtu.be/3d6DsjIBzJ4`。我还建议订阅这个频道——3Blue1Brown，这是可视化许多数学概念的最佳资源之一。

在 θ 处的一阶展开式如下：

$$\mathcal{L}(\theta') \approx \mathcal{L}(\theta) + \nabla_\theta \mathcal{L}(\theta)^T (\theta' - \theta)$$

请注意，第一项并不依赖于 θ'，所以我们可以在优化过程中消除它。还要注意，梯度项是关于 θ 的，而不是 θ'，这应该会派上用场。

那么，我们的目标就会变成：

$$\max_{\theta'} \nabla_\theta \mathcal{L}(\theta)^T (\theta' - \theta)$$

$$s.t. \quad D_{KL}(\pi_{\theta'}(A_t \mid S_t) \| \pi_\theta(A_t \mid S_t)) \leqslant \varepsilon$$

最后，让我们来看看如何计算梯度项。

7.4.1.4　计算 $\nabla_\theta \mathcal{L}(\theta)$

首先，让我们来看看 $\nabla_{\theta'} \mathcal{L}(\theta')$ 是什么样子的。请记住，我们可以写以下内容：

$$\nabla_{\theta'} \pi_{\theta'}(A_t \mid S_t) = \pi_{\theta'}(A_t \mid S_t) \nabla_{\theta'} \log \pi_{\theta'}(A_t \mid S_t)$$

因为，根据定义可知 $\nabla_{\theta'} \log \pi_{\theta'}(A_t \mid S_t) = \nabla_{\theta'} \pi_{\theta'}(A_t \mid S_t) / \pi_{\theta'}(A_t \mid S_t)$。之后可以写出：

$$\nabla_{\theta'} \mathcal{L}(\theta') \approx \sum_t E_{S_t \sim p_\theta(S_t)}\left[E_{A_t \sim \pi_\theta(A_t|S_t)}\left[\frac{\pi_{\theta'}(A_t \mid S_t)}{\pi_\theta(A_t \mid S_t)} \gamma^t \nabla_{\theta'} \log \pi_{\theta'}(A_t, S_t) A^{\pi_\theta}(S_t, A_t) \right] \right]$$

现在，记住我们寻找的是 $\nabla_\theta \mathcal{L}(\theta)$，而不是 $\nabla_{\theta'} \mathcal{L}(\theta')$。用 θ 替换所有的 θ'，结果如下：

$$\nabla_\theta \mathcal{L}(\theta) \approx \sum_t E_{S_t \sim p_\theta(S_t)}[E_{A_t \sim \pi_\theta(A_t|S_t)}[\gamma^t \nabla_\theta \log \pi_\theta(A_t \mid S_t) A^{\pi_\theta}(S_t, A_t)]]$$

$$= \nabla_\theta J(\pi_\theta)$$

我们已经得出了一个应该看起来很熟悉的结果！$\nabla_\theta \log \pi_\theta(A_t \mid S_t) A^{\pi_\theta}(S_t, A_t)$ 便是优势 Actor-Critic 中梯度估计 $\nabla_\theta J(\pi_\theta)$ 的结果。在策略更新之间最大限度地提升策略的目标值使我们以定期的梯度上升方法实现了同样的目标。当然，我们不应该忘记约束条件。因此，我们要解决的优化问题如下：

$$\max_{\theta'} \nabla_\theta J(\pi_\theta)^T (\theta' - \theta)$$
$$s.t. \quad D_{KL}(\pi_{\theta'}(A_t \mid S_t) \| \pi_\theta(A_t \mid S_t)) \leqslant \varepsilon$$

这是一个关键的结果！让我们来解释到目前为止得到的推论：

- 具有梯度上升的常规 Actor-Critic 算法和信任域方法有相同的目标，即沿梯度的方向移动。
- 信任域方法旨在通过限制 KL 散度来保持逼近现有策略。
- 另一方面，正则梯度上升通过特定的步长向梯度的方向移动，如 $\theta' := \theta + \alpha \nabla_\theta J(\pi_\theta)$。
- 正则梯度上升的目的是保持 θ' 更接近 θ，而不是保持 $\pi_{\theta'}$ 更接近 π_θ。
- 对 θ 中的所有维度使用单一步长，正如正则梯度上升一样，可能会导致非常缓慢的收敛，或者根本不收敛，因为参数向量中的某些维度可能比其他维度对策略（变化）的影响要大得多。

提示

信任域方法的关键目标是在将策略更新到某些 $\pi_{\theta'}$ 的同时，保持与现有策略 π_θ 足够接近。这不同于简单地旨在保持 θ' 更接近 θ，这是正则梯度上升所做的。

我们知道 $\pi_{\theta'}$ 和 π_θ 应该很接近，但还没有讨论如何实现这一点。事实上，两种不同的算法 TRPO 和 PPO 将以不同的方式处理这个需求。接下来，我们将转向 TRPO 算法的细节。

7.4.2　TRPO

TRPO（Trust Region Policy Optimization，信任域策略优化）是 PPO 之前的一个重要算法。在本节中，我们将了解它如何处理我们前面遇到的优化问题，以及 TRPO 解决方案的挑战。

7.4.2.1　处理 KL 散度

TRPO 算法用二阶泰勒展开式逼近 KL 散度：

$$D_{KL}(\pi_{\theta'} \| \pi_\theta) \approx \frac{1}{2}(\theta' - \theta)^T \boldsymbol{F}(\theta - \theta')$$

其中，$\boldsymbol{F}$ 称为 Fisher 信息矩阵，定义如下：

$$\boldsymbol{F} = E_{\pi_\theta}[\nabla_\theta \log \pi_\theta(A \mid S) \nabla_\theta \log \pi_\theta(A \mid S)^T]$$

其中期望是从样本中估计出来的。注意，如果 θ 是一个 m 维向量，那么 $\boldsymbol{F}$ 就变成了一个 $m \times m$ 矩阵。

> **信息**
>
> Fisher 信息矩阵是一个你可能想要了解更多的重要概念，而维基百科页面是一个很好的开始：https://en.wikipedia.org/wiki/Fisher_information。

这种逼近会导致以下梯度更新步骤（我们省略了推导）：

$$\theta' := \theta + \alpha^{j} \sqrt{\frac{2\varepsilon}{\nabla_{\theta}J(\pi_{\theta})^{T}\boldsymbol{F}\nabla_{\theta}J(\pi_{\theta})}}\boldsymbol{F}^{-1}\nabla_{\theta}J(\pi_{\theta})$$

其中 ε 和 α 为超参数，$\alpha \in (0,1)$ 且 $j \in \{0,1,\cdots\}$。

如果你觉得这很可怕，那么你并不孤单！TRPO 确实不是最容易实现的算法。接下来，让我们看看 TRPO 将涉及什么样的挑战。

7.4.2.2 TRPO 的挑战

以下是实现 TRPO 所涉及的一些挑战：

❑ 由于 KL 散度约束是近似的二阶泰勒展开式，可能存在违反约束的情况。

❑ 这就是 α^{j} 项的作用：它缩小梯度更新的幅度，直至约束得到满足。为此，一旦估计出 $\nabla_{\theta}J(\pi_{\theta})$ 和 $\boldsymbol{F}$，就会进行行搜索：从 0 开始，j 增加 1，直到更新的幅度足够缩小，从而满足约束。

❑ 请记住，$\boldsymbol{F}$ 是一个 $m \times m$ 矩阵，根据策略网络的大小，它可能很大，因此存储成本很高。

❑ 由于 $\boldsymbol{F}$ 是通过样本来估计的，考虑到它的大小，在估计过程中可能会引入很多不准确性。

❑ 计算和存储 $\boldsymbol{F}^{-1}$ 是一个更痛苦的步骤。

❑ 为了避免处理 $\boldsymbol{F}$ 和 $\boldsymbol{F}^{-1}$ 的复杂性，作者使用了共轭梯度算法，它允许你在不建立整个矩阵和取逆矩阵的情况下采取梯度步骤。

正如你所看到的，实现 TRPO 可能是复杂的，我们省略了其实现的细节。这就是为什么以相同行工作的更简单的算法 PPO 更流行，使用更广泛，我们接下来将讨论。

7.4.3 PPO

PPO(Proximal Policy Optimization，近端策略优化) 的动机也是最大化策略改进的目标：

$$E_{S_{t} \sim p, A_{t} \sim \pi_{\theta}}\left[\frac{\pi_{\theta'}(A_{t} \mid S_{t})}{\pi_{\theta}(A_{t} \mid S_{t})}A^{\pi_{\theta}}(S_{t},A_{t})\right]$$

同时保持 $\pi_{\theta'}$ 接近 π_{θ}。PPO 有两种变体：PPO-Penalty 和 PPO-Clip。后者更简单，我们将在这里重点关注它。

7.4.3.1 PPO-Clip 的目标

与 TRPO 相比，实现新、旧策略之间接近程度的一种更简单的方法是截断目标，以便从现有策略偏离不会带来额外的好处。更正式地说，PPO-Clip 在这里最大化了目标：

$$\max_{\theta'} E_{S_t \sim p, A_t \sim \pi_\theta} \left[\min \left(\frac{\pi_{\theta'}(A_t \mid S_t)}{\pi_\theta(A_t \mid S_t)} A^{\pi_\theta}(S_t, A_t), g(\varepsilon, A^{\pi_\theta}(S_t, A_t)) \right) \right]$$

其中，g 的定义如下：

$$g(\varepsilon, A) = \begin{cases} (1+\varepsilon) A^{\pi_\theta}(S_t, A_t), & A^{\pi_\theta}(S_t, A_t) \geqslant 0 \\ (1-\varepsilon) A^{\pi_\theta}(S_t, A_t), & A^{\pi_\theta}(S_t, A_t) < 0 \end{cases}$$

这只是简单地说，如果优势 A 是正的，那么最小化的形式是：

$$\min \left(\frac{\pi_{\theta'}(A_t \mid S_t)}{\pi_\theta(A_t \mid S_t)}, 1+\varepsilon \right) A^{\pi_\theta}(S_t \mid A_t)$$

它截断了该比率可以取的最大值。这意味着，即使倾向于增加在状态 S_t 中采取行动 A_t 的可能性，因为它对应于一个积极的优势，我们也会截断可以从现有策略偏离的可能性。因此，进一步的偏差并不促进优势。

相反，如果优势是负的，那么表达式会变成：

$$\max \left(\frac{\pi_{\theta'}(A_t \mid S_t)}{\pi_\theta(A_t \mid S_t)}, 1-\varepsilon \right) A^{\pi_\theta}(S_t, A_t)$$

这以类似的方式限制了在状态 S_t 中采取行动 A_t 的可能性下降的程度。这个比率以 $1-\varepsilon$ 为界。

接下来，让我们介绍一下完整的 PPO 算法。

7.4.3.2　PPO 算法

PPO 算法的工作原理如下：

1. 初始化 Actor（行动器）和 Critic（评判器）网络，θ 和 ϕ。

   while 不满足某些给定的终止条件 *do*：

2. 使用 π_θ 从（并行）环境中收集一批 N 个样本的数据 $\{(s_i, a_i, r_i, s_i')\}_{i=1}^N$。

3. 得到状态值的目标值 $\{y_i \mid y_i = r_i + \gamma V_\phi^\pi(s_i')\}_{i=1}^N$。

4. 使用梯度下降来更新关于损失函数 $L(V_\phi^\pi(s_i), y_i)$ 的 ϕ，如二次损失函数。

5. 获得优势值估计：

$$\{A^\pi(s_i, a_i) \mid A(s_i, a_i) = r_i + \gamma V_\phi^\pi(s_i') - V_\phi^\pi(s_i)\}_{i=1}^N$$

6. 采取梯度上升的步骤，以最大化替代目标函数 $E_{S_t \sim p, A_t \sim \pi_\theta} \left[\min \left(\frac{\pi_{\theta'}(A_t \mid S_t)}{\pi_\theta(A_t \mid S_t)} A^{\pi_\theta}(S_t, A_t), g(\varepsilon, \right. \right.$
$\left. \left. A^{\pi_\theta}(S_t, A_t)) \right) \right]$，并更新 θ。虽然我们没有提供这种梯度更新的显式形式，但它可以很容易地通过一些软件包（如 TensorFlow）来实现。

7. 将新的参数 θ 同步到所有展开器中。

end while（循环结束）

最后，请注意，PPO 实现的架构将与 A2C 在展开器中进行同步采样和策略更新的架构非常相似。

7.4.3.3 使用 RLlib 实现 PRO

与我们为早期算法导入智能体训练类的方式非常相似，PPO 类可以按如下方式导入：

```
from ray.rllib.agents.ppo.ppo import (
    DEFAULT_CONFIG,
    PPOTrainer as trainer)
```

同样，我们将在本章后面介绍训练结果。

关于信任域方法的讨论到此结束。我们将在本章介绍的最后一类算法是针对基于策略的方法的异策略方法。

7.5 异策略方法

基于策略的方法所面临的挑战之一是，它们是同策略的，这需要在每次策略更新后收集新的样本。如果从环境中收集样本的成本很高，那么训练同策略方法可能会非常昂贵。另外，我们在前一章中讨论的基于值的方法是异策略（off-policy）的，但它们只适用于离散的行动空间。因此，需要一类可用于连续行动空间和异策略的方法。在本节中，我们将介绍这类算法。让我们从第一个问题开始：DDPG。

7.5.1 DDPG

在某种意义上，DDPG（深度确定性策略梯度）是深度 Q- 学习对连续行动空间的扩展。请记住，深度 Q- 学习方法是学习行动值的表示，即 $Q(s,a)$。然后在给定状态 s 下由 $\arg\max_a Q(s,a)$ 给出最优行动。现在，如果行动空间是连续的，那么学习行动值表示就不是问题了。但是，执行最大操作以在连续行动空间上获得最优行动将是相当麻烦的。DDPG 解决了这个问题。让我们看看接下来会怎样。

7.5.1.1 DDPG 如何处理连续行动空间

DDPG 只是学习另一个近似 $\mu_\phi(s)$，它估计给定状态的最优行动。如果你想知道为什么这是可行的，考虑以下思维过程：

❑ DDPG 假设连续行动空间相对于 a 是可微的。

❑ 暂时，还假设行动值 $Q(s,a)$ 是已知或已学习的。

❑ 那么问题就变成了学习一个函数近似 $\mu_\phi(s)$，其输入为 s，输出为 a，参数为 ϕ。优化过程的"奖励"只是由 $Q(s,a)$ 提供的。

❑ 因此，我们可以使用一种梯度上升的方法来优化 ϕ。

❑ 随着时间的推移，学习到的行动值将有望收敛，并不会成为策略函数训练的移动目标。

信息

因为 DDPG 假定策略函数关于行动的可微性，所以它只能用于连续的行动空间。

接下来，让我们看看关于 DDPG 算法的更多细节。

7.5.1.2 DDPG 算法

由于 DDPG 是深度 Q- 学习的扩展（即加上学习策略函数），所以我们不需要在这里编写完整的算法。此外，我们在前一章中讨论的许多方法，如优先级经验重放和多步学习，都可以用来形成一个 DDPG 参数。另外，原始的 DDPG 算法更接近于 DQN 算法，并使用了以下方法：

❑ 一个用于存储经验元组的**重放缓冲区**，从中可以随机均匀地进行采样。

❑ 一个**目标网络**，使用 Polyak 平均进行更新，如 $\theta_{target} := \rho\theta_{target} + (1-\rho)\theta$，而不是每 c 步便将其与行为网络同步。

然后，DDPG 替换了 DQN 算法中的目标计算：

$$y = r + \gamma \max_{a'} Q_{\theta_{target}}(s', a')$$

替换为：

$$y = r + \gamma Q_{\theta_{target}}(s', \mu_{\phi_{target}}(s'))$$

DQN 和 DDPG 之间的另一个重要区别是，DQN 在训练中使用 ε- 贪心行为。然而，DDPG 中的策略网络为一个给定的状态提供了一个确定性的行动，因此在名称中存在"确定性"一词。为了在训练过程中进行探索，在动作中添加了一些噪声。更形式化地，其行动的结果如下：

$$a = clip(\mu_{\phi_{target}}(s) + \varepsilon, a_{Low}, a_{High})$$

其中，ε 可以被选择为白噪声（尽管最初的实现使用了所谓的 OU 噪声）。在这个操作中，a_{Low} 和 a_{High} 表示连续行动空间的边界。

这就是 DDPG，接下来让我们看看如何并行化它。

7.5.1.3 Ape-X DDPG

考虑到深度 Q- 学习和 DDPG 之间的相似性，使用 Ape-X 框架可以很容易地实现 DDPG 的并行化。事实上，最初的 Ape-X 论文在其实现中展示了紧接着 DQN 的 DDPG 实现。相比于某些基准测试，常规的 DDPG 将性能提高了几个数量级。作者还表明，执行时间性能随着推出的展开器（行动器）数量的增加而持续增加。

7.5.1.4 使用 RLlib 实现 DDPG 和 Ape-X DDPG

训练器类和 DDPG 的配置可以按如下方式导入：

```
from ray.rllib.agents.ddpg.ddpg import(
    DEFAULT_CONFIG,
    DDPGTrainer as trainer)
```

类似地,对于 Ape-X DDPG,我们导入以下内容:

```
from ray.rllib.agents.ddpg.apex import (
    APEX_DDPG_DEFAULT_CONFIG as DEFAULT_CONFIG,
    ApexDDPGTrainer as trainer)
```

就是这样!其余的部分与我们在本章开头描述的训练流程基本相同。现在,在研究改进 DDPG 的算法之前,让我们讨论 DDPG 算法的不足。

7.5.1.5　DDPG 的缺点

尽管该算法最初很受欢迎,但其还是遇到了几个问题:

❑ 它可能对超参数的选择非常敏感。

❑ 它在学习行动值时遇到了最大化偏差的问题。

❑ 行动值估计中的峰值(潜在的错误)被策略网络利用,并破坏学习。

接下来,我们将研究 TD3 算法,它将引入一系列改进来解决这些问题。

7.5.2　TD3

处理 TD3(Twin Delayed Deep Deterministic Policy Gradient,双延迟深度确定性策略梯度)算法的方法是解决 DDPG 中的函数近似误差。因此,在 OpenAI 的连续控制基准测试中,它在最大奖励方面远优于 DDPG、PPO、TRPO 和 SAC。让我们来看看 TD3 的具体内容。

7.5.2.1　TD3 对 DDPG 的改进

相比于 DDPG,TD3 有三个主要的改进:

❑ 它学习了两个(双)Q 网络,而不是一个,这反过来创建了两个目标 Q 网络。然后使用以下方法获得 y 目标:

$$y = r + \gamma \min_{i=1,2} Q_{\theta_{target,i}}(s',a'(s'))$$

其中 $a'(s')$ 是给定状态 s' 的目标行动。这是一种克服最大化偏差的双 Q- 学习形式。

❑ 在训练过程中,策略和目标网络的更新速度比 Q 网络更新慢,Q 网络更新推荐的周期是每更新两次 Q 网络,更新一次策略,因此算法名称中出现"延迟"一词。

❑ 目标行动 $a'(s')$ 是在策略网络结果中添加一些噪声后得到的:

$$a'(s') = clip(\mu_{\phi_{target}}(s') + clip(\varepsilon,-c,c),a_{Low},a_{High})$$

其中 ε 是一些白噪声。请注意,这与用来在环境中探索的噪声不同。这种噪声的作用是作为一个正则化器,防止策略网络利用一些被 Q 网络错误估计为非常高且不平滑的行动值。

> **信息**
>
> 和 DDPG 一样，TD3 也只能用于连续的行动空间。

接下来，让我们看看如何使用 RLlib 的 TD3 实现来训练强化学习智能体。

7.5.2.2 使用 RLlib 实现 TD3

TD3 训练器类可用如下内容导入：

```
from ray.rllib.agents.ddpg.td3 import (
    TD3_DEFAULT_CONFIG as DEFAULT_CONFIG,
    TD3Trainer as trainer)
```

另一方面，如果查看 RLlib 的 td3.py 模块中的代码，你会看到它只是修改了默认的 DDPG 配置，并使用了 DDPG 训练器类。这意味着 TD3 改进可以在 DDPG 训练器类中选择使用，你可以修改它们以获得 Ape-X TD3 变体。

TD3 就是这样了。接下来，我们将讨论 SAC。

7.5.3 SAC

SAC（Soft Actor-Critic）是另一种流行的算法，它对 TD3 进行了进一步的改进。它使用熵作为奖励的一部分来鼓励探索：

$$J(\pi_\theta) = E_{\tau \sim \rho_\theta(\tau)} \left[\sum_{t=0}^{\infty} \gamma^t (R(S_t, A_t) + \alpha H(\pi_\theta)) \right]$$

其中，H 为熵，α 为对应的权值。

> **提示**
>
> SAC 可以同时用于连续的和离散的行动空间。

要导入 SAC 训练器，请使用以下代码：

```
from ray.rllib.agents.sac.sac import (
    DEFAULT_CONFIG,
    SACTrainer as trainer)
```

我们最后要讨论的算法是 IMPALA。

7.5.4 IMPALA

IMPALA（IMPortance weighted Actor-Learner Architecture，重要性加权行动器 – 学习器架构）是一种策略梯度类型的算法，而不是与 DDPG、TD3 和 SAC 等类似的基于值的方法。因此，IMPALA 并不是一种完全异策略的方法。实际上，它类似于 A3C，但有以下关键的区别：

❑ 与 A3C 不同，它将采样的经验异步地发送给学习器，而不是传递参数梯度。这大大降低了通信开销。

❑ 当一个样本轨迹到达时，它很可能是在学习器中该策略背后的多次更新的策略下获得的。在计算值函数目标时，其使用截断的重要性采样来解释策略滞后。

❑ IMPALA 允许多个同步的学习器从样本中计算梯度。

IMPALA 训练器类可以按如下方式导入 RLlib 中：

```
from ray.rllib.agents.impala.impala import (
    DEFAULT_CONFIG,
    ImpalaTrainer as trainer)
```

下面让我们来比较一下它们在 OpenAI 连续控制 Lunar Lander 环境中的性能。

7.6　Lunar Lander 环境中基于策略的方法的比较

图 7-6 是 Lunar Lander 环境下不同的基于策略的算法在单个训练课程中的评估奖励性能进展的比较。

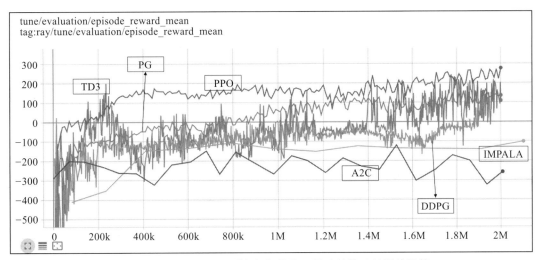

图 7-6　Lunar Lander 环境中各种基于策略的算法的训练性能

为了了解每次训练花了多长时间以及训练结束时的表现，图 7-7 给出了图 7-6 的 TensorBoard 工具提示。

在进行进一步讨论之前，我们先做以下声明，即考虑到多种原因，此处的比较不应作为不同算法的基准：

❑ 我们没有执行任何超参数调优。

❑ 这些图来自每个算法的单一训练实验。训练一个强化学习智能体是一个高度随机的过程，一个公平的比较应该包括至少 5 ～ 10 次训练实验的平均值。
❑ 我们使用 RLlib 实现这些算法，这可能比其他开源实现的效率更低或更高。

Name	Smoothed	Value	Step	Time	Relative
A2C/A2C_LunarLanderContinuous-v2_0_2020-06-18_08-41-51em03j9y1	-258.6	-258.6	2.008M	Thu Jun 18, 08:46:23	4m 20s
DDPG/DDPG_LunarLanderContinuous-v2_0_2020-06-19_10-26-51ql9ksy28	152.2	152.2	1.92M	Sat Jun 20, 20:36:22	1d 10h 9m 3s
IMPALA/IMPALA_LunarLanderContinuous-v2_0_2020-06-19_07-09-128aho1rgt	-102.5	-102.5	2.101M	Fri Jun 19, 07:11:23	1m 55s
PG/PG_LunarLanderContinuous-v2_0_2020-06-18_08-30-48apnloyfy	135.2	135.2	2M	Thu Jun 18, 08:41:25	10m 26s
PPO/PPO_LunarLanderContinuous-v2_0_2020-06-18_09-20-47x6c75xg2	276.3	276.3	2M	Thu Jun 18, 10:03:57	42m 48s
TD3/TD3_LunarLanderContinuous-v2_0_2020-06-19_07-12-23t8zc4lhc	108.4	108.4	2M	Fri Jun 19, 10:19:40	3h 6m 49s

图 7-7　执行时间和训练结束时的性能比较

在此声明之后，让我们讨论一下我们在这些结果中观察到的内容：
❑ PPO 在训练结束时获得了最高的奖励。
❑ 一般性策略梯度算法是达到"合理"奖励的最快算法（就执行时间而言）。
❑ TD3 和 DDPG 在执行时间方面非常慢，尽管它们获得了比 A2C 和 IMPALA 更高的奖励。
❑ 与其他算法相比，TD3 训练图明显更不稳定。
❑ 在相同样本数量的情况下，TD3 比 PPO 获得了更高的奖励。
❑ IMPALA 的速度超快，可以达到（并超过）2M 的样本。

你可以扩展这个列表，但这里的想法是，不同的算法可能有不同的优点和缺点。接下来，让我们讨论一下在为应用程序选择算法时应该考虑哪些标准。

7.7　如何选择正确的算法

就像在所有机器学习领域一样，在哪种算法用于不同的应用方面没有捷径。你应该考虑很多标准，在某些情况下，其中一些标准将比其他的更重要。

以下是在选择算法时应该考虑的算法性能的不同维度：
❑ **最高奖励**：当你不受计算和时间资源的约束，并且你的目标只是为你的应用程序训练最好的智能体时，最高的奖励是你应该注意的标准。PPO 和 SAC 是这个条件下相对较好的模型。
❑ **样本效率**：如果你的采样过程代价昂贵 / 耗时，那么关于样本效率，使用更少的样本获得更高的奖励是很重要的。在这种情况下，你应该研究异策略算法，因为它们重复使用过去的经验进行训练，而基于策略的方法在如何使用样本方面通常是巨大的浪费。在这种情况下，SAC 是一个很好的起点。
❑ **执行时间效率**：如果你的模拟器速度快或者你有资源进行大规模并行化，那么PPO、IMPALA 和 Ape-X SAC 通常是好的选择。

   ❏ **稳定性**：你能够在不使用相同算法进行多次实验的情况下获得良好的奖励，并且在训练中不断提高也很重要。异策略算法可能很难稳定下来，在这方面，PPO 通常是一个很好的选择。

   ❏ **泛化**：如果算法需要对你训练的不同环境进行广泛的调整，这可能会花费大量的时间和资源。由于 SAC 在奖励中使用了熵，因此它对超参数选择不那么敏感。

   ❏ **简单性**：拥有一个易于实现的算法对于避免 bug 和确保可维护性非常重要。这就是大家抛弃 TRPO 而选择支持 PPO 的原因。

这就是关于算法选择标准的讨论。最后，让我们介绍一些开源的资源，在那里你可以找到这些算法的易于理解的实现。

7.8　策略梯度方法的开源实现

在本章中，我们已经介绍了许多算法。考虑到本书篇幅限制，不太可能完全实现所有这些算法。我们依赖于 RLlib 实现来为我们的用例训练智能体，RLlib 是开源的，所以你可以进入 https://github.com/ray-project/ray/tree/ray-0.8.5/rllib，深入研究这些算法的实现。

话虽如此，RLlib 实现是为生产系统构建的，因此涉及许多关于错误处理和数据预处理等其他模块的实现。此外，还有大量的代码被复用，这导致了具有多个类继承的实现。OpenAI 在 https://github.com/openai/spinningup 上的代码库提供了一组更简单的实现。我强烈建议你深入理解这些代码库，并深入了解我们在本章中讨论的算法的实现细节。

> **信息**
> OpenAI 的 Spinning Up 也是一个很好的资源，可以看到 RL 主题和算法的概述，可以在 https://spinningup.openai.com 上找到。

就是这样！我们已经取得了不错的进展，并深入地介绍了基于策略的方法。祝贺你达到了这个重要的里程碑！

7.9　总结

在本章中，我们介绍了一类重要的算法——称为基于策略的方法。这些方法直接优化了策略网络，而不像我们在前一章中介绍的基于值的方法，这样它们有了更强的理论基础。此外，它们还可以与连续的行动空间一起使用。现在，我们已经详细介绍了无模型的方法，在下一章，我们将介绍基于模型的方法，其目的是学习智能体所处的环境的动态。

7.10 参考文献

- *Kinds of RL Algorithms*: https://spinningup.openai.com/en/latest/spinningup/rl_intro2.html
- *Policy Gradient Methods for Reinforcement Learning with Function Approximation*, Richard S. Sutton, David McAllester, Satinder Singh, Yishay Mansour: https://papers.nips.cc/paper/1713-policy-gradient-methods-for-reinforcement-learning-with-function-approximation.pdf
- *Simple Statistical Gradient-Following Algorithms for Connectionist Reinforcement Learning*, Ronald J. Williams: https://link.springer.com/content/pdf/10.1007/BF00992696.pdf
- *Dota 2 with Large Scale Deep Reinforcement Learning*, Christopher Berner, Greg Brockman, et. al: https://arxiv.org/pdf/1912.06680.pdf

第 8 章

基于模型的方法

到目前为止，我们介绍的所有深度**强化学习**（RL）算法都是**无模型的**，这意味着它们没有假设任何关于环境转换动态的知识，而是从采样经验中学习的。事实上，这是对动态编程方法的一种刻意背离，以避免我们需要环境模型。在本章中，我们稍微向后摆动一下，讨论一类依赖模型的方法——称为**基于模型的方法**。这些方法可以在某些问题中将样本效率提高几个数量级，使其成为一种非常有吸引力的方法，尤其是在收集经验与机器人技术一样昂贵的情况下。话虽如此，我们仍然不会假设自己有这样一个现成的模型，但我们将讨论如何学习一个。一旦我们有了模型，它就可以用于决策时间规划和提高无模型方法的性能。

8.1 技术要求

本章的代码可以在本书 GitHub 代码库中找到，地址为 https://github.com/PacktPublishing/Mastering-Reinforcement-Learning-with-Python。

8.2 引入基于模型的方法

想象这样一个场景，你在没有分隔的道路上驾驶汽车，你面临以下情况。突然，另一辆相反方向的汽车在驶过一辆卡车时在你的车道上快速接近你。你的大脑可能会自动模拟关于下一个场景如何展开的不同情形：

❑ 另一辆车可能会立即返回其车道或开得更快以尽快超越卡车。

❑ 另一种情况可能是汽车转向你的右侧，但这种情况不太可能发生（在右侧交通流中）。

然后，驾驶员（可能是你）评估每种情况的可能性和风险，以及他们可能采取的行动，并做出安全地继续旅程的决定。

在一个不太耸人听闻的例子中，考虑一盘国际象棋。在采取行动之前，玩家会在他们的脑海中"模拟"许多场景，并评估未来几个行动的可能结果。事实上，能够在移动后准确评估更多可能的场景会增加获胜的机会。

在这两个示例中，决策过程都涉及描绘环境的多个"想象"部署，评估备选方案，并相应地采取适当的行动。但是我们该怎么做呢？我们之所以能够这样做，是因为我们对自己所生活的世界有一个心智模型。在汽车驾驶示例中，驾驶员对可能的交通行为、其他驾驶员可能如何移动以及物理学如何工作有一个想法。在国际象棋的例子中，玩家知道游戏规则、哪些行动是好的，以及特定玩家可能使用的策略。这种"基于模型"的思维几乎是规划我们行动的自然方式，并且不同于一种无模型的方法，该方法不会在世界如何运作的问题上利用这些先验知识。

基于模型的方法，因为它们利用更多关于环境的信息和结构，可能比无模型方法具有更高的样本效率。这在样本收集成本高昂的应用中尤其方便，例如机器人技术。所以，这是我们在本章中讨论的一个非常重要的主题。我们将重点关注基于模型的方法的两个主要方面：

- ❑ 如何将环境模型（或者我们将称之为世界模型）用于最优行动规划。
- ❑ 如何在模型不可用的情况下学习这样的模型。

在下一节，我们从前者开始，介绍一些在模型可用时用于规划的方法。一旦我们确信学习一个环境模型是值得的，并且确实可以通过最优规划方法获得好的行动，我们就可以讨论如何学习这些模型。

8.3　通过模型进行规划

在本节中，我们首先定义在最优控制意义上通过模型进行规划的含义。然后，我们将介绍几种规划方法，包括交叉熵方法和协方差矩阵自适应进化策略。你还将看到如何使用 Ray 库并行化这些方法。现在，让我们开始定义问题。

8.3.1　定义最优控制问题

在强化学习或一般控制问题中，我们关心智能体采取的行动，因为我们想完成一项任务。我们将此任务表示为一个数学目标，以便我们可以使用数学工具来计算针对该任务的行动——在强化学习中，这是累积折扣奖励的预期总和。你当然知道这一切，因为这是我们一直在做的事情，但现在是重申它的好时机：我们本质上是在解决一个优化问题。

现在，假设我们正在尝试找出时间步长为 T 的问题的最优行动。例如，你可以想到雅达利游戏、Cartpole、自动驾驶汽车以及网格世界中的机器人等。我们可以将优化问题定义如下 [使用（Levine,2019）中的符号]：

$$a_1,\cdots,a_T = \arg\max_{a_1,\cdots,a_T} J(a_1,\cdots,a_T)$$

这些其实就是找到一个行动序列的方法，其中 a_T 对应于在时间步 T 的行动，经过 T 步可以最大化分数。注意这里 a_T 可以是多维的（比如 d 维），比如在每个步骤中会有多个行动（汽车中的转向和加速 / 制动的决策）。让我们使用 $A=[a_1,\cdots,a_T]$ 来表示长度为 T 的行动序列。所以，我们关心的是找到一个最大化 J 的 A。

在这一点上，我们可以选择不同的优化和控制风格。接下来让我们看看具体的一些方法。

8.3.1.1　基于导数的和无导数的优化

当我们看到一个优化问题时，解决它的自然反应可能是"让我们取一阶导数，将其设为零"，等等。但是不要忘记，大多数时候我们并没有 J 作为闭式数学表达，因此我们无法计算任何导数。选择玩雅达利游戏作为示例。我们可以针对一个给定的 A，只需执行行动就可以评估出 $J(A)$，但是却无法计算任何的导数。当我们遇到需要应用优化方法的类型时，这很紧要了。特别需要注意下列事项：

❏ **基于导数的方法**需要对目标函数进行求导来优化它。

❏ **无导数方法**依赖于系统且反复地评估目标函数以寻找最优输入。

因此，我们将在这里关注后者。

这是关于我们将使用什么样的优化程序，最后，它给了我们一些 A。另一个重要的设计选择是关于如何执行它，我们接下来会谈到。

8.3.1.2　开环、闭环和模型预测控制

让我们通过一个示例开始解释不同类型的控制系统：假设我们有一个智能体，它是一名处于前锋位置的足球运动员。为简单起见，我们假设智能体的唯一目标是在接球时进球得分。在控球的第一刻，智能体可以做以下任何一种事情：

❏ 想出一个得分规划，闭上眼睛和耳朵（也就是说，任何感知手段），然后执行规划直到结束（得分或丢球）。

❏ 或者，智能体可以保持它们的感知方式活跃，并在规划发生时使用环境中可用的最新信息来修改规划。

前者是**开环控制**的一个例子，在采取下一个行动时不使用来自环境的反馈，而后者是**闭环控制**的一个例子，它使用环境反馈。一般来说，在强化学习中，我们有闭环控制。

提示

　　使用闭环控制的优点是在规划时会考虑最新信息。如果环境和控制器动态不是确定性的，则这尤其有利，因此不可能进行完美的预测。

现在，智能体可以以不同的方式使用反馈，即在时间 t 从环境中获得的最新观测结果。具体来说，智能体可以执行以下操作：

❏ 从给定 o_t 时按照策略 π 选择行动，即 $\pi\left(a|o_t\right)$。

❏ 解决优化问题以找到针对后续 T 个时间步的 A。

后者被称为**模型预测控制**（Model Predictive Control，MPC）。重申一下，在 MPC 中，

智能体重复以下循环：

1. 为下一次的 T 步提出最优控制规划。

2. 执行第一步的规划。

3. 继续下一步。

请注意，到目前为止，我们提出优化问题的方式还没有给我们一个策略 π。相反，我们将使用无导数优化方法搜索好的 A。

接下来，我们讨论一个非常简单的无导数方法：随机射击。

8.3.2　随机射击

随机射击过程简单地包括以下步骤：

1. 随机均匀地生成一堆候选行动序列，比如 N 个行动的序列。

2. 评估 $J(A_1),\cdots,J(A_N)$ 中的每一个。

3. 采取行动 A_i，其能给出最好的 $J(A_i)$，即 $\arg\max\limits_i J(A_i)$。

如你所知，这不是一个特别复杂的优化过程。然而，它可以用作比较更复杂的方法的基准。

> **提示**
>
> 　　基于随机搜索的方法可能比你想象的更有效。Mania 等人在他们的论文 "Simple random search provides a competitive approach to RL" 中概述了这种优化策略参数的方法，从它的名字可以明显看出，它产生了一些令人惊讶的好结果（Mania 等人，2018）。

为了使讨论更具体，我们介绍一个简单的例子。但在此之前，我们需要设置本章将使用的 Python 虚拟环境。

8.3.2.1　设置 Python 虚拟环境

你可以在虚拟环境中安装所需的软件包，如下所示：

```
$ virtualenv mbenv
$ source mbenv/bin/activate
$ pip install ray[rllib]==1.0.1
$ pip install tensorflow==2.3.1
$ pip install cma==3.0.3
$ pip install gym[box2d]
```

现在，可以继续我们的示例。

8.3.2.2　简单的大炮射击游戏

我们中的一些人已经足够大，还挺享受 Windows 3.1 或 95 上的老游戏 *Bang!Bang!*。游戏只需调整炮弹的射击角度和速度以便击中对手。在这里，我们将玩一些更简单的东西：

我们有一门可以调整射击角度（θ）的大炮。我们的目标是最大化距离 d，球以固定的初始速度 v_0 覆盖平坦表面。这在图 8-1 中进行了说明。

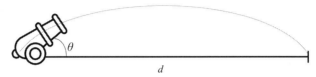

图 8-1　通过调整 θ 来最大化 d 的简单大炮射击游戏

现在如果你还记得一些高中数学，你会意识到这里没有什么神秘的。通过设置 $\theta=45°$ 可以达到最大距离。好吧，让我们假装不知道，用这个例子来说明我们到目前为止介绍的概念：

❑ 行动是 θ，即大炮的角度，它是一个标量。

❑ 这是一个单步问题，即我们只采取一个行动，游戏结束。因此 $T=1$，并且 $A=[a_1]$。

现在让我们编写代码：

1. 我们可以访问环境，该环境将在我们实际采取行动之前评估我们考虑的行动。我们假设不知道数学方程和环境中定义的所有动力学是什么。换句话说，针对所选的 θ 以及固定的初始速度和重力加速度，我们可以调用 black_box_projectile 函数来获得 d：

```python
from math import sin, pi
def black_box_projectile(theta, v0=10, g=9.81):
    assert theta >= 0
    assert theta <= 90
    return (v0 ** 2) * sin(2 * pi * theta / 180) / g
```

2. 对于随机射击过程，我们只需要在 0° 和 90° 之间均匀随机生成 N 个行动，为此我们可以使用如下内容：

```python
import random
def random_shooting(n, min_a=0, max_a=90):
    return [random.uniform(min_a, max_a) for i in
range(n)]
```

3. 我们还需要一个函数来评估所有候选行动并选择最优行动。为此，我们将定义一个稍后需要的更通用的函数。它将选择最好的 M 个**精英**（elites），即 M 个最优行动：

```python
import numpy as np
def pick_elites(actions, M_elites):
    actions = np.array(actions)
    assert M_elites <= len(actions)
    assert M_elites > 0
    results = np.array([black_box_projectile(a)
                        for a in actions])
```

```
sorted_ix = np.argsort(results)[-M_elites:][::-1]
return actions[sorted_ix], results[sorted_ix]
```

4. 找到最优行动的循环很简单：

```
n = 20
actions_to_try = random_shooting(n)
best_action, best_result = pick_elites(actions_to_try, 1)
```

就是这样。然后要采取的行动是 `best_action[0]`。重申一下，到目前为止，我们还没有做任何超级有趣的事情。这只是为了说明这些概念，并让你为接下来出现的更有趣的方法做好准备。

8.3.3 交叉熵方法

在大炮射击示例中，我们评估了在搜索最优行动时生成的一些行动，该最优行动恰好是 $\theta=45°$。正如你能想象的，我们可以在搜索中使其更智能。例如，如果我们有生成和评估 100 个行动的预算，那么为什么要盲目地将它们与统一生成的行动一起使用？相反，我们可以执行以下操作：

1. 生成一些开始的行动（这可以随机均匀地完成）。
2. 查看行动空间中的哪个区域似乎给出了更好的结果（在大炮射击示例中，该区域约为 45°）。
3. 在行动空间的那部分生成更多行动。

我们可以重复这个过程来指导自己的搜索，这将导致针对我们搜索预算的更有效的使用。事实上，这就是**交叉熵方法**（Cross-Entropy Method，CEM）所建议的！

我们之前对交叉熵方法的描述有点模糊。更正式的描述如下：

1. 初始化一个概率分布 $f(A;v)$，参数为 v。
2. 从 f 中生成 N 个样本（解、行动），即 $A_1,\cdots,A_N$。
3. 按照从最高奖励到最低奖励的顺序，索引为 $i_1,\cdots,i_N$，$J(A_{i_1})\geqslant J(A_{i_2})\geqslant\cdots\geqslant J(A_{i_N})$。
4. 选择最优的 M 解，精英 $A_{i_1},\cdots,A_{i_M}$ 并拟合分布 f。
5. 返回步骤 2 并重复，直到满足终止条件。

特别是，该算法通过将概率分布拟合到当前迭代中的最优行动来识别最优行动区域，从中对下一代行动进行采样。由于这种进化性质，它被认为是一种**进化策略**（Evolution Strategy，ES）。

提示

当搜索维度（即行动维度乘以 T）相对较小，例如小于 50 时，交叉熵方法可以证明是有希望的。另外请注意，交叉熵方法不会在任何部分使用实际奖励程序，使得我们免于担心奖励的规模。

接下来，让我们为大炮射击示例实现交叉熵方法。

8.3.3.1　交叉熵方法的简单实现

我们可以通过对随机射击方法稍作修改来实现交叉熵方法。在这里的简单实现中，我们执行以下操作：

- ❏ 从一组统一生成的行动开始。
- ❏ 为精英拟合正态分布以生成下一组样本。
- ❏ 使用固定次数的迭代来停止该过程。

这可以按如下方式实现：

```
from scipy.stats import norm
N, M_elites, iterations = 5, 2, 3
actions_to_try = random_shooting(N)
elite_acts, _ = pick_elites(actions_to_try, M_elites)
for r in range(iterations - 1):
    mu, std = norm.fit(elite_acts)
    actions_to_try = np.clip(norm.rvs(mu, std, N), 0, 90)
    elite_acts, elite_results = pick_elites(actions_to_try,
                                                 M_elites)
best_action, _ = norm.fit(elite_acts)
```

如果添加一些 print 语句来查看此代码的执行结果，那么它将如下所示：

```
--iteration: 1
actions_to_try: [29.97 3.56 57.8 5.83 74.15]
elites: [57.8  29.97]
--iteration: 2
fitted normal mu: 43.89, std: 13.92
actions_to_try: [26.03 52.85 36.69 54.67 25.06]
elites: [52.85 36.69]
--iteration: 3
fitted normal mu: 44.77, std: 8.08
actions_to_try: [46.48 34.31 56.56 45.33 48.31]
elites: [45.33 46.48]
The best action: 45.91
```

你可能想知道为什么我们需要拟合分布而不是选择我们已经确定的最优行动。好吧，对于拥有确定性环境的大炮射击示例来说，这没有多大意义。然而，当环境中存在噪声 / 随机性时，选择我们遇到的最优行动将意味着过度拟合噪声。相反，我们将分布拟合到一组精英行动来克服这一点。完整代码可以参考 GitHub 代码库中的 Chapter08/rs_cem_comparison.py。

交叉熵方法的评估（和行动生成）步骤可以并行化，这将减少做决定的时钟时间（wall-clock time）。让我们接下来实现它，并在更复杂的示例中使用交叉熵方法。

8.3.3.2 交叉熵方法的并行实现

在本节中，我们使用交叉熵方法来解决 OpenAI Gym 的 Cartpole-v0 环境。这个例子与大炮射击的区别有以下几点：

❑ 行动空间是二值的，对应左右。因此，我们将使用多元伯努利分布作为概率分布。

❑ 最大问题范围为 200 步。但是，我们将使用 MPC 在每个步骤中规划向前看 10 步，并执行规划中的第一个行动。

❑ 我们使用 Ray 库进行并行化。

现在，让我们看看实现的一些关键组件。完整代码可在 GitHub 代码库中的 Chapter08/cem.py 内找到。

让我们开始描述代码部分，该部分从多元伯努利（我们使用 NumPy 的 binomial（二项式）函数）中采样一系列行动 A_i，并在规划范围内执行它以估计奖励：

```
@ray.remote
def rollout(env, dist, args):
    if dist == "Bernoulli":
        actions = np.random.binomial(**args)
    else:
        raise ValueError("Unknown distribution")
    sampled_reward = 0
    for a in actions:
        obs, reward, done, info = env.step(a)
        sampled_reward += reward
        if done:
            break
    return actions, sampled_reward
```

ray.remote 装饰器将允许我们轻松地并行启动这些展开器。

交叉熵方法在我们创建的 CEM 类的以下方法中运行：

1. 我们将 look_ahead 步骤范围的伯努利分布参数初始化为 0.5。我们还根据总样本的指定部分确定精英的数量：

```
def cross_ent_optimizer(self):
    n_elites = int(np.ceil(self.num_parallel * \
                            self.elite_frac))
    if self.dist == "Bernoulli":
        p = [0.5] * self.look_ahead
```

2. 对于固定数量的迭代，我们生成并评估并行部署展开器的行动。请注意我们如何将现有环境复制到展开器以从那时起进行采样。我们将分布重新拟合到精英集：

```
        for i in range(self.opt_iters):
            futures = []
            for j in range(self.num_parallel):
```

```
                              args = {"n": 1, "p": p,
                                      "size": self.look_ahead}
                              fid = \
                                  rollout.remote(copy.deepcopy(self.
env),
                                                          self.dist,
args)
                              futures.append(fid)
                      results = [tuple(ray.get(id))
                                              for id in futures]
                      sampled_rewards = [r for _, r in results]
                      elite_ix = \
                          np.argsort(sampled_rewards)[-n_
elites:]
                      elite_actions = np.array([a for a,
                                          _ in results])[elite_
ix]
                      p = np.mean(elite_actions, axis=0)
```

3. 我们根据最新的分布参数确定规划:

```
                    actions = np.random.binomial(n=1, p=p,
                                              size=self.look_
ahead)
```

执行此代码将解决环境问题,你将看到 cartpole(手推车)在最大范围内保持活动状态!

这就是使用 Ray 实现并行化交叉熵方法的方式。接下来,我们将更进一步,使用交叉熵方法的高级版本。

8.3.4 协方差矩阵自适应进化策略

协方差矩阵自适应进化策略(Covariance Matrix Adaptation Evolution Strategy,CMA-ES)是最先进的黑盒优化方法之一。其工作原理与交叉熵方法相似。另一方面,交叉熵方法在整个搜索过程中使用常量方差。CMA-ES 动态调整协方差矩阵。

我们再次使用 Ray 将搜索与 CMA-ES 并行化。但这一次,我们将搜索的内部动态推迟到一个名为 pycma 的 Python 库中,该库由算法的创建者 Nikolaus Hansen 开发和维护。当你为本章创建虚拟环境时,你已经安装了这个包。

信息

pycma 库的文档和详细信息可在 https://github.com/CMA-ES/pycma 获得。

CMA-ES 与交叉熵方法实现的主要区别在于,它使用 CMA 库来优化行动:

```
def cma_es_optimizer(self):
    es = cma.CMAEvolutionStrategy([0] \
                            * self.n_tot_actions, 1)
```

```
while (not es.stop()) and \
        es.result.iterations <= self.opt_iter:
    X = es.ask()  # get list of new solutions
    futures = [
        rollout.remote(self.env, x,
                        self.n_actions,
                        self.look_ahead)
        for x in X
    ]
    costs = [-ray.get(id) for id in futures]
    es.tell(X, costs)  # feed values
    es.disp()
actions = [
    es.result.xbest[i * self.n_actions : \
                    (i + 1) * self.n_actions]
    for i in range(self.look_ahead)
]
return actions
```

你可以在我们的 GitHub 代码库中的 Chapter08/cma_es.py 内找到完整的代码。它解决了 Bipedal Walker（双足步行者）环境，CMA 库的输出将如下所示：

```
(7_w,15)-aCMA-ES (mu_w=4.5,w_1=34%) in dimension 40
(seed=836442, Mon Nov 30 05:46:55 2020)
Iterat #Fevals   function value   axis ratio  sigma  min&max std
t[m:s]
    1      15 7.467667956594279e-01 1.0e+00 9.44e-01  9e-01  9e-
01 0:00.0
    2      30 8.050216186274498e-01 1.1e+00 9.22e-01  9e-01  9e-
01 0:00.1
    3      45 7.222612141709712e-01 1.1e+00 9.02e-01  9e-01  9e-
01 0:00.1
   71    1065 9.341667377266198e-01 1.8e+00 9.23e-01  9e-01
1e+00 0:03.1
  100    1500 8.486571756945928e-01 1.8e+00 7.04e-01  7e-01  8e-
01 0:04.3
Episode 0, reward: -121.5869865603307
```

你应该看到你的 Bipedal Walker 走了 50 ～ 100 步就到盒子外面了！还不错！

接下来，我们谈谈另一类重要的搜索方法，称为**蒙特卡罗树搜索**（Monte Carlo Tree Search，MCTS）。

8.3.5　蒙特卡罗树搜索

对我们来说，规划未来行动的自然方式是首先考虑第一步，然后将第二个决策作为第一个决策的条件，以此类推。这本质上是对决策树的搜索，这就是蒙特卡罗树搜索所做的。这是一种非常强大的方法，在人工智能社区中得到了广泛的应用。

> **信息**
>
> 　　蒙特卡罗树搜索是一种强大的方法，在 DeepMind 战胜围棋世界冠军和传奇人物李世石的过程中发挥了关键作用。因此，蒙特卡罗树搜索值得广泛讨论。我们没有将一些内容塞进本章，其相关解释和实现可参考 https://int8.io/monte-carlo-tree-search-beginners-guide/ 上的博客文章。

　　到目前为止，在本节中，我们已经讨论了智能体可以通过环境模型（其中我们假设存在这样一个模型）进行规划的不同方法。在下一节，我们将研究如何学习智能体所在的世界（即环境）模型。

8.4　学习世界模型

　　在本章开头的介绍中，我们提醒过你如何脱离动态编程方法来避免假设智能体所处环境的模型是可用和可访问的。现在，回到谈论模型，我们还需要讨论在不可用时如何学习世界模型。特别是，在本节中，我们将讨论作为模型学习的目标、何时学习、学习模型的一般过程、如何通过将模型不确定性纳入学习过程来改进它，以及在我们有复杂的观测结果时要做什么。让我们潜入吧！

8.4.1　理解模型的含义

　　从我们目前所做的来看，环境模型可以等同于在你的脑海中模拟环境。另一方面，基于模型的方法不需要模拟的完全保真度。相反，我们期望从模型中得到的是给定当前状态和行动的下一个状态。也就是说，若环境是确定性的，则模型就是一个函数 f：

$$f(s_{t+1} \mid s_t, a_t)$$

如果环境是随机的，那么我们就需要在下一个

$$p(s_{t+1} \mid s_t, a_t)$$

将此与一个模拟模型进行对比，这种模拟模型通常具有对所有底层动态的显式表示，例如运动物理、客户行为和市场动态，具体取决于环境类型。我们学习的模型将是一个黑盒子，通常表示为一个神经网络。

> **信息**
>
> 　　我们学习的世界模型不能替代完整的模拟模型。模拟模型通常具有更强的泛化能力；它也具有更高的保真度，因为它基于环境动态的显式表示。另一方面，模拟可以充当世界模型，如上一节所述。

　　请注意，对于本节的其余部分，我们将使用 f 来表示模型。现在，让我们讨论一下我们何时可能想要学习世界模型。

8.4.2　确定何时学习模型

学习世界模型可能有多种原因：

❑ 模型可能不存在，即使是作为模拟。这意味着智能体是在实际环境中接受训练的，这不允许我们进行想象中的部署以实现规划。

❑ 可能存在一个模拟模型，但它可能太慢或计算量太大而无法用于规划。将神经网络训练为世界模型可以在规划阶段探索更广泛的场景。

❑ 可能存在一个模拟模型，但它可能不允许从特定状态开始部署。这或许是因为模拟可能不会揭示底层状态，或者它可能不允许用户将其重置为所需状态。

❑ 我们可能希望明确表示对未来状态具有预测能力的状态 / 观测，从而消除对智能体的复杂策略表示甚至是基于部署的规划的需要。正如 Ha 等人在 2018 年所描述的那样，这种方法具有生物学灵感并已被证明是有效的。你可以在 `https://worldmodels.github.io/` 上访问该论文的交互式版本，这是关于此话题的一本非常好的读物。

既然已经确定了几种可能需要学习模型的情况，那么接下来，让我们讨论如何实际去做。

8.4.3　引入学习模型的一般过程

学习 f（或随机环境的 p）是模型本质上是一个监督学习问题：我们想要从当前状态和行动预测下一个状态。但是，请注意以下关键点：

❑ 我们不会像在传统监督学习问题中那样从手头的数据开始这个过程。相反，我们需要通过与环境交互来生成数据。

❑ 我们也没有开始与环境交互的（好）策略。总之，我们的目标是获得一个好策略。

所以，我们首先需要做的是初始化一些策略。一个自然的选择是使用随机策略，以便我们可以探索状态 – 行动空间。另一方面，纯随机策略可能无法让我们在一些困难的探索问题上走得更远。例如，考虑训练人形机器人行走。随机行动不太可能使机器人行走，我们将无法获得数据来为这些状态训练世界模型。这需要我们同时进行规划和学习，以便智能体既探索又利用。为此，我们可以使用以下过程（Levine,2019）：

1. 初始化一个软策略 $\pi(a|s)$ 以收集数据元组 $(s,a,s')_i$ 放入数据集 $\mathcal{D}$。
2. 训练 f 以最小化 $\sum_i \| f(s_i,a_i) - s_i' \|^2$。
3. 通过 f 规划以选择行动。
4. 遵照 MPC：执行第一个规划的行动并观测产生的 s'。
5. 将获得的 (s,a,s') 附加到 $\mathcal{D}$。
6. 每 M 步后，进入第 3 步；每 N 步后，转到第 2 步。

这种方法最终将为你提供训练好的 f，你可以在推理时将其与 MPC 过程一起使用。另一方面，事实证明，使用此过程的智能体的性能通常比无模型方法的性能更差。在下一节，我们将研究为什么会发生这种情况以及如何缓解该问题。

8.4.4 理解和缓解模型不确定性的影响

当我们按照刚才描述的过程训练一个世界模型时，我们不应该期望获得一个完美的模型。这应该不足为奇，但事实证明，当我们使用相当好的优化器（例如 CMA-ES）来规划这些不完美的模型时，这些缺陷严重损害了智能体的性能。尤其是当我们使用神经网络等大容量模型时，在数据有限的情况下，模型会出现很多错误，错误地预测高奖励状态。为了缓解模型错误的影响，我们需要考虑模型预测中的不确定性。

说到模型预测中的不确定性，有两种类型，我们需要区分它们。接下来让我们开始吧。

8.4.4.1 统计（偶然）不确定性

考虑一个预测模型，该模型预测六面公平骰子的掷骰结果。一个完美的模型将高度不确定结果：任何一方都可以提出相同的可能性。这可能令人失望，但这不是模型的"错"。不确定性是由过程本身造成的，而不是因为模型没有正确解释它观测到的数据。这种类型的不确定性称为**统计**或**偶然不确定性**。

8.4.4.2 认知（模型）不确定性

在另一个例子中，想象训练一个预测模型来预测掷出六面骰子的结果。我们不知道骰子是否公平，事实上，这就是我们试图从数据中学到的东西。现在，假设我们仅基于单个观测来训练模型，恰好是 6。当我们使用模型预测下一个结果时，模型可能会预测 6，因为它是模型所看到的全部。然而，这将基于非常有限的数据，所以我们对模型的预测高度不确定。这种类型的不确定性称为**认知**或**模型不确定性**。正是这种类型的不确定性让我们在基于模型的强化学习中陷入困境。

让我们在下一节看看处理模型不确定性的一些方法。

8.4.4.3 缓解模型不确定性的影响

将模型不确定性纳入基于模型的强化学习程序的两种常见方法是使用贝叶斯神经网络和集成模型。

使用贝叶斯神经网络

贝叶斯神经网络为神经网络的参数 θ 中的每个参数分配一个分布，而不是单个数字。这给了我们一个概率分布 $p(\theta|\mathcal{D})$，以便从中采样一个神经网络。这样，我们就可以量化神经网络参数的不确定性。

信息

请注意，我们在第 3 章中使用了贝叶斯神经网络。重温那一章可能会让你重新思考这个话题。如果你想深入研究，完整的教程可从（Jospin 等人，2020）获得。

使用这种方法，每当处于规划步骤时，我们都会从 $p(\theta|\mathcal{D})$ 多次采样以估计行动序列 A 的奖励。

使用带有自举的集成模型

估计不确定性的另一种方法是使用自举，它比贝叶斯神经网络更容易实现，但也是一种在理论性上较弱的方法。自举法只涉及为 f 训练多个（比如 10 个）神经网络，每个神经网络都使用从原始数据集中重新采样的数据并进行替换。

> **信息**
>
> 如果你需要快速了解统计数据中的自举，请查看 Trist'n Joseph 的这篇博文：`https://bit.ly/3fQ37r1`。

与贝叶斯网络的使用类似，这一次，我们对由多个神经网络给出的奖励进行平均，以在规划期间评估一个行动序列 A。

至此，我们结束了关于将模型不确定性纳入基于模型的强化学习的讨论。在结束本节之前，让我们谈谈如何使用复杂的观测来学习世界模型。

8.4.5　从复杂的观测中学习模型

在遇到以下一项或两项情况时，我们前面所描述的所有方法都可能会变得有点复杂：

❑ 部分可观测的环境，因此智能体看到的是 o_t 而不是 s_t。

❑ 高维观测，例如图像。

在第 11 章中，我们有一整章内容用来介绍部分可观测性。在那一章中，我们将讨论保持对过去观测的记忆如何帮助我们发现环境中的隐藏状态。一个常见的架构是**长短期记忆**（LSTM）模型，它是特定类别的**循环神经网络**（RNN）架构。因此，面对部分可观测性，使用 LSTM 表示将是一个常见的选择。

在处理高维观测（例如图像）时，一种常见的方法是将它们编码为紧凑向量。**变分自编码器**（Variational AutoEncoder，VAE）是获得此类表示的选择。

> **信息**
>
> 关于变分自编码器的来自 Jeremy Jordan 的教程可以在 `https://www.jeremyjordan.me/variational-autoencoders/` 处获得。

当环境部分可观测并且发出图像观测时，我们必须首先将图像转换为编码，使用 f 的 RNN 来预测与下一次观测相对应的编码，并通过此 f 进行规划。Ha 等人于 2018 年在他们的"世界模型"论文中使用了类似的方法来处理图像和部分可观测性。

我们关于学习世界模型的讨论到此结束。在本章的下一部分和最后一部分中，我们将讨论如何使用我们迄今为止描述的方法来获得针对强化学习智能体的策略。

8.5 统一基于模型的和无模型的方法

当我们在第 5 章中从基于动态规划的方法转向蒙特卡罗和时间差分方法时，我们的动机是假设环境转移概率已知是有限的。既然知道如何学习环境动态，我们将利用它来寻找中间立场。事实证明，使用环境的学习模型，可以加速使用无模型方法的学习。为此，在本节中，我们首先对 Q- 学习进行复习，然后介绍一类称为 **Dyna** 的方法。

8.5.1 复习 Q- 学习

让我们从记住行动值函数的定义开始：

$$Q(s,a) = E[R_{t+1} + \gamma \max_{a'} Q(S_{t+1}, a') \mid S_t = s, A_t = a]$$

转移到下一个状态是概率性的，所以 S_{t+1} 是伴随 R_{t+1} 的一个随机变量。另一方面，如果知道 S_{t+1} 和 R_{t+1} 的概率分布，我们就可以解析地计算这个期望值，这就是值迭代等方法所做的。

在没有关于转移动态的信息的情况下，Q- 学习等方法用一个单一采样 (r, s') 估计期望：

$$Q(s,a) := Q(s,a) + \alpha[r + \gamma \max_{a'} Q(s', a') - Q(s,a)]$$

Dyna 算法基于这样的思想，而不是使用从环境中采样的单一样本 (r, s')，我们可以通过从给定 (s,a) 的环境中采样许多 (r, s')，使用学习的环境模型来更好地估计期望。

> **提示**
>
> 到目前为止，在我们的讨论中，我们隐含地假设奖励 r 可以是已知计算一次的奖励 (s,a,s')。如果不是这种情况，特别是在存在部分可观测性的情况下，我们可能不得不为 $g(r|s,a,s')$ 学习一个分离的模型。

接下来，让我们更正式地概述这个想法。

8.5.2 使用世界模型对无模型方法进行 Dyna 式加速

Dyna 方法是一种相当古老的方法（Sutton,1990），旨在"整合学习、规划和反应"。这种方法具有以下一般流程（Levine,2019）：

1. 在状态 s 下，使用 $\pi(a|s)$ 采样 a。

2. 观测 s' 和 r，并添加元组 (s,a,r,s') 到重放缓冲区 $\mathcal{B}$。

3. 更新世界模型 $p(s'|s,a)$ 和（可选的）$g(r|s,a,s')$。

for 1 到 K：

4. 从 $\mathcal{B}$ 中采样 s。

5. 从 π、$\mathcal{B}$ 或随机选择某一 a。

6. 采样 $s' \sim p(s'|s,a)$ 和 $r \sim g(r|s,a,s')$。

7. 在 (s,a,r,s') 上使用无模型强化学习方法（深度 Q- 学习）进行训练。

8. 可选地，在 s' 后进行额外的步骤。

End for（循环结束）

9. 返回步骤 1（和 $s := s'$）。

这就是全部过程！Dyna 是强化学习中重要的一类方法，现在你知道它是如何工作的了！

信息

RLlib 有一个先进的 Dyna 风格的方法实现，称为**通过元策略优化的基于模型的强化学习**（Model-Based RL via Meta-Policy Optimization）或**基于模型的元策略优化**（MBMPO）。你可以在 `https://docs.ray.io/en/releases-1.0.1/rllib-algorithms.html#mbmpo` 处查看。从 Ray 1.0.1 开始，它是在 PyTorch 中实现的，所以，如果你想尝试使用 PyTorch，那么请继续并在你的虚拟环境中安装它。

我们关于基于模型的强化学习的章节到此结束；祝贺你走到了这一步！我们只是在这个广泛的主题中触及了皮毛，但现在你已经具备了开始使用基于模型的方法来解决问题的知识！接下来我们总结一下所介绍的内容。

8.6   总结

在本章中，我们介绍了基于模型的方法。我们通过描述人类如何使用大脑中的世界模型来规划我们的行动，继而开始这一章。然后，我们介绍了几种方法，可用于在模型可用时规划智能体在环境中的行动。这些是无导数的搜索方法，对于交叉熵方法和 CMA-ES 方法，我们实现了并行化版本。随后，我们探讨了如何学习世界模型以用于规划或制定策略。此部分包含一些关于模型不确定性的重要讨论以及所学习的模型如何受其影响。在本章的最后，我们统一了 Dyna 框架中无模型的和基于模型的方法。

我们将在下一章继续讨论另一个令人兴奋的话题：多智能体强化学习。

8.7   参考文献

- Levine, Sergey. (2019). *Optimal Control and Planning*. CS285 Fa19 10/2/19. YouTube. URL: `https://youtu.be/pE0GUFs-EHI`

- Levine, Sergey. (2019). *Model-Based Reinforcement Learning*. CS285 Fa19 10/7/19. YouTube. URL: `https://youtu.be/6JDfrPRhexQ`

- Levine, Sergey. (2019). *Model-Based Policy Learning*. CS285 Fa19 10/14/19. YouTube. URL: `https://youtu.be/9AbBfIgTzoo`.

- Ha, David, and Jürgen Schmidhuber. (2018). *World Models*. arXiv.org, URL: `https://arxiv.org/abs/1803.10122`.

- Mania, Horia, et al. (2018). *Simple Random Search Provides a Competitive*

Approach to Reinforcement Learning. arXiv.org, URL: `http://arxiv.org/abs/1803.07055`

- Jospin, Laurent Valentin, et al. (2020). *Hands-on Bayesian Neural Networks – a Tutorial for Deep Learning Users.* arXiv.org, `http://arxiv.org/abs/2007.06823`.

- Joseph, Trist'n. (2020). *Bootstrapping Statistics. What It Is and Why It's Used.* Medium. URL: `https://bit.ly/3fOlvjK`.

- Richard S. Sutton. (1991). *Dyna, an integrated architecture for learning, planning, and reacting.* SIGART Bull. 2, 4 (Aug. 1991), 160–163. DOI: `https://doi.org/10.1145/122344.122377`

第 **9** 章

多智能体强化学习

如果有什么比训练一个**强化学习**智能体使其展现出智能行为更令人激动的话，那就是训练多个智能体去合作或竞争。**多智能体强化学习**（Multi-Agent Reinforcement Learning，MARL）是人工智能中真正让你感到有潜力的领域。许多著名的强化学习案例，例如AlphaGo 或 OpenAI Five，都起源于我们在本章中将要介绍的对象：多智能体强化学习。当然，天下没有免费的午餐，多智能体强化学习在带来机遇的同时也带来了许多挑战，在本章中我们也会有所介绍。在本章的最后，我们会通过竞争自博弈来训练一组井字棋智能体。因此，在最后，你将会有一些同伴来一起玩游戏。

9.1 多智能体强化学习介绍

目前我们在本书中介绍的所有问题和算法都涉及在环境中训练单个智能体。在游戏和自动驾驶等许多应用中，存在多个执行局部策略（没有一个全局决策者）的智能体同时进行训练，这使得我们转而研究多智能体强化学习。相比单智能体强化学习，多智能体强化学习领域存在更多的问题和挑战。在本节中，我们从宏观上对多智能体强化学习给出一个概述。

多智能体强化学习智能体之间的合作和竞争

多智能体强化学习问题可以根据智能体之间合作和竞争的程度不同被分为三类。接下来让我们看一下这三类是什么以及它们各自有着哪些应用。

完全合作环境

在这个情景下，环境中的所有智能体都有着一个共同的长期目标。智能体平等地分配环境中返回的奖励，因此它们没有理由违背这个共同的目标。

下面是一些完全合作环境的例子：

☐ **自动驾驶车辆/机器人集群**：在许多的应用案例中都涉及一群自动驾驶车辆或机器人合作完成一个共同的目标。一个典型的例子是在灾后重建/应急响应/抢险救灾中，智能体合作完成诸如为紧急救援人员运送物资、关闭阀门和清除路障等的任务。类似地，如供应链中的运输问题以及多机器人合作运输大型货物等也是这类问题的应用案例。

❑ **制造业**：工业 4.0 背后的核心思想是通过物联网和信息物理系统来高效地完成生产和服务。例如，我们考虑一个拥有大量决策设备的制造车间，在这个场景中可以很自然地采用多智能体强化学习对这类控制问题建模。

❑ **智能电网**：在新兴的智能电网领域，有许多问题都可以采用多智能体强化学习建模。一个经典的例子是如何采用多个制冷单元去冷却数据中心。类似地，多个交通信号灯的控制和调度也是该领域的一个有代表性的例子。事实上，在第 17 章，我们将会采用多智能体强化学习来建模和解决这些问题。

在继续讨论其他类型的多智能体强化学习环境之前，我们简要介绍一个用于研究多智能体强化学习在自动驾驶中的应用的平台 MACAD-Gym，以便你在其上开展实验。

用于多智能体自动驾驶的 MACAD-Gym

MACAD-Gym 是一个建立在著名的 CARLA 模拟器之上并基于 Gym 的库，用于在多智能体环境下的自动驾驶应用研究。

平台提供了包括汽车、行人、交通信号灯、自行车等的丰富场景，如图 9-1 所示。更详细地说，MACAD-Gym 环境包含了多种多智能体强化学习配置，如下例所示：

```
Environment-ID: Short description
{'HeteNcomIndePOIntrxMATLS1B2C1PTWN3-v0':
'Heterogeneous, Non-communicating, '
'Independent,Partially-Observable '
'Intersection Multi-Agent scenario '
'with Traffic-Light Signal, 1-Bike, '
'2-Car,1-Pedestrian in Town3, '
'version 0'}
```

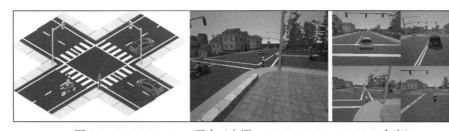

图 9-1　MACAD-Gym 平台（来源：MACAD-Gym GitHub 仓库）

要想看一下你能用 MACAD-Gym 平台做什么，请去访问它的 GitHub 代码库，该库由 Praveen Palanisamy 开发和维护，地址是 `https://github.com/praveen-palanisamy/macad-gym`。

接下来，我们继续介绍多智能体强化学习中的完全竞争环境。

完全竞争环境

在完全竞争环境中，一个智能体的成功意味着其他智能体的失败。因此，这种情况可以被建模为零和博弈（zero-sum game）：

$$R^1 + R^2 + \cdots + R^N = 0$$

其中 R^I 是第 N 个智能体的奖励。

以下是一些完全竞争环境下的例子：

❑ **棋盘游戏**：这是完全竞争环境中的经典例子，例如国际象棋、围棋和井字棋。

❑ **对抗场景**：在一些情况下，我们想要最小化智能体在真实世界中失败的风险，我们可能会训练智能体去对抗其他智能体。这就构成了一个完全竞争环境。

最后，让我们看一下混合合作 – 竞争场景。

混合合作 – 竞争场景

第三类场景包括智能体之间的合作和竞争。这些场景通常可以被建模为一般和博弈（general-sum game）：

$$R^1 + R^2 + \cdots + R^N = r$$

此处 R^I 是第 i 个智能体的奖励，r 是某个能被智能体收集到的固定奖励值。

下面是一些混合合作 – 竞争场景的例子：

❑ **团队竞争**：当有多组智能体彼此之间竞争时，在一组内的智能体相互合作来击败其他组的智能体。

❑ **经济学**：考虑我们所参与的经济活动本身便是一个竞争与合作混合的场景。一个有代表性的例子是，诸如微软、谷歌、Facebook 和 Amazon 这些科技公司在某些特定的商业领域彼此竞争，但在某些开源项目上通力合作来促进软件技术的发展。

> **信息**
>
> 此时，我们应该停下来看一看 OpenAI 在智能体组队玩捉迷藏游戏中的演示。在智能体彼此对抗训练了大量回合之后，它们学会了非常高水平的合作与竞争策略。这激励着我们相信强化学习在人工智能中的潜力。图 9-2 是游戏场景的截图，链接指向演示视频。

图 9-2　OpenAI 的智能体在玩捉迷藏（来源：`https://youtu.be/kopoLzvh5jY`）

现在已经介绍了基本内容,接下来我们将介绍多智能体强化学习中存在的一些挑战。

9.2 探索多智能体强化学习中存在的挑战

在本书前面的章节中,我们讨论了强化学习中的许多挑战。尤其是,我们最开始介绍的动态规划方法无法拓展到具有复杂且庞大的状态和行动空间的问题。虽然深度强化学习方法能够处理复杂的问题,但缺乏理论保证,因此需要引入许多技巧来稳定训练和保证收敛。既然我们讨论了多个智能体在环境中相互影响、学习和交互的问题,那么单智能体强化学习本身的复杂和挑战性将在多智能体中成倍放大。基于这个原因,多智能体强化学习中取得的许多结果都是实验性的。

在本节中,我们探讨是什么导致多智能体强化学习更加复杂且具有挑战性。

9.2.1 非平稳性

单智能体强化学习背后的数学框架是 MDP(马尔可夫决策过程),MDP 的基本假设是环境的动态转移取决于智能体当前所处的状态,而不是过去的历史状态。这表明环境是平稳的,这也是大量方法的收敛性的依赖条件。既然现在有多个智能体在环境中学习,因此它们的行动会随时间发生变化,环境平稳性的基本假设也就不成立了,导致我们无法采用与单智能体强化学习相同的方法来分析多智能体强化学习。

举个例子,考虑如带有经验重放的 Q-学习这样的异策略算法。在多智能体强化学习中,采用这种方法是非常困难的,因为之前收集到的经验数据可能会与当前环境(一定程度上指其他智能体)响应单智能体所做出的行动的方式差距非常大。

9.2.2 可扩展性

解决非平稳问题的一个可能的方法是考虑其他智能体的行动,例如采用联合行动空间。随着智能体数量的增加,这种方法也变得不可行,因此可扩展性是多智能体强化学习中存在的另一个问题。

说到这里,当环境中只存在两个智能体时,分析智能体之间的行动怎样收敛是相对容易的。如果你熟悉博弈论,那么看待这类系统的一种常用方法是理解均衡点,在均衡点任何一个智能体改变它的策略都不会得到额外的收益。

> **信息**
>
> 如果你需要一个关于博弈论和纳什均衡的简要介绍,请查看如下地址的视频:
> `https://www.youtube.com/watch?v=0i7p9DNvtjk`。

当环境中存在两个以上的智能体时,分析就困难得多了。这也使得大规模多智能体强化学习非常难以理解。

9.2.3　不明确的强化学习目标

单智能体强化学习中的优化目标是明确的:最大化期望累积回报。在多智能体强化学习中无法唯一定义一个类似这样的优化目标。

考虑一个国际象棋游戏,我们设法去训练一个棋艺精湛的智能体。为此,我们训练多个智能体通过**自博弈**来相互竞争。你会怎样设置这个问题的优化目标呢?第一想法是去最大化最优智能体的奖励,但这可能会导致除了最优智能体外,其他智能体的表现都很糟糕。这绝不是我们想要的。

在多智能体强化学习中广泛采用的一个优化目标是使其收敛到纳什均衡点。这通常效果不错,但当智能体们不是完全理性时,这种方法也会有缺陷。其次,纳什均衡往往意味着过拟合其他智能体的策略,通常也是不可取的。

9.2.4　信息共享

多智能体强化学习中存在的另一个重要挑战是设计智能体之间的信息共享结构。这里我们可以考虑三种可供选择的信息结构:

- ❏ **完全集中式**:在这个结构中,智能体收集到的全部信息都会被一个中枢机构处理,局部策略将会利用这些被集中处理后的信息。这个结构的优点是智能体之间可以完全协作。另外,这可能会带来一种优化问题,即随着智能体数量的增加,该方法难以拓展。
- ❏ **完全分布式**:在这种结构中,智能体之间没有发生任何信息交换,并且每个智能体都将只基于它的局部观测来选取行动。这种方法的一个显著优点是我们不再需要一个中心化的协同控制器。然而,坏处是由于智能体们缺乏关于环境的信息,导致它们的行动不是最优的。另一方面,当智能体之间的训练完全独立时,由于状态信息的高度部分可观测性,强化学习算法可能很难收敛。
- ❏ **部分分布式**:这种结构允许信息在几个小型智能体组(邻居)之间交换。这种方法能够帮助信息在这些智能体之间传播。该方法的难点在于如何构建一个鲁棒的信息结构,使其能够在不同的环境条件下起作用。

根据强化学习的优化目标以及计算资源的可用性的不同,可以选择不同的方法。考虑这样一个合作环境,一大群机器人设法完成一个共同的目标。在这个问题中,完全集中式或者部分分布式网络结构可能是有用的。在完全竞争环境(例如策略型视频游戏)中,一个完全分布式的结构可能会被优先选择,因为智能体之间没有共同的目标。

在介绍完这些理论之后,让我们进入实践环节吧!不久我们便会训练一个能够让你在空闲时间对战的井字棋智能体。首先让我们介绍一下如何进行训练,之后正式实现。

9.3　在多智能体环境中训练策略

目前存在大量为多智能体强化学习设计的算法,它们大致可以被分为如下两类:

□ **独立学习**：这种方法独立地训练不同智能体，将其他智能体视为环境的一部分。
□ **集中式训练和分布式执行**：在这种方法中，训练时存在一个集中控制器，其利用来自不同智能体的信息。在执行阶段，智能体不依赖集中控制器而是局部地执行各自的策略。

一般而言，我们可以将之前章节中所介绍的任何一种强化学习算法应用到多智能体环境中，并通过独立学习方法来训练策略。事实证明，这是一种替代专门的多智能体强化学习算法的有效方案。因此，与其给你讲述更多的理论推导，在本章中我们会跳过讨论任何专门的多智能体强化学习算法的技术细节，只给出参考文献。

信息

关于深度多智能体强化学习算法的比较，强烈推荐读者阅读 9.6 节第 2 篇参考文献。

因此，我们将会采用独立学习方法。但它是如何工作的呢？它对我们的要求如下：
□ 拥有一个存在多个智能体的环境；
□ 为这些智能体维护它们各自的策略；
□ 适当地分配从环境中得到的奖励给智能体。

想出一个合适的框架来同时处理上述要求是比较棘手的。幸运的是，RLlib 本身拥有一个多智能体环境可以供我们使用。接下来，让我们看看它是如何工作的。

9.3.1　RLlib 多智能体环境

RLlib 的多智能体环境允许我们灵活采用任何一种你已知的算法，用于多智能体强化学习。事实上，RLlib 的文档为我们方便地展现了哪些方法是与这类环境兼容的，如图 9-3 所示。

Available Algorithms - Overview

Algorithm	Frameworks	Discrete Actions	Continuous Actions	Multi-Agent
A2C, A3C	tf + torch	Yes +parametric	Yes	Yes
ARS	tf + torch	Yes	Yes	No

图 9-3　RLlib 的算法列表展示了对多智能体的兼容性

在此列表中，你也会看到展示为多智能体强化学习专门设计的算法的独立的一栏。在本章中，我们会使用 PPO 算法。

当然，下一步是理解如何在多智能体环境中使用我们挑选的算法。在此我们需要做一个关键的区分：采用 RLlib，我们将训练策略而不是智能体（至少不是直接训练）。一个智能体将被映射到一个已经训练完成以用来执行行动的策略上。

RLlib 的文档中展示了这种关系，详情如图 9-4 所示。

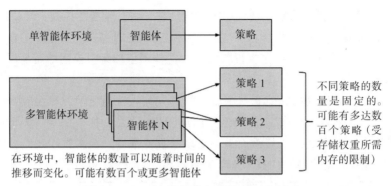

图 9-4   RLlib 中智能体与策略之间的关系

这给我们提供了一个非常强大的框架来建模多智能体强化学习环境。例如对同一个任务，我们可以灵活地向环境中添加智能体、移除智能体以及训练多个策略。只要我们能够明确策略和智能体之间的映射，一切都没有问题。

接下来，让我们看一下 RLlib 中的训练循环需要什么跟多智能体环境配合使用：

1. 策略和对应编号的序列。这些将用于训练。

2. 一个将给定的智能体编号映射到策略编号的函数。RLlib 因此能够确定对于一个给定的智能体，它的行动来自何处。

一旦这些设置完成，环境将会遵循 Gym 的传统方式与 RLlib 通信。不同之处在于，观测、奖励和终止状态判断将会传递给多个环境中的智能体。例如，一个 reset 函数将会返回一个如下所示的观测值字典：

```
> env.reset()
{"agent_1": [[...]], "agent_2":[[...]], "agent_4":[[...]],...
```

类似地，策略产生的行动将会传递给我们接收到的观测值所对应的那个智能体，如下：

```
... = env.step(actions={"agent_1": ..., "agent_2":...,
"agent_4":..., ...
```

这意味着如果环境为一个智能体返回了其观测值，那么该智能体也需要得到一个对应的行动值。

到目前为止一切顺利！这应该足够让你了解它是如何工作的。当我们开始实践时这些会更加清晰。

很快，正如我们所提到的，我们将训练井字棋策略。将使用这些策略的智能体会相互竞争，以学习如何玩游戏。这被称为**竞争自博弈**（competitive self-play），我们接下来会讨论。

9.3.2   竞争自博弈

自博弈是在竞争任务中训练强化学习智能体的极好工具，这些竞争任务包括诸如棋盘游戏、多玩家视频游戏和其他竞争场景等。许多你所听过的著名的强化学习智能体，包括 AlphaGo、Dota 2 游戏中的 OpenAI Five 以及 DeepMind 的 StarCraft II 智能体，都是采用这种方法训练的。

> **信息**
>
> 　　OpenAI Five 是一个非常有趣的故事，展示了项目是如何开始并演进到今天的。关于这个项目的博文给出了许多有益的信息，从模型中使用的超参数到 OpenAI 团队如何在整个工作中克服有趣的挑战。你可以在 `https://openai.com/projects/five/` 找到该项目页面。

　　普通自博弈算法的一个缺点是，智能体由于只能看到其他智能体在以相同的方式做训练而会试图过拟合其他智能体的策略。为了克服这一点，一种有效的方法是训练多个策略并让它们之间相互竞争。这也是我们在本章中将要实现的方法。

> **信息**
>
> 　　过拟合是自博弈中的一个挑战，即使训练多个策略并简单地让它们相互对抗也是不够的。DeepMind 创建了一个智能体的"联盟"，就像篮球联赛一样，以获得一个真正有竞争力的训练环境，这导致了《星际争霸 II》智能体的成功。他们在一个非常好的博客中解释了该方法：`https://deepmind.com/blog/article/AlphaStar-Grandmaster-level in-StarCraft-II-using-multi-agent-reinforcement-learning`。

　　最后是编程实现多智能体强化学习算法实验的时间！

9.4　通过自博弈来训练井字棋智能体

　　在本节中，我们将会在 3×3 的棋盘上训练井字棋智能体，让你更好地理解基于 RLlib 的多智能体强化学习，如图 9-5 所示。同时我们会为你详细解释代码中的一些关键部分，代码来自我们的 GitHub 仓库。对于完整的代码，你可以参考 `https://github.com/PacktPublishing/Mastering-Reinforcement-Learning-with-Python`。

图 9-5　一个 3×3 的井字棋游戏。如果要学习如何玩井字棋游戏并参考图片来源，请查找 `https://en.wikipedia.org/wiki/Tic-tac-toe`

　　让我们开始设计多智能体环境吧！

9.4.1　设计多智能体井字棋环境

在游戏中，我们有两个智能体 X 和 O 在同时玩游戏。我们会为智能体训练四个策略来执行它们的行动，每个策略可以执行 X 或 O。我们构建的环境类如下所示：

Chapter09/tic_tac_toe.py

```python
class TicTacToe(MultiAgentEnv):
    def __init__(self, config=None):
        self.s = 9
        self.action_space = Discrete(self.s)
        self.observation_space = MultiDiscrete([3] * self.s)
        self.agents = ["X", "O"]
        self.empty = " "
        self.t, self.state, self.rewards_to_send = \
                                    self._reset()
```

此处 9 代表的是棋盘中的方格数量，每一个方格都可以被 X、O 或 None 来填充。我们重置环境，如下所示：

```python
def _next_agent(self, t):
    return self.agents[int(t % len(self.agents))]


def _reset(self):
    t = 0
    agent = self._next_agent(t)
    state = {"turn": agent,
             "board": [self.empty] * self.s}
    rews = {a: 0 for a in self.agents}
    return t, state, rews
```

然而，我们不会将状态直接传递给策略，因为状态是用字母表示的。我们对其进行处理，使得一方的标记为 1 而另一方的标记为 2。

```python
def _agent_observation(self, agent):
    obs = np.array([0] * self.s)
    for i, e in enumerate(self.state["board"]):
        if e == agent:
            obs[i] = 1
        elif e == self.empty:
            pass
        else:
            obs[i] = 2
    return obs
```

这个被处理之后的观测值才是真正传递给策略函数的观测值。

```
def reset(self):
    self.t, self.state, self.rewards_to_send =\
                        self._reset()
    obs = {self.state["turn"]: \
            self._agent_observation(self.state["turn"])}
    return obs
```

最后，`step` 方法处理玩家的行动并将环境转移到下一时间步。赢一次，玩家得分 `1`，输一次，玩家得分 `-1`。注意到策略函数可能会建议走到一个已经被占据了的方格中，这种行为会被惩罚，得分 `-10`。

9.4.2　配置训练器

我们构造 4 个策略用于训练，为它们分配编号并指定它们的观测空间和行动空间。下面是我们具体的操作：

Chapter09/ttt_train.py

```
env = TicTacToe()
num_policies = 4
policies = {
    "policy_{}".format(i): (None,
                            env.observation_space,
                            env.action_space, {})
    for i in range(num_policies)}
```

在构建配置字典并传入训练器的同时，我们将智能体映射到策略函数。为了避免过拟合，对于当前落子的智能体，我们随机挑选一个策略函数并据此执行行动，而不是为给定的智能体分配一个确定的策略。

```
        policy_ids = list(policies.keys())
        config = {
            "multiagent": {
                "policies": policies,
                "policy_mapping_fn": (lambda agent_id: \
                            random.choice(policy_ids)),
            },
...
```

在训练期间，我们保存改进后的模型。由于此处包含多个策略，我们会检查轨迹是否在有效的移动下变得更长，并将此作为衡量提升的指标。我们希望随着智能体变得更有竞争力，越来越多的比赛会是平局，即棋盘上会布满记号。

```
trainer = PPOTrainer(env=TicTacToe, config=config)
best_eps_len = 0
```

```
mean_reward_thold = -1
while True:
    results = trainer.train()
    if results["episode_reward_mean"] > mean_reward_thold\
        and results["episode_len_mean"] > best_eps_len:
        trainer.save("ttt_model")
        best_eps_len = results["episode_len_mean"]
    if results.get("timesteps_total") > 10 ** 7:
        break
```

这就完成了！接下来让我们看一下有趣的训练过程！

9.4.3　观测结果

在游戏中，最初会有许多有效的移动，会导致轨迹长度不断增长以及对智能体的过度惩罚。因此，智能体的平均奖励曲线如图 9-6 所示。

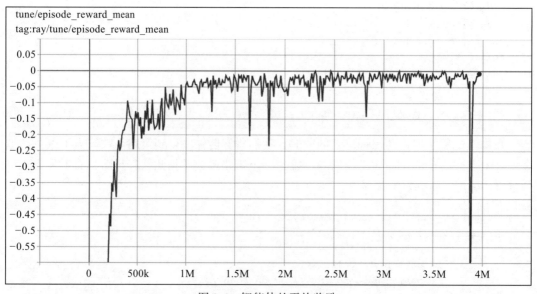

图 9-6　智能体的平均奖励

注意到最开始平均奖励为负值并最终收敛到 0，意味着智能体之间达到了平局。与此同时，你应该看到轨迹长度收敛到 9，如图 9-7 所示。

当你看到竞争激烈时，可以停止训练。更有趣的是通过运行脚本 ttt_human_vs_ai.py 与 AI 对战，或通过运行脚本 ttt_ai_vs_ai.py 来观测它们互相之间的对抗。

接下来，我们总结一下从本章中学到的内容。

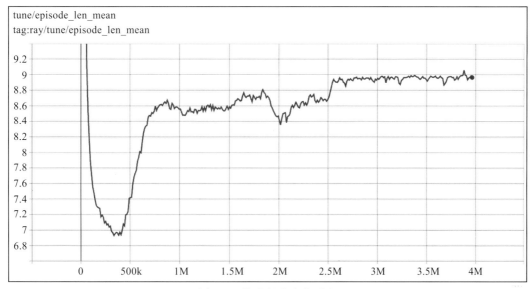

图 9-7　轨迹长度变化过程

9.5　总结

在本章中，我们介绍了多智能体强化学习。由于有多个决策者在同时影响环境并随着时间不断进化，这一强化学习的分支比其他分支更有挑战性。在介绍了一些多智能体强化学习概念以后，我们详细地探讨了这些挑战。之后我们基于 RLlib 通过竞争自博弈方法训练了一个井字棋智能体。它们之间的竞争是如此激烈以至于最终收敛到了平局。

在下一章，我们转而讨论强化学习中一种被称为机器教学（Machine Teaching）的新方法，该方法将主题专家（也就是你）更积极地引入指导训练的过程中来。

9.6　参考文献

- Mosterman, P. J. et al. (2014). A heterogeneous fleet of vehicles for automated humanitarian missions. Computing in Science & Engineering, vol. 16, issue 3, pg. 90-95. URL: `http://msdl.cs.mcgill.ca/people/mosterman/papers/ifac14/review.pdf`

- Papoudakis, Georgios, et al. (2020). Comparative Evaluation of Multi-Agent Deep Reinforcement Learning Algorithms. arXiv.org, `http://arxiv.org/abs/2006.07869`

- Palanisamy, Praveen. (2019). Multi-Agent Connected Autonomous Driving Using Deep Reinforcement Learning. arxiv.org, `https://arxiv.org/abs/1911.04175v1`

第三部分

强化学习中的高级主题

在本部分，你将学习强化学习中的高级技术，例如机器教学，这对现实生活中的问题很有用。此外，本部分还将介绍强化学习中有助于改进模型的各种未来发展。

本部分包含以下章节：

CHAPTER 10

第 10 章

机 器 教 学

在很大程度上，**强化学习**（RL）令人兴奋的是它与人类学习的相似之处：强化学习智能体从经验中学习。这也是为什么许多人认为它是通向通用人工智能的途径。另一方面，如果你仔细想想，将人类学习简化为反复实验将是一个严重的低估。在我们出生时，我们不会从零开始发现自己所知道的一切，包括科学、艺术、工程等！相反，我们建立在数千年积累的知识和直觉之上！我们通过不同的、结构化或非结构化的教学形式在我们之间传递这些知识。这种能力使我们能够相对较快地获得技能并推进常识。

当从这个角度考虑时，我们用机器学习做的事情似乎效率很低：我们将一堆原始数据转储到算法中，或者在强化学习的情况下将它们暴露在环境中，然后几乎无指导地训练它们。这就是机器学习需要如此多的数据并且有时会失败的部分原因。

机器教学（Machine Teaching，MT）是一种新兴的方法，它将重点转移到从教师那里提取知识，而不是原始数据，从而指导机器学习算法的训练过程。反过来，学习新技能和映射可以更有效地实现，并且使用更少的数据、时间和计算。在本章中，我们将介绍用于强化学习的机器教学组件及其部分最重要的方法，例如，奖励函数工程、课程表学习、演示学习和行动掩蔽。最后，我们还将讨论机器教学的缺点和未来。

10.1 技术要求

本章所有代码都可在以下 GitHub URL 中找到：https://github.com/PacktPublishing/Mastering-Reinforcement-Learning-with-Python。

10.2 机器教学简介

机器教学是一种通用方法和方法集合的名称，可以有效地将知识从教师（主题专家）转移到机器学习算法。有了这种方法，我们的目标是使训练更加高效，甚至对于原本不可能完成的任务也变得可行。下面我们将更详细地谈谈机器教学是什么、我们为什么需要它，以及它的组件是什么。

10.2.1　理解机器教学的需求

你知道美国在 2021 年花费了大约 1.25 万亿美元（约为其国内生产总值的 5%）在教育上吗？这应该说明了教育对我们的社会和文明的存在意义（许多人会认为我们应该花更多的钱）。我们人类建立了如此庞大的教育体系，希望人们在其中度过很多年，因为我们不期待自己能够独立破译字母表或数学。不仅如此，我们还在不断地从我们周围的老师身上学习，关于如何使用软件、如何开车、如何做饭等。这些教师不一定是真人教师：书籍、博客文章、手册和课程材料都为我们提炼了有价值的信息，以便我们可以学习，不仅在学校，而且还贯穿我们的一生。

我希望这能让你相信教学的重要性。但是，如果你觉得这个例子可能和强化学习没有关系，那么让我们讨论一下机器教学如何在强化学习中提供具体的帮助。

10.2.1.1　学习的可行性

在没有（好）教师的情况下尝试自己学习某些东西时，你是否曾经感到不知所措？这类似于一个强化学习智能体受大量可能策略的影响而没有为手头的问题找出一个好的策略。此过程中的主要障碍之一是缺乏对其质量的适当反馈。你还可以在相同的上下文中考虑具有稀疏奖励的**硬探索问题**，这是强化学习中的一个严峻挑战。

考虑下面的例子：一个强化学习智能体试图与一个竞争对手学习国际象棋，在游戏结束时，获胜的奖励为 +1，平局的奖励为 0，失败的奖励为 −1。强化学习智能体需要一个接一个地偶然发现数十个"好行动"，并且在每一步的许多替代行动中，才能获得第一个 0 或 +1 奖励。由于这种可能性很小，因此如果没有大量的探索预算，训练很可能会失败。另外，教师可能会指导探索，这样强化学习智能体至少知道几种成功的方法，从中可以逐渐改进获胜策略。

> **信息**
>
> 当 DeepMind 创建其 AlphaStar 智能体来玩《星际争霸 II》时，他们使用监督学习在过去的人类游戏日志上训练智能体，然后再进行基于强化学习的训练。在某种意义上，人类玩家是智能体的第一任教师，没有他们，训练将不切实际或成本太高。为了支持这个论点，你可以拿出训练 OpenAI Five 智能体玩 Dota 2 的例子。训练这个智能体花了将近一年的时间。

图 10-1 显示了智能体的运行情况。

总而言之，与"教师"联系可以使学习在合理的时间内变得可行。

10.2.1.2　时间、数据和计算效率

假设你有足够的计算资源，并且有能力为强化学习智能体尝试大量的移动序列来发现

环境中的制胜策略。仅因为你可以，并不意味着你应该这样做并浪费所有这些资源。教师可以帮助你大大减少训练时间、数据和计算。你可以使用已保存的资源来迭代你的想法并提出更好的智能体。

图 10-1 DeepMind 的 AlphaStar 智能体运行（The AlphaStar team，2019）

> **提示**
>
> 　　在你的生活中，是否有导师可以在事业、教育、婚姻等方面为你提供帮助？或者你读过关于这些主题的书吗？你的动机是什么？你不想重复别人的错误或重新发明别人已经知道的东西只会浪费你的时间、精力和机会，对吗？机器教学同样可以帮助你的智能体快速启动其任务。

机器教学的好处超出了学习的可行性或其效率。接下来，我们来说说另一个方面：智能体的安全性。

10.2.1.3　确保智能体的安全

"教师"是某个主题的主题专家。因此，教师通常很清楚在什么情况下采取什么行动会给智能体带来麻烦。教师可以通过限制为确保其安全而采取的行动来告知智能体这些情况。例如，在为自动驾驶汽车训练强化学习智能体时，很自然地会根据道路状况限制汽车的速度。如果训练发生在现实世界中，这尤其需要，这样智能体就不会盲目地探索疯狂的行动来发现如何驾驶。即使训练是在模拟中进行的，施加这些限制也将有助于有效利用探索的预算，这与上一节中的提示有关。

10.2.1.4　机器学习大众化

当教师训练学生时，他们并不担心学习的生物学机制的细节，例如，哪些化学物质在哪些脑细胞之间转移。这些细节是从教师那里抽象出来的，神经科学家和研究大脑的专家进行了关于有效教学和学习技巧的研究。

就像教师不必是神经科学家一样，行业专家也不必像机器学习专家一样来训练机器学习算法。机器教学范式建议通过开发有效和直观的教学方法，将机器学习的底层细节从机器教师那里抽象出来。这样一来，行业专家将更容易把他们的知识注入机器。最终，这将导致机器学习大众化，并在许多应用程序中得到更广泛的应用。

一般来说，数据科学需要将商业洞察力和专业知识与数学工具和软件相结合，以创造价值。当你想把强化学习应用于业务问题时，情况是一样的。这往往需要数据科学家学习业务知识，或者需要行业专家学习数据科学知识，或者需要数据科学家和行业专家在一个团队中一起工作。这对在许多环境中采用（高级）机器学习技术提出了很高的要求，因为这两类人同时存在同一个地方是很罕见的。

> **信息**
>
> 麦肯锡的一项研究表明，缺乏分析人才是释放数据价值和分析价值的一个主要障碍。抛开具体的工具不谈，机器教学是一种克服这些障碍的范式，它通过创建直观的工具，降低了非机器学习专家的入门门槛，从而达到这一目的。查看该研究报告，请访问 https://mck.co/2J3TFEj。

我们刚才提到的这个愿景是长期的，因为它需要在机器学习方面进行大量的研究和抽象。我们在本节中所涉及的方法将是相当技术性的。例如，我们将讨论行动掩蔽法，以根据智能体所处的状态限制其可用的行动，这将需要对神经网络的结果进行编码和修改。然而，你可以想象一个先进的机器教学工具听老师说"在城市中行驶不要超过每小时 40 英里"，解析这个命令，并在引擎盖下为自动驾驶汽车智能体实现行动掩蔽，如图 10-2 所示。

图 10-2　这是机器教学的未来吗

在结束本节并深入探讨机器教学的细节之前，我给出一个必要的免责声明。

> **声明**
>
> 微软致力于使用机器教学创建智能系统。但是，我在这里的目标不是推广任何微软产品或论述，而是向你介绍这个我认为重要的新兴话题。此外，我不以任何身份正式代表微软公司，我对这个话题的看法不一定与公司一致。如果你对微软公司关于机器教学的看法感到好奇，请查看 https://blogs.microsoft.com/ai/machine-teaching/ 上的博客文章和自主系统网站 https://www.microsoft.com/en-us/ai/autonomous-systems。

在下一节中，我们来看看机器教学的要素。

10.2.2 探索机器教学的要素

由于机器教学是一个新兴领域，因此很难正式定义其要素。不过，让我们看看其中使用的一些常见组件和主题。我们已经讨论过机器教师是谁，但为完整起见，让我们从这个开始。然后，我们将研究概念、课程、课程表、训练数据和反馈。

10.2.2.1 机器教师

机器教师，或简称为**教师**，是手头问题的主题专家。在没有将机器学习与教学分离的抽象概念中，这也会是数据科学家——你——但这次要明确地关注使用你对问题领域的知识来指导训练。

10.2.2.2 概念

概念是解决问题所需技能的特定部分。想想在现实生活中训练一名篮球运动员。训练不仅包括练习游戏，还包括掌握个人技能。其中一些技能如下：

❑ 投篮

❑ 传球

❑ 运球

❑ 停球和落地

强化学习智能体打篮球的传统训练方法是通过打完整场比赛来实现的，我们希望智能体能够掌握这些个人技能。机器教学建议将问题分解为更小的概念来学习，例如，我们之前列出的技能。这有几个好处：

❑ 单一任务通常伴随着稀疏的奖励，这对于强化学习智能体来说是一个难以学习的挑战。例如，赢得篮球比赛将是 +1，失败将是 −1。但是，机器教师会知道，通过掌握个人技能可以赢得比赛。为了对智能体进行个人技能和概念的训练，将为它们分配奖励。这有助于解决稀疏奖励问题，并以促进学习的方式向智能体提供更频繁的反馈。

❑ 贡献分配问题是强化学习中的一个严峻挑战，即难以将后期阶段的奖励归因于早期阶段的个人行动。当训练被分解成概念时，更容易看到智能体不擅长的那些概念。具体来说，这本身并不能解决贡献分配问题。决定掌握一个特定概念是否重要的仍然是教师。但是，一旦教师定义了这些概念，就更容易区分智能体擅长什么和不擅长什么。

❑ 作为前一点的推论，教师可以将更多的训练预算分配给需要更多训练或难以学习的概念。这可以更有效地利用时间和计算资源。

考虑到所有这些原因，通过将其分解为概念可以有效地解决本需要单独解决的不切实际或成本高昂的任务。

10.2.2.3　课程和课程表

机器教学中的另一个重要元素是**课程表学习**（curriculum learning）。在对智能体进行概念训练时，将其置于专家级难度下可能会使训练脱轨。相反，更有意义的是从一些简单的设置开始，逐渐增加难度。这些难度级别中的每一个都构成一个单独的**课程**，并且它们与定义从一课到下一课的过渡标准的成功阈值一起构成一个**课程表**（curriculum）。

课程表学习是强化学习中最重要的研究领域之一，我们将在后面详细阐述。课程表可以由教师手工设计，也可以使用**自动课程表**（auto-curriculum）算法。

10.2.2.4　训练材料 / 数据

与前一点相关，机器教学的另一个方面是设计智能体将学习的数据。例如，机器教师可以使用包含成功回合的数据来为训练提供种子，同时使用异策略方法，这可以克服艰巨的探索任务。该数据可以从现有的非强化学习控制器或教师的行动中获得。这种方法也称为**演示学习**（demonstration learning）。

信息

　演示学习是训练强化学习智能体的一种流行方法，尤其是在机器人技术中。Nair 等人的 ICRA 论文展示了机器人如何拾取和放置物体来为强化学习智能体的训练提供种子。

相反，教师可以引导智能体远离不良行动。实现这一点的一种有效方法是通过**行动掩蔽**，它将用于观测的可用行动空间限制为一组理想的行动。

设计智能体消耗的训练数据的另一种方法是监控智能体的性能，识别它需要更多训练的状态空间部分，并将智能体暴露于这些状态以提高性能。

10.2.2.5　反馈

强化学习智能体通过奖励形式的反馈进行学习。设计奖励函数以使学习变得容易——在某些情况下甚至是可行的，否则这将不可行——是机器教师最重要的任务之一。这通常是一个迭代过程。通常在项目过程中多次修改奖励函数以使智能体学习所需的行为。未来的机器教学工具可能涉及通过自然语言与智能体进行交互以提供这种反馈，其形成了幕后使用的奖励函数。

有了这个，我们向你介绍机器教学及其元素。接下来，我们将研究具体的方法。我们会专注于单个方法，而不是针对示例问题讨论整个机器教学策略。根据你的问题需要，你可以将它们用作机器教学策略的构建块。我们将从最常见的一种开始，即奖励函数工程，你可能以前已经使用过它。

10.3　设计奖励函数

奖励函数工程意味着在强化学习问题中精心设计环境的奖励动态，以便它反映你对智能体的确切目标。你如何定义奖励函数可能会使智能体的训练变得容易、困难甚至不可能。因此，在大多数强化学习项目中，投入大量精力来设计奖励。在本节中，我们将介绍一些你需要执行此操作的特定情况以及如何执行此操作，然后提供一个具体示例，最后讨论设计奖励函数带来的挑战。

10.3.1　何时设计奖励函数

在本书中，包括在上一节讨论概念时，我们多次提到稀疏奖励如何给学习带来问题。处理这个问题的一种方法是**塑造奖励**（shape the reward）以使其非稀疏。因此，稀疏奖励案例是我们可能想要进行奖励函数工程的常见原因。然而，它并不是唯一的。并非所有环境 /问题都像在雅达利游戏中那样为你提供预定义的奖励。此外，在某些情况下，你希望智能体实现多个目标。考虑到所有这些原因，许多现实生活中的任务需要机器教师根据他们的专业知识指定奖励函数。接下来让我们看看这些案例。

10.3.1.1　稀疏奖励

当奖励稀疏时，这意味着智能体看到奖励的变化（从一个常量 0 到正 / 负，从负的常量到正的常量，等等）具有不太可能的随机行动序列，学习变得困难。那是因为智能体需要通过随机实验和错误偶然发现这个序列，这使得问题探索变得困难。

与有竞争力的玩家学习国际象棋，其中奖励为 +1 表示获胜，0 表示平局，−1 表示最后失败，这是奖励稀疏环境的一个很好的例子。强化学习基准测试中使用的一个经典示例是《蒙特祖玛的复仇》（*Montezuma's Revenge*），如图 10-3 所示，这是一款雅达利游戏，玩家需要收集设备（钥匙、手电筒等）、打开门等才能取得进展，这不太可能只需采取随机行动。

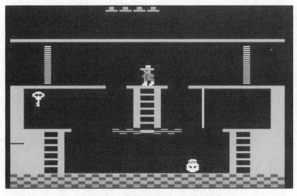

图 10-3　《蒙特祖玛的复仇》

在这样的硬探索问题中，一种常见的策略是**奖励塑造**（reward shaping），即修改奖励以引导智能体获得高奖励。例如，奖励塑造策略可以是，如果智能体学习国际象棋失去王后，则给予 −0.1 奖励，而在其他棋子丢失时则给予较小的惩罚。这样，机器教师将他们关于王后作为游戏中重要棋子的知识传达给智能体，尽管不失去王后或任何其他棋子（国王除外）

本身并不是游戏的目标。

稍后我们将详细讨论奖励塑造。

10.3.1.2 定性目标

假设你正在尝试教人形机器人如何走路。那么，什么是走路？你怎么定义它？你如何在数学上定义它？什么样的步行能获得高奖励？它只是为了向前发展还是有一些美学元素？如你所见，将你的想法融入数学表达式并不容易。

DeepMind 的研究人员在他们的著名工作中使用了以下奖励函数，用于他们训练的人形机器人：

$$r = \min(v_x, v_{max}) - 0.005(v_x^2 + v_y^2) - 0.05y^2 - 0.02\|u\|^2 + 0.02$$

其中，v_x 和 v_y 是沿 x 和 y 轴的速度，y 是 y 轴上的位置，v_{max} 是速度奖励的截止点，u 是施加在关节上的控制。如你所见，对于其他类型的机器人，有许多可能不同的任意系数。事实上，论文对三个独立的机器人主体使用了三个独立的函数。

所以，简而言之，定性目标需要精心设计一个奖励函数来获得预期的行为。

10.3.1.3 多目标任务

强化学习中的一个常见情况是具有多目标任务。另一方面，传统上，强化学习算法会优化标量奖励。因此，当有多个目标时，需要将它们调和为一个奖励。这通常会导致"苹果"和"橙子"混合在一起，并且在奖励中适当地权衡它们可能会非常痛苦。

若任务目标是定性的，则它通常也是多目标的。例如，驾驶汽车的任务包括速度、安全、燃油效率、设备磨损、舒适度等要素。你可以猜到，用数学来表达舒适的含义并不容易。但也有许多任务需要同时优化多个定量目标。这方面的一个例子是控制 HVAC 系统以使室温尽可能接近指定的设定点，同时最大限度地降低能源成本。在这个问题中，平衡这些权衡是机器教师的职责。

强化学习任务涉及上述一种或多种情况是很常见的。然后，设计奖励函数成为一项重大挑战。

经过这么多的讨论，让我们更多地关注奖励塑造。

10.3.2 奖励塑造

奖励塑造背后的想法是使用相对于实际奖励（和惩罚）相对较小的正奖励和负奖励来激励智能体走向成功状态并阻止其进入失败状态。这通常会缩短训练时间，因为智能体不会花费太多时间来尝试发现如何达到成功状态。这是一个简单的例子，可以使我们的讨论更加具体。

10.3.2.1 简单的机器人示例

假设机器人在水平轴上以 0.01 步长移动。目标是达到 +1 并避免 −1，这是终止状态，如图 10-4 所示。

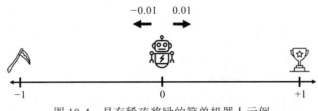

图 10-4　具有稀疏奖励的简单机器人示例

可以想象，当我们使用稀疏奖励时，机器人发现奖杯是非常困难的，比如到达奖杯处给 +1，达到失败状态给 −1。如果任务超时，那么假设在 200 步之后，这一情节很可能会以此结束。

在这个例子中，我们可以通过给予奖励来引导机器人，奖励会随着它向奖杯移动而增加。一个简单的选择可以是设置 $r=x$，其中 x 是轴上的位置。

这个奖励函数有两个潜在的问题：

❑ 随着机器人向右移动，向右移动的增量相对收益变得更小。例如，从 $x=0.1$ 到 $x=0.11$ 增加了 10% 的步骤奖励，但从 $x=0.9$ 到 $x=0.91$ 只增加了 1.1%。

❑ 由于智能体的目标是最大化总累积奖励，因此获得奖杯不符合智能体的最佳利益，因为这将终止回合。相反，智能体可能会选择"闲逛"，永远为 0.99（或直至达到时间限制）。

我们可以通过塑造奖励的方式来解决第一个问题，使智能体在走向成功状态时获得越来越多的额外奖励。例如，我们可以设置奖励为 $r=x^2\text{sign}(x)$，其中 x 在范围 [−1,1] 内，如图 10-5 所示。

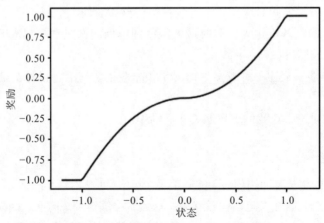

图 10-5　样本奖励塑造，其中 $r=x^2\text{sign}(x)$

随着机器人越来越接近奖杯，激励量会加速，从而鼓励机器人进一步向右走。向左走的处罚情况与此类似。

为了解决后者，我们应该鼓励智能体尽快完成这一情节。我们需要通过惩罚智能体在环境中花费的每一步来做到这一点。

这个例子说明了两件事：即使在这样简单的问题中，设计奖励函数也会变得棘手，我们需要将奖励函数的设计与我们设置的终止条件一起考虑。

在讨论奖励塑造的具体建议之前，让我们还讨论一下终止条件如何在智能体行为中发挥作用。

10.3.2.2　终止条件

由于智能体的目标是最大化一个**回合**的期望累积奖励，**回合**如何结束将直接影响智能体的行为。因此，我们可以而且应该利用一组好的终止条件来指导智能体。

我们可以讨论几种类型的终止条件：

❑ **正面终止**表示智能体已完成任务（或部分任务，取决于你如何定义成功）。这个终止条件附带一个显著的正奖励，以鼓励智能体达到它。

❑ **负面终止**表示失败状态并产生显著的负奖励。智能体会尽量避免这些情况。

❑ **中立终止**本身既不是成功也不是失败，但它表明智能体没有通往成功的路径，并且在最后一步以零奖励终止**回合**。机器教师不希望智能体在该点之后仍在环境中花费任何时间，而是重置回初始条件。虽然这不会直接惩罚智能体，但会阻止它收集额外的奖励（或惩罚）。因此，这是对智能体的隐式反馈。

❑ **时间限制**限制了在环境中花费的时间步数。它鼓励智能体在此预算内寻求高额奖励，而不是永远四处游荡。它可以作为反馈，说明哪些行动序列在合理的时间内有奖励，哪些没有。

在某些环境中，终止条件是预设的；但在大多数情况下，机器教师可以灵活地设置它们。现在已经描述了所有组件，让我们讨论一些奖励塑造的实用技巧。

10.3.2.3　奖励塑造的实用技巧

以下是在设计奖励函数时应牢记的一些一般准则：

❑ 尽可能将步骤奖励保持在 −1 和 +1 之间，以保持数值稳定性。

❑ 用可推广到问题的其他版本的术语表达你的奖励（和状态）。例如，你可以基于 $(\Delta x, \Delta y)$ 激励减少与目标的距离，而不是奖励智能体达到一个点 (x, y)。

❑ 具有流畅的奖励函数将为智能体提供易于遵循的反馈。

❑ 智能体应该能够将奖励与其观测相关联。换句话说，观测必须包含一些关于是什么导致高或低奖励的信息。否则，智能体将不会有太多的决策依据。

❑ 接近目标状态的总激励不应超过达到目标状态的实际奖励。否则，智能体将更愿意专注于积累激励，而不是实现实际目标。

❑ 如果你希望自己的智能体尽快完成一项任务，那么请为每个时间步分配一个负奖励。智能体将尝试完成这一情节以避免累积负奖励。

❑ 如果智能体可以通过未达到终止状态来收集更多的正奖励，它将尝试在达到终止条件之前收集它们。如果智能体很可能通过停留在回合中仅收集负奖励（例如，当每个时间步都有惩罚时），它将尝试达到终止条件。如果"生活"对智能体来说太痛苦，后者可能导致自杀行为，这意味着智能体可以寻求任何最终状态，包括自然状态或失败状态，以避免因"活着"而受到过度惩罚。

现在，我们将看一个使用 OpenAI 进行奖励塑造的示例。

10.3.3　示例：山地车的奖励塑造

在 OpenAI 的山地车环境中，汽车的目标是到达其中一座山顶的目标点，如图 10-6 所示。行动空间是向左推车、向右推车或不施力。

由于我们施加的力量不足以爬山到达目标，汽车需要逐渐通过向相反方向攀爬来积累势能。弄清楚这一点并非易事，因为汽车在达到目标之前并不知道目标是什么，而这可以在 100 步正确行动之后实现。默认环境下唯一的奖励是每时间步 −1，以鼓励汽车尽快达到目标，避免累积负奖励。这一情节在 200 步后终止。

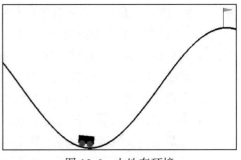

图 10-6　山地车环境

我们将在本章中使用各种机器教学技术来训练我们的智能体。为此，我们将有一个定制的训练流程和定制的环境，可用来实验这些方法。让我们先把事情安排好。

10.3.3.1　设置环境

我们自定义的 `MountainCar` 环境包装了 OpenAI 的 `MountainCar-v0`，如下所示（代码文件为 Chapter10/custom_mcar.py）：

```
class MountainCar(gym.Env):
    def __init__(self, env_config={}):
        self.wrapped = gym.make("MountainCar-v0")
        self.action_space = self.wrapped.action_space
        ...
```

如果你现在访问该文件，它可能看起来很复杂，因为它包含一些我们尚未介绍的附加组件。现在，只需要知道这是我们将使用的环境。

我们将在整章中使用 Ray/RLlib 的 Ape-X DQN 来训练我们的智能体。确保你已安装它们，最好是在虚拟环境中：

```
$ virtualenv rlenv
$ source rlenv/bin/activate
$ pip install gym[box2d]
$ pip install tensorflow==2.3.1
$ pip install ray[rllib]==1.0.1
```

接下来，让我们通过在没有任何机器教学的情况下训练智能体来获得基准性能。

10.3.3.2　获得基准性能

我们将使用一个脚本进行所有训练。我们在脚本顶部定义了一个 STRATEGY 常量，它将控制要在训练中使用的策略（代码文件为 Chapter10/mcar_train.py）：

```
ALL_STRATEGIES = [
    "default",
    "with_dueling",
    "custom_reward",
    ...
]
STRATEGY = "default"
```

对于每个策略，我们将启动五个不同的训练课程，每个训练有 200 万个时间步，因此我们设置 NUM_TRIALS = 5 和 MAX_STEPS = 2e6。在每个训练课程结束时，我们将在 NUM_FINAL_EVAL_EPS = 20 情节上评估受过训练的智能体。因此，每个策略的结果将反映 100 个测试情节的平均长度，其中数字越小表示性能越好。

对于大多数策略，你会看到我们有两种变体：启用和不启用对决网络。当启用对决网络时，智能体会获得接近最优的结果（大约 100 步才能达到目标），因此对于我们的案例来说它变得无趣。此外，当我们在本章后面实现行动掩蔽时，我们不会使用对决网络来避免 RLlib 中的复杂性。因此，在我们的示例中，我们将重点关注无对决网络案例。最后，请注意，实验结果将写入 results.csv。

有了这个，让我们训练自己的第一个智能体。当没有使用机器教学时，我获得了以下平均回合长度：

```
STRATEGY = "default"
```

结果如下：

Average episode length: 192.23

接下来让我们看看奖励塑造是否对我们有帮助。

10.3.3.3　用成形的奖励解决问题

任何看过山地车问题的人都会说我们应该鼓励小车向右行驶，至少最终是这样。在本节中，这就是我们要做的。小车的倾角位置对应于 −0.5 的 x 位置。我们修改了奖励函数，为越过该位置向右的智能体提供二次增加的奖励。这发生在自定义 MountainCar 环境中：

```
def step(self, action):
    self.t += 1
    state, reward, done, info = self.wrapped.step(action)
    if self.reward_fun == "custom_reward":
```

```
        position, velocity = state
        reward += (abs(position+0.5)**2) * (position>-0.5)
    obs = self._get_obs()
    if self.t >= 200:
        done = True
    return obs, reward, done, info
```

当然，可以在这里尝试自己的奖励塑造，以获得更好的想法。

> **提示**
>
> 　　应用一个常量奖励（如 −1）是一个稀疏奖励的例子，尽管步骤奖励不是 0。这是因为智能体直到情节结束时才得到反馈，在很长一段时间内，它的任何行动都不会改变默认的奖励。

我们可以使用以下标志启用自定义（成形的）奖励策略：

```
STRATEGY = "custom_reward"
```

我们得到的结果类似以下内容：

Average episode length: 131.33

这显然是一个显著的收益，因此对我们的成形奖励功能表示敬意！诚然，尽管如此，我花了几次迭代才找出可以带来显著改进的东西。这是因为我们鼓励的行为比向右走更复杂：我们希望智能体在左右之间移动以加快速度。这在奖励函数中有点难以捕捉，而且很容易让你头疼。

一般来说，奖励函数工程会变得非常棘手和耗时，以至于这个话题值得专门用一节来讨论，我们接下来就开始讨论。

10.3.4　设计奖励函数面临的挑战

强化学习的目标是找到最大化智能体收集的期望累积奖励的策略。我们设计并使用非常复杂的算法来克服这一优化挑战。在某些问题中，我们为此使用了数十亿个训练样本，并试图挤出一点额外的奖励。在经历了所有这些麻烦之后，观测到你的智能体获得丰厚奖励的情况并不少见，但它表现出的行为并不完全符合你的预期。换句话说，智能体学到的东西与你希望它学习的东西不同。如果你遇到这种情况，不要太生气。那是因为智能体的唯一目的是最大化你指定的奖励。如果该奖励不能准确反映你心中的目标，这比你想象的更具挑战性，那么智能体的行为也不会。

> **信息**
>
> 　　由于错误指定的奖励而导致行为不端的智能体的一个著名示例是 OpenAI 的 CoastRunners 智能体。在游戏中，智能体期望尽快完成赛艇比赛，同时沿途收集奖

励。经过训练，智能体想出了一种无须完成比赛就能获得更高奖励的方法，从而违背了最初的目的。你可以在 OpenAI 的博客上阅读更多相关信息：https://openai.com/blog/faulty-reward-functions/。

因此，为你的任务指定一个好的奖励函数非常重要，尤其是当它包括定性或复杂目标时。不幸的是，设计一个好的奖励函数更像是一门艺术而不是科学，你将通过实践和反复实验获得直觉。

> **提示**
>
> 谷歌的机器学习研究员 Alex Irpan 完美地表达了设计奖励函数的重要性和挑战性："我已经开始将深度强化学习想象成一个恶魔，它故意曲解你的奖励并积极寻找最懒惰的局部最优值。这有点荒谬，但我发现拥有它实际上是一种富有成效的心态。"（Irpan，2018）Keras 的作者 François Chollet 说，"损失函数工程可能会成为未来的工作头衔。"

尽管存在这些挑战，但我们刚介绍的技巧应该会给你一个良好的开端。其余的将随着经验而来。

至此，让我们结束关于奖励函数工程的讨论。这是一个漫长而必要的过程。在下一节，我们将讨论另一个主题，即课程表学习，这不仅在机器教学中而且在整个强化学习中都很重要。

10.4　课程表学习

当学习一项新技能时，我们都是从基础开始。弹跳和运球是学习篮球的第一步。做空中接力不会是第一课就试图教给你的东西。这种从基础到高级的课程理念是整个教育体系的基础。问题是机器学习模型是否可以从相同的方法中受益。事实证明，它们可以！

在强化学习的上下文中，当创建课程时，我们同样从智能体的"简单"环境配置开始。通过这种方式，智能体可以及早了解成功意味着什么，而不是花大量时间盲目地探索环境，希望能偶然获得成功。然后，如果观测到智能体超过了某个奖励阈值，我们就会逐渐增加难度。这些难度级别中的每一个都被视为**一堂课**。课程表学习已被证明可以提高训练效率，并使智能体无法完成的任务变得可行。

> **提示**
>
> 设计课程和过渡标准是一项艰巨的任务。它需要大量的思想和主题专业知识。虽然我们在本章中遵循手动课程表设计，但当重温第 11 章和第 14 章中的主题时，我们将讨论自动课程表生成方法。

在我们的山地车案例里，比如说，我们通过修改环境的初始条件来创建课程。通常，随着回合的开始，环境会随机化小车在山谷倾角周围的位置（x=[-0.6,-0.4]）并将速度（v）设置为 0。在我们的课程表中，小车将在第一节课开始接近球门并以高速向右。有了这个，它很容易达到目标。随着课程表的推进，我们会逐渐接近原来的难度。

具体来说，这里是我们如何定义课程：

❑ 第 0 课：x=[0.1,0.4]，v=[0,0.07]
❑ 第 1 课：x=[-0.4,0.1]，v=[0,0.07]
❑ 第 2 课：x=[-0.6,-0.4]，v=[-0.07,0,0.07]
❑ 第 3 课：x=[-0.6,-0.1]，v=[-0.07,0,0.07]
❑ 第 4 课（最终/最初）：x=[-0.6,-0.4]，v=0

这是它在环境中的设置方式：

```
def _get_init_conditions(self):
    if self.lesson == 0:
        low = 0.1
        high = 0.4
        velocity = self.wrapped.np_random.uniform(
            low=0, high=self.wrapped.max_speed
            )
        ...
```

一旦在当前课程中足够成功，我们将让智能体继续下一课。我们将此阈值定义为在 10 个评估回合中平均回合长度小于 150。我们使用以下函数设置训练课程和评估展开器：

```
CURRICULUM_TRANS = 150
...
def set_trainer_lesson(trainer, lesson):
    trainer.evaluation_workers.foreach_worker(
        lambda ev: ev.foreach_env(lambda env: env.set_
lesson(lesson))
    )
    trainer.workers.foreach_worker(
        lambda ev: ev.foreach_env(lambda env: env.set_
lesson(lesson))
    )
    ...
def increase_lesson(lesson):
    if lesson < CURRICULUM_MAX_LESSON:
        lesson += 1
    return lesson    if "evaluation" in results:
        if results["evaluation"]["episode_len_mean"] <
CURRICULUM_TRANS:
            lesson = increase_lesson(lesson)
            set_trainer_lesson(trainer, lesson)
```

然后在训练流程中使用这些:

```
            if results["evaluation"]["episode_len_mean"] <
CURRICULUM_TRANS:
            lesson = increase_lesson(lesson)
            set_trainer_lesson(trainer, lesson)
            print(f"Lesson: {lesson}")
```

因此, 这就是我们实施手动课程表的方式。假设你使用以下命令训练智能体:

```
STRATEGY = "curriculum"
```

你将看到我们获得的性能接近最优!

Average episode length: 104.66

你刚使用课程表教了机器一些东西! 很酷, 不是吗? 现在应该感觉像机器教学了!
接下来, 我们将看看另一种有趣的方法: 使用演示进行机器教学。

10.5 热启动和演示学习

向智能体展示成功方法的一种流行技术是使用来自相当成功的控制器 (例如人类) 的数据对其进行训练。在 RLlib 中, 这可以通过从山地车环境中保存人类游戏数据来完成 (代码文件为 Chapter10/mcar_demo.py):

```
        ...
        new_obs, r, done, info = env.step(a)
        # Build the batch
        batch_builder.add_values(
            t=t,
            eps_id=eps_id,
            agent_index=0,
            obs=prep.transform(obs),
            actions=a,
            action_prob=1.0,  # put the true action probability
here
            action_logp=0,
            action_dist_inputs=None,
            rewards=r,
            prev_actions=prev_action,
            prev_rewards=prev_reward,
            dones=done,
            infos=info,
            new_obs=prep.transform(new_obs),
            )
        obs = new_obs
```

```
        prev_action = a
        prev_reward = r
```

然后可以将这些数据馈送到训练中，该训练在 Chapter10/mcar_train.py 中实现。当我尝试它时，使用这种方法进行训练，RLlib 在多次尝试中都被 NaN 卡住了。所以，既然你知道了，我们将把它的细节留给 RLlib 在 https://docs.ray.io/en/releases-1.0.1/rllib-offline.html 处的文档，这里不作为重点。

10.6　行动掩蔽

我们将使用的最后一种机器教学方法是行动掩蔽。有了这个，我们可以防止智能体根据我们定义的条件在某些步骤中采取某些行动。对于山地车，假设我们在尝试爬山之前有这种建立动力的直觉。因此，如果小车已经在山谷中向左移动，我们希望智能体向左施加力。因此，对于这些条件，我们将掩蔽除向左之外的所有操作：

```
def update_avail_actions(self):
    self.action_mask = np.array([1.0] * self.action_
space.n)
    pos, vel = self.wrapped.unwrapped.state
    # 0: left, 1: no action, 2: right
    if (pos < -0.3) and (pos > -0.8) and (vel < 0) and (vel
> -0.05):
        self.action_mask[1] = 0
        self.action_mask[2] = 0
```

为了能够使用这个掩蔽，我们需要构建一个自定义模型。对于被掩蔽的行动，我们将所有 logit 下推到负无穷大：

```
class ParametricActionsModel(DistributionalQTFModel):
    def __init__(
        self,
        obs_space,
        action_space,
        num_outputs,
        model_config,
        name,
        true_obs_shape=(2,),
        **kw
    ):
        super(ParametricActionsModel, self).__init__(
            obs_space, action_space, num_outputs, model_config,
name, **kw
        )
        self.action_value_model = FullyConnectedNetwork(
```

```
            Box(-1, 1, shape=true_obs_shape),
            action_space,
            num_outputs,
            model_config,
            name + "_action_values",
        )
        self.register_variables(self.action_value_model.
variables())

    def forward(self, input_dict, state, seq_lens):
        action_mask = input_dict["obs"]["action_mask"]
        action_values, _ = self.action_value_model(
            {"obs": input_dict["obs"]["actual_obs"]}
        )
        inf_mask = tf.maximum(tf.math.log(action_mask),
tf.float32.min)
        return action_values + inf_mask, state
```

最后，在使用这个模型时，我们关闭了对决以避免过于复杂的实现。另外，我们注册自己的自定义模型：

```
    if strategy == "action_masking":
        config["hiddens"] = []
        config["dueling"] = False
        ModelCatalog.register_custom_model("pa_model",
ParametricActionsModel)
        config["env_config"] = {"use_action_masking": True}
        config["model"] = {
            "custom_model": "pa_model",
        }
```

为了使用此策略训练你的智能体，设置如下：

```
STRATEGY = "action_masking"
```

其性能如下：

Average episode length: 147.22

这绝对是对默认情况的改进，但它落后于奖励塑造和课程表学习方法。拥有更智能的掩蔽条件和添加对决网络可以进一步帮助提高性能。

这是我们用于山地车问题的机器教学技术的最后内容。在结束之前，让我们检查一下机器教学中另一个重要的主题。

10.7 概念网络

机器教学方法的一个重要部分是将问题划分为与不同技能相对应的概念，以促进学习。

例如，对于自动驾驶汽车，训练单独的智能体在高速公路上巡航和超车可以帮助提高性能。在某些问题中，概念之间的划分更加清晰。在这些情况下，针对整个问题训练单个智能体通常会带来更好的性能。

结束本章内容前，让我们谈谈机器教学方法的一些潜在缺点。

10.8　机器教学的缺点和承诺

机器教学方法有两个潜在的缺点。首先，提出良好的奖励塑造、良好的课程、一组行动掩蔽条件等通常并非易事。这在某些方面也违背了从经验中学习而不必进行特征工程的目的。另一方面，只要我们能够做到这一点，特征工程和机器教学就可以极大地帮助智能体学习和提高其数据效率。

其次，当我们采用机器教学方法时，可能会将教师的偏见注入智能体，这可能会阻止它学习更好的策略。机器教师需要尽可能避免这种偏见。

接下来我们总结一下所介绍的内容。

10.9　总结

在本章中，我们介绍了人工智能中的一个新兴范式，即机器教学（MT），它是关于有效地将主题专家（教师）的专业知识传递给机器学习算法。我们讨论了这与人类的教育方式有何相似之处：通过建立他人的知识，通常不重新发明它。这种方法的优势在于，它极大地提高了机器学习中的数据效率，并且在某些情况下，使学习成为可能，而这在没有教师的情况下是不可能的。我们讨论了这个范式中的各种方法，包括奖励函数工程、课程表学习、演示学习、行动掩蔽和概念网络。我们观测到其中一些方法如何显著改善 Ape-X DQN 的普通使用。最后，我们还介绍了这种范式的潜在缺点，即设计教学过程和工具的难度，以及可能引入学习的偏见。尽管有这些缺点，机器教学在不久的将来也会成为强化学习科学家工具箱的标准部分。

在下一章，我们将讨论泛化和部分可观测性，这是强化学习的一个关键主题。其间我们将再次探讨课程表学习，看看它如何帮助创建强大的智能体。

10.10　参考文献

- Bonsai. (2017). *Deep Reinforcement Learning Models: Tips & Tricks for Writing Reward Functions*. Medium. URL: https://bit.ly/33eTjBv
- Weng, L. (2020). *Curriculum for Reinforcement Learning*. Lil'Log. URL: https://bit.ly/39foJvE

- OpenAI. (2016). *Faulty Reward Functions in the Wild*. OpenAI blog. URL: `https://openai.com/blog/faulty-reward-functions/`
- Irpan, A. (2018). *Deep Reinforcement Learning Doesn't Work Yet*. Sorta Insightful. URL: `https://www.alexirpan.com/2018/02/14/rl-hard.html`
- Heess, N. et al. (2017). *Emergence of Locomotion Behaviours in Rich Environments*. arXiv.org. URL: `http://arxiv.org/abs/1707.02286`
- Bonsai. (2017). *Writing Great Reward Functions* – Bonsai. YouTube. URL: `https://youtu.be/0R3PnJEisqk`
- Badnava, B. & Mozayani, N. (2019). *A New Potential-Based Reward Shaping for Reinforcement Learning Agent*. arXiv.org. URL: `http://arxiv.org/abs/1902.06239`
- Microsoft Research. (2019). *Reward Machines: Structuring Reward Function Specifications and Reducing Sample Complexity*. YouTube. URL: `https://youtu.be/0wYeJAAnGl8`
- US Government Finances. (2020). URL: `https://www.usgovernmentspending.com/`
- The AlphaStar team. (2019). *AlphaStar: Mastering the Real-Time Strategy Game StarCraft II*. DeepMind blog. URL: `https://bit.ly/39fpDIy`

## CHAPTER II

第 11 章

泛化和域随机化

深度**强化学习**（RL）实现了早期 AI 方法无法实现的目标，例如在围棋、*Dota 2* 和《星际争霸 II》等游戏中击败世界冠军。然而，将强化学习应用于现实世界的问题仍然具有挑战性。阻碍实现这一目标的两个主要障碍是将训练好的策略推广到宽泛的环境条件，以及制定可以处理部分可观测性的策略。你将在本章中看到，这些是密切相关的挑战，我们将针对这些挑战提出解决方案。

理解本章所介绍的内容对于确保在现实环境中成功实现强化学习至关重要。

11.1 泛化和部分可观测性概述

与所有机器学习一样，我们希望强化学习模型能够在训练后工作，并能于测试期间在广泛的条件下工作。然而，当你开始学习强化学习时，与监督学习相反，过拟合的概念并不是最先需要讨论的问题。在本节中，我们将比较监督学习和强化学习之间的过拟合和泛化，描述泛化如何与部分可观测性密切相关，并提出应对这些挑战的一般方法。

11.1.1 监督学习中的泛化和过拟合

监督学习（例如，图像识别和预测）中最重要的目标之一是防止过拟合，并在看不见的数据上实现高精度——毕竟，训练数据中的标记是已知的。为此，我们使用各种方法：

❑ 分别使用单独的训练、开发和测试集进行模型训练、超参数选择和模型性能评估。为了对模型的性能进行公平的评估，不应根据测试集修改模型。

❑ 使用各种正则化方法以防止过拟合，例如，惩罚模型方差（如 L1 和 L2 正则化）和 dropout 方法。

❑ 使用尽可能多的数据来训练模型，模型本身具有正则化效果。在缺乏足够数据的情况下，我们利用数据增强技术来生成更多数据。

❑ 目标是拥有一个多样化的数据集，并且与我们期望在模型部署后看到的数据类型具有相同的分布。

这些概念在你学习监督学习的一开始就会出现，它们构成了如何训练模型的基础。然而，在强化学习中，对过拟合问题似乎没有同样强调。

本章可让你更详细地了解强化学习中的不同之处、不同的原因以及泛化是否是次要的。

11.1.2 强化学习中的泛化和过拟合

众所周知，深度监督学习需要大量数据。但是，由于反馈信号中的噪声和强化学习任务的复杂性，深度强化学习对数据的渴望使深度监督学习的数据需求相形见绌。针对几十亿个数据点，用几个月时间训练强化学习模型的情况并不少见。由于不太可能使用物理系统生成如此大的数据，因此深度强化学习研究利用了数字环境，例如模拟和视频游戏。这模糊了训练和测试之间的区别。

想一想：如果你训练强化学习智能体玩雅达利游戏，例如 *Space Invaders*（这是大多数强化学习算法的基准），并为此使用大量数据，那么如果该智能体在经过训练后玩 *Space Invaders* 玩得非常好，有什么问题吗？在这种情况下，你可能已经意识到，与监督学习模型训练工作流相比，强化学习训练工作流不涉及任何防止过拟合的措施。可能只是你的智能体记住了游戏中的各种场景。如果你只关心雅达利游戏，那么在强化学习中过拟合似乎不是问题。

当我们离开雅达利设置并训练智能体以击败人类竞争对手（例如在围棋、*Dota 2* 和《星际争霸 II》中）时，过拟合开始成为一个更大的问题。正如我们在第 9 章中看到的，这些智能体通常是通过自博弈来训练的。在这种情况下，智能体的一个主要危险是它们对彼此的策略过拟合。为了防止这种情况，我们通常训练多个智能体并让它们分阶段相互对抗，以便单个智能体看到不同的对手（从智能体的角度来看环境），这样过拟合的可能性较小。

当我们在模拟中训练模型并将它们部署在物理环境中时，过拟合成为强化学习中的一个巨大问题，远超我们之前提到的两种情况。这是因为，无论它有多高的保真度，模拟（几乎）永远不会与现实世界相同。这称为 sim2real（模拟到现实）**差距**。模拟涉及许多假设、简化和抽象。它只是现实世界的模型，众所周知，所有模型都是错误的。我们在任何地方都使用模型，为什么这突然成了强化学习中的一个主要问题？好吧，再说一次，训练和强化学习智能体需要大量数据（这就是我们首先需要模拟的原因），并且长时间在类似数据上训练任何机器学习模型都会导致过拟合。因此，强化学习模型极有可能过拟合模拟的模式和"怪癖"。因此，我们的确需要将强化学习策略在模拟之外进行泛化，以使它们可用。总的来说，这对于强化学习是一个严峻的挑战，也是将强化学习引入实际应用的最大障碍之一。

sim2real 差距是一个与部分可观测性密切相关的概念。接下来看看它们之间的联系。

11.1.3 泛化与部分可观测性之间的联系

前文提到模拟永远不会与现实世界相同。这可以表现为以下两种形式：
❏ 在某些问题中，你永远无法在模拟中获得与在现实世界中完全相同的观测结果。训练自动驾驶汽车就是一个例子。真实的场景总会有所不同。

❑ 在某些问题中，你可以根据在现实世界中看到的相同观测来训练智能体——例如工厂生产计划问题，其中观测是需求前景、当前库存水平和机器状态。如果你知道观测的范围大小，就可以设计模拟以反映这些情况。尽管如此，模拟和现实生活还是会有所不同。

前一种情况更明显，为什么训练好的智能体可能无法在模拟之外很好地泛化。然而，后者的情况要微妙一些。虽然观测结果相同，但真实世界动态可能不在两种环境之间（诚然，这对于前一种情况来说也是一个问题）。你能回忆起这与什么相似吗？部分可观测性。你可以将模拟与现实世界之间的差距视为部分可观测性的结果：有一种对智能体隐藏的环境状态影响了转移动态。因此，即使智能体在模拟和现实世界中进行了相同的观测，它也没有看到这个隐藏状态，这种隐藏状态被假设用来捕捉模拟与现实之间的差异。

由于这种联系，本章才一起讨论泛化和部分可观测性。话虽如此，即使在完全可观测的环境中，泛化仍然值得关注，即使泛化不是主要问题，我们也可能需要处理部分可观测性。本章后续将研究这些维度。

接下来，我们简要讨论如何应对这些挑战中的每一个，然后再详细介绍后面的部分。

11.1.4 用记忆克服部分可观测性

你还记得你第一次进入高中课堂时的感觉吗？可能有很多新面孔，你想结交朋友。但是，你不想仅根据第一印象来接近他人。虽然第一印象确实告诉我们一些关于人的信息，但它只反映了他们是谁。你真正想做的是，在做出判断之前随着时间的推移进行观测。

这种情况在强化学习的上下文中是类似的。以雅达利游戏 *Breakout* 为例，如图 11-1 所示。

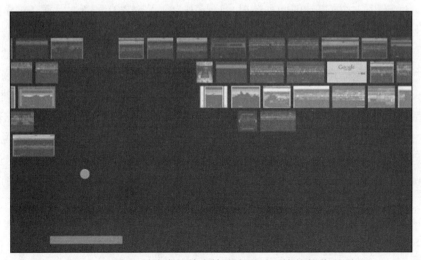

图 11-1 雅达利游戏的单个帧给出了对环境的部分观测

从单个游戏场景来看，球的移动方向不是很清楚。如果有前一个时间步的另一个快照，我们可以估计球的位置和速度的变化。再拍一张快照可以帮助我们估计速度、加速度等的变化。因此，当环境部分可观测时，采取行动不是基于单个观测而是基于一系列观测结果，这会导致更明智的决策。换句话说，拥有**记忆**可以让强化学习智能体发现在一次观测中无法观测到的东西。

在强化学习模型中有不同的内存维护方式，本章后面会更详细地进行讨论。

在此之前，我们简要讨论一下如何克服过拟合。

11.1.5　通过随机化克服过拟合

如果你是一名汽车司机，想一想你是如何随着时间的推移在不同条件下获得驾驶经验的。你可能开过小型车、大型车、加速或快或慢的车、上路或高或低的车等。此外，你可能有过雨天、雪天、沥青和碎石路面的驾驶经验。我个人有过这些经历。所以当我第一次试驾特斯拉 Model S 时，一开始感觉完全不同。但几分钟后，我就习惯了，开始很舒服地开车。

作为驾驶员，我们通常无法准确定义一辆车与另一辆车的区别：重量、扭矩、牵引力等方面的确切差异使得环境对我们部分可观测。但是我们过去在不同驾驶条件下的经验可以帮助我们在几分钟的驾驶后快速适应新的条件。这是怎么发生的？当有了多样化的经验时，我们的大脑能够开发出用于驾驶的通用物理模型（并相应地采取行动），而不是将驾驶风格"过拟合"到特定的汽车型号和驾驶条件。

我们处理过拟合和实现泛化的方式与强化学习智能体类似。我们会让智能体暴露在许多不同的环境条件下，包括它不一定能完全观测到的环境条件，这称为**域随机化**（Domain Randomization，DR）。这将为智能体提供必要的经验，以便在模拟和训练条件之外进行泛化。

除此之外，监督学习中使用的正则化方法对强化学习模型也有帮助，我们将对此进行讨论。

接下来，概述一下 11.2 节中与泛化相关的讨论。

11.1.6　泛化的技巧

看完前面的例子应该很清楚，实现泛化需要三个要素：

- ❏ 多样化的环境条件帮助智能体丰富其经验。
- ❏ 模型记忆帮助智能体发现环境中的潜在条件，尤其是在环境部分可观测的情况下。
- ❏ 在监督学习中使用正则化方法。

现在可以讨论处理泛化和部分可观测性的具体方法了。我们首先使用域随机化进行泛化，然后讨论使用记忆来克服部分可观测性。

11.2　用于泛化的域随机化

我们之前提到过经验的多样性如何有助于泛化。在强化学习中，我们通过在训练期间随机化环境参数（即域随机化，DR）来实现。 例如，对于携带和操纵物体的机械手，相关参数示例如下：

- ☐ 物体表面的摩擦系数
- ☐ 重力
- ☐ 物体形状和重量
- ☐ 执行器的功率

DR 在机器人应用程序中特别受欢迎，用以克服 sim2real 差距，因为智能体通常在模拟中训练并部署在物理世界中。然而，无论何时需要泛化，DR 都是训练过程的重要组成部分。

为了更具体地了解环境参数是如何随机化的，我们需要讨论代表同一类型问题的两个环境如何不同。

11.2.1 随机化的维度

借用（Rivlin，2019），对相似环境之间的差异进行了有用的分类，如下所示。

11.2.1.1 相同/相似状态的不同观测

在这种情况下，尽管底层状态和转移函数相同或非常相似，但两个环境会发出不同的观测结果。一个例子是相同的雅达利游戏场景，但具有不同的背景和纹理颜色。游戏状态没有什么不同，但是观测结果不同。一个更现实的例子是，在训练一辆自动驾驶汽车时，即使对于完全相同的场景，相对于来自真实相机输入的逼真外观，模拟中的外观更"卡通"。

解决方案：在观测中添加噪声

在这些情况下，有助于泛化的就是对观测添加噪声，以便强化学习模型专注于观测中实际重要的模式，而不是过拟合不相关的细节。下面，我们将讨论一种称为**网络随机化**的特定方法，它将解决这个问题。

11.2.1.2 不同状态的相同/相似观测

POMDP（部分可观测环境）彼此不同的另一种方式是，当观测相同/相似时，底层状态实际上不同，这也称为**混淆状态**。一个简单的例子是山地车环境的两个不同版本，它们具有完全相同的外观但重力不同。这些情况在机器人应用中很常见。考虑用机械手操纵物体，如著名的 OpenAI 工作（我们将在本章后面详细讨论）：摩擦力、重量、进入执行器的实际功率等可能以智能体无法观测到的方式因不同的环境版本而异。

解决方案：使用随机环境参数和使用记忆进行训练

此处采用的方法是在许多不同版本的环境中使用不同的基础参数以及强化学习模型中的记忆来训练智能体。 这将有助于智能体发现潜在的环境特征。这里一个著名的例子是 OpenAI 的机器人手操纵在模拟中训练的对象，这很容易出现 sim2real 差距。我们可以通过为以下场景随机化模拟参数来克服这个问题：当与记忆一起使用并在绝大多数环境条件下接受过训练时，该策略有望获得适应所处环境的能力。

11.2.1.3　同一问题类别的不同复杂程度

这种情况本质上是在处理相同类型的问题，但具有不同的复杂程度 *Rivlin, 2019* 的一个很好的例子是图中具有不同数量的节点的**旅行商问题**（Traveling Salesman Problem，TSP）。强化学习智能体在此环境中的工作是在每个时间步决定接下来访问哪个节点，以便所有节点以最小代价被访问一次，最后返回到初始节点。 实际上，我们在强化学习中处理的许多问题自然会面临此类挑战，例如针对不同专业水平的对手训练国际象棋智能体等。

解决方案：在不同复杂程度的课程表中进行训练

毫不奇怪，在具有不同难度级别的环境中训练智能体对于实现泛化是必要的。话虽如此，正如我们在本书前面所描述的，使用一个课程表应从简单的环境配置开始，逐渐变得更加困难。这会让学习更有效率，在某些没有课程表的情况下甚至更可行。

既然我们已经涵盖了在不同维度上实现泛化的高级方法，那么下面来了解一些特定的算法。但首先介绍一个用于量化泛化的基准环境。

11.2.2　量化泛化

有多种方法可以测试某些算法 / 方法是否比其他算法 / 方法能更好地泛化到看不见的环境条件，例如：

- ❑ 使用单独的环境参数集创建验证和测试环境
- ❑ 评估现实部署中的策略性能

第二种方法并不总是可行，因为现实生活中的部署可能不一定是一种选择。第一种方法的挑战是保持一致性并确保验证 / 测试数据确实不用于训练。此外，当基于验证性能尝试了太多模型时，可能会过拟合验证环境。克服这些挑战的一种方法是使用程序生成的环境。为此，OpenAI 创建了 CoinRun 环境来对算法的泛化能力进行基准测试。我们来更详细地研究一下。

11.2.2.1　CoinRun 环境

CoinRun 环境是关于一个角色的，该角色试图在不与任何障碍物碰撞的情况下收集其所在楼层的硬币。角色从最左边开始，硬币在最右边。这些楼层是根据不同难度级别的潜在概率分布按程序生成的，如图 11-2 所示。

图 11-2　CoinRun 中具有不同难度级别的两个楼层（Cobbe et al., 2018）

以下是有关环境奖励函数和终止条件的更多详细信息：

❑ 有动态和静态的障碍物，导致角色在与它们碰撞时死亡，从而终止这个回合。

❑ 只有在收集硬币时才会给予奖励，这也会终止回合。

❑ 回合终止前有 1000 个时间步的时间限制，除非角色死亡或硬币已捡完。

请注意，CoinRun 环境从同一分布生成所有（训练和测试）楼层，因此它不会测试策略在分布外的（外推）性能。

下面安装这个环境并进行实验。

11.2.2.2 安装 CoinRun 环境

你可以按照以下步骤安装 CoinRun 环境：

1. 首先从设置和激活虚拟 Python 环境开始，因为 CoinRun 需要特定的包。因此，在你自己的目录中，运行以下命令：

```
virtualenv coinenv
source coinenv/bin/activate
```

2. 然后，安装必要的 Linux 软件包，包括著名的并行计算接口 MPI：

```
sudo apt-get install mpich build-essential qt5-default
pkg-config
```

3. 然后，安装 Python 依赖项和从 GitHub 代码库获取的 CoinRun 包：

```
git clone https://github.com/openai/coinrun.git
cd coinrun
pip install tensorflow==1.15.3 # or tensorflow-gpu
pip install -r requirements.txt
pip install -e .
```

   请注意，此处必须安装旧的 TensorFlow 版本。TensorFlow 1.12.0 是由 CoinRun 的创建者官方建议的。但是，使用更高版本的 TensorFlow 1.x 可以帮助你在使用 GPU 时避免 CUDA 冲突。

4. 你可以借助以下命令，使用键盘的箭头键测试环境：

```
python -m coinrun.interactive
```

至此 CoinRun 可以运行了。我建议你先熟悉它，以便更好地了解稍后将进行的比较。

信息

　　你可以访问 CoinRun GitHub 代码库以获取完整的命令集：https://github.com/openai/coinrun。

介绍环境的论文（Cobbe et al., 2018）还提到了各种正则化技术如何影响强化学习中的泛化。我们接下来将讨论这个方法，然后了解其他泛化方法。

11.2.3 正则化和网络架构对强化学习策略泛化的影响

作者发现监督学习中使用的几种防止过拟合的技术也有助于强化学习。由于重现论文中的结果需要很长时间，每个实验都需要数亿步，所以我们不会在这里尝试。不过本书提供了结果总结和运行各种版本算法的命令。但是你可以观测到，即使在 50 万时间步之后，应用如下提到的正则化技术也可以提高测试性能。你可以使用以下命令查看此环境的所有训练选项：

```
python -m coinrun.train_agent -help
```

我们就从运行基线定义首字母缩略词开始，不应用任何正则化技术。

11.2.3.1 常规训练

你可以用带有 Impala 架构的 PPO 训练强化学习智能体，无须任何泛化改进，如下所示：

```
python -m coinrun.train_agent --run-id BaseAgent --num-levels
500 --num-envs 60
```

此处，BaseAgent 是由你决定的智能体的 ID，--num-levels 500 表示在训练期间使用 500 个游戏关卡，且借助论文中使用的默认种子，--num-envs 60 启动 60 个并行环境用于展开，你可以根据机器上可用的 CPU 数量进行调整。

为了在三个并行会话中测试经过训练的智能体，每个会话有 20 个并行环境，每个环境有五个级别，你可以运行以下命令：

```
mpiexec -np 3 python -m coinrun.enjoy --test-eval --restore-id
BaseAgent -num-eval 20 -rep 5
```

平均测试奖励会在 mpi_out 中指定。在本例中，在经过 30 万时间步的训练后，奖励从大约 5.5 上升到测试环境中的 0.8。

此外，你可以通过运行以下命令来观测经过训练的智能体：

```
python -m coinrun.enjoy --restore-id BaseAgent -hres
```

这真的很有趣。

11.2.3.2 使用更大的网络

作者发现，和监督学习中一样，可以用更大的神经网络通过成功解决更多测试回合来提高泛化能力，因为它具有更高的容量。然而需要注意的是，随着规模的增加，泛化的收益递减，因此泛化不会随着网络规模的增加而线性提高。

要使用具有五个残差块而不是每层中通道数加倍的三个残差块的架构，你可以添加impalalarge 参数：

```
python -m coinrun.train_agent --run-id LargeAgent --num-levels
500 --num-envs 60 --architecture impalalarge
```

同样，你可以为大型智能体案例使用提供的运行 ID 来运行测试评估。

11.2.3.3   训练数据的多样性

为了测试不同训练数据的重要性，作者比较了两种类型的训练，二者的时间步长均为 256M，分别跨越 100 和 10 000 个游戏关卡（由参数选项 `--num-levels` 控制）。用更加多样化的数据，测试性能成功率从 30% 提高到 90% 以上（这也与训练性能相当）。

> **提示**
>
> 　　增加数据多样性在监督学习和强化学习中能起到正则化作用。这是因为随着多样性的增加，模型必须用相同的模型容量解释更多的变化，迫使它利用其容量来关注输入中最重要的模式，而不是过拟合噪声。

这强调了环境参数的随机化对实现泛化的重要性，我们将在本章后面单独讨论。

11.2.3.4   dropout 和 L2 正则化

实验结果表明，dropout 和 L2 正则化都能提高泛化能力，在大约 79% 的基线测试性能基础上带来了大约 5% 和 8% 的成功率。

> **提示**
>
> 　　如果你需要复习一下 dropout 和 L2 正则化，请查看 Chitta Ranjan 的博客，网址为 `https://towardsdatascience.com/simplified-math-behind-dropout-in-deep-learning-6d50f3f47275`。

更详细地探讨如下：

- ❏ 根据经验，作者发现最优 L2 权重为 10^{-4}，最优 dropout 率为 0.1。
- ❏ 根据经验，L2 正则化与 dropout 相比对泛化的影响更大。
- ❏ 正如预期的那样，使用 dropout 的训练收敛速度较慢，为此需分配两倍的时间步长（512M）。

要在基本智能体上使用参数为 0.1 的 dropout，你可以使用以下命令：

```
python -m coinrun.train_agent --run-id AgentDOut01 --num-levels
500 --num-envs 60 --dropout 0.1
```

同样，要使用权重为 0.0001 的 L2 归一化，可以执行以下操作：

```
python -m coinrun.train_agent --run-id AgentL2_00001
--num-levels 500 --num-envs 60 --l2-weight 0.0001
```

在 TensorFlow 强化学习模型中，可以使用 Dropout 层添加 dropout，如下所示：

```
from tensorflow.keras import layers
...
x = layers.Dense(512, activation="relu")(x)
x = layers.Dropout(0.1)(x)
...
```

要添加 L2 正则化，可以执行以下操作：

```
from tensorflow.keras import regularizers
...
x = layers.Dense(512, activation="relu", kernel_
regularizer=regularizers.l2(0.0001))(x)
```

> **信息**
>
> TensorFlow 有一个关于过拟合和欠拟合的非常好的教程，你可以查看 https://www.tensorflow.org/tutorials/keras/overfit_and_underfit。

接下来，我们讨论数据增强。

11.2.3.5 使用数据增强

防止过拟合的一种常见方法是数据增强，它主要是随机地修改 / 扭曲输入，从而增加训练数据的多样性。当用于图像时，这些技术包括随机裁剪、改变亮度和锐化等。使用数据增强的示例 CoinRun 场景如图 11-3 所示。

图 11-3　使用数据增强的 CoinRun（Cobbe et al., 2018）

> **信息**
>
> 有关数据增强的 TensorFlow 教程，请查看 https://www.tensorflow.org/tutorials/images/data_augmentation。

事实证明，数据增强在强化学习中也很有帮助，它提升了测试性能，但比 L2 正则化略差。

11.2.3.6 使用批归一化

批归一化是深度学习用于稳定训练和防止过拟合的关键工具之一。

> **信息**
>
> 如果需要复习批归一化，可以查看 Chris Versloot 的博客：https://bit.ly/3kjzjno。

在 CoinRun 环境中，你可以在训练中启用批归一化层，如下所示：

```
python -m coinrun.train_agent --run-id AgentL2_00001
--num-levels 500 --num-envs 60 --use-data-augmentation 1
```

这会在每个卷积层之后添加一个批归一化层。

当你实现自己的 TensorFlow 模型时，批处理归一化层的语法是 layers.BatchNormalization()，你可以传递一些可选参数。

报告结果表明，在所有其他正则化方法中（除了增加训练数据的多样性），使用批归一化对测试性能的提升是次优的。

11.2.3.7   添加随机性

最终，将随机性/噪声引入环境中被证明是最有用的泛化技术，对测试性能有大约 10% 的提升。论文中用 PPO 算法在训练时尝试了两种方法：

❑ 使用 ε- 贪心行动（通常与 Q- 学习方法一起使用）。
❑ 增加 PPO 中的熵奖励系数（k_H），这样做会加大由策略采取的行动的方差。

对这些方法比较好的超参数选择分别是 ε=0.1，k_H=0.04。值得注意的是，如果环境动态已经是高度随机的，那么引入更多的随机性可能不会产生太大的影响。

11.2.3.8   结合所有方法

在训练期间，所有这些正则化方法一起使用只会让单个方法获得的提升略微有所改善，这表明这些方法中的每一种都在防止过拟合方面发挥着相似的作用。请注意，这不一定意味着这些方法会对所有强化学习问题产生相似的影响。不过，需要记住的是，监督学习中使用的传统正则化方法也会对强化学习策略的泛化产生极大影响。

本章对强化学习的基本正则化技术的讨论到此结束。接下来，我们将研究遵循原始 CoinRun 论文的另一种方法，即网络随机化。

11.2.4   网络随机化和特征匹配

Lee 等人于 2020 年提出的网络随机化仅涉及使用观测值 s 的随机变换，如下所示：

$$\hat{s} = f(s;\phi)$$

然后，变换后的观测值 $\hat{s}$ 作为输入提供给强化学习算法中使用的常规策略网络。此处，ϕ 是这个变换的参数，它在每次训练迭代时被随机初始化。这可以通过在输入层之后添加一个不可训练并定期重新初始化的层来简单地实现。在 TensorFlow 2 中，可以按如下方式实现在每次调用后转换输入的随机化层：

```
class RndDense(tf.keras.layers.Layer):
    def __init__(self, units=32):
        super(RndDense, self).__init__()
        self.units = units
```

```
def build(self, input_shape):
    self.w_init = tf.keras.initializers.GlorotNormal()
    self.w_shape = (input_shape[-1], self.units)
    self.w = tf.Variable(
        initial_value=self.w_init(shape=self.w_shape,
dtype="float32"),
        trainable=True,
    )

def call(self, inputs):
    self.w.assign(self.w_init(shape=self.w_shape,
dtype="float32"))
    return tf.nn.relu(tf.matmul(inputs, self.w))
```

注意，这个自定义图层表现出以下特征：

❑ 具有不可训练的权重

❑ 在每次调用时为层分配随机权重

该架构的进一步改进是进行两次前向传递，有或没有随机输入，并强制网络提供相似的输出。这可以通过向强化学习目标添加损失以惩罚差异来实现：

$$\mathcal{L}_{FM} = \mathbb{E}[\|h(\hat{s};\theta) - h(s;\theta)\|^2]$$

此处，θ 是策略网络的参数，h 是策略网络中的倒数第二层（即输出行动的层之前的一层）。这被称为**特征匹配**，它可使网络区分输入信号中的噪声。

信息

用于 CoinRun 环境的此架构的 TensorFlow 1.x 实现可在 `https://github.com/pokaxpoka/netrand` 获得。通过将 `random_ppo2.py` 与 `ppo2.py`，以及 `random_impala_cnn` 方法与 `policies.py` 下的 `impala_cnn` 方法进行比较，将其与原始 CoinRun 环境进行比较。

回到我们之前提到的泛化维度，网络随机化有助于强化学习策略在所有的三个维度上泛化。

接下来，我们将讨论现实生活中已证实的成功实现泛化的关键方法之一。

11.2.5　用于泛化的课程表学习

我们已经讨论了丰富的训练经验如何帮助强化学习策略更好地泛化。假设，对于你的机器人应用程序，你已经确定了两个参数，以便使用一些最小值和最大值对机器人的环境进行随机化：

❑ 摩擦力：$k \in [0, 1]$

❑ 执行器扭矩：$\tau \in [0.1, 10]$

这里的目标是让智能体准备好测试时在摩擦力扭矩组合未知的环境中起作用。

事实证明，正如我们在前一章讨论课程表学习时提到的，如果你一开始就试图在整个范围内训练这些参数，则训练可能会导致智能体表现一般。这是因为对于还没有弄清楚任务基础知识的智能体来说，参数范围的极值可能太具有挑战性（假设它们以各个参数的合理数值为中心）。课程表学习背后的理念是从简单场景开始，例如将第一课设为 $k \in [\,0.4, 0.6)$, $\tau \in [\,4.5, 5.5)$，然后通过扩大范围逐渐增加下一课的难度。

一个关键问题是我们应该如何构建课程表，课程应该是什么样子（即当前课程中智能体成功后，下一个参数范围应该是什么），以及何时宣布现有课程成功。在本节中，我们将讨论两种自动生成和管理课程表以实现有效的域随机化的课程表学习方法。

11.2.5.1 自动域随机化

自动域随机化（Automatic Domain Randomization，ADR）是 OpenAI 在他们研究使用机械手操纵魔方时提出的一种方法。它是强化学习最成功的机器人应用之一，原因如下：

- ❑ 灵巧的机器人因其高自由度而难以控制。
- ❑ 策略在模拟中完全得到训练，然后成功迁移到物理机器人，成功弥补了 sim2real 差距。
- ❑ 在测试期间，机器人在训练中从未见过的条件下取得成功，例如，被绑手指、戴着橡胶手套、受到各种物体的干扰等。 就训练过的策略的泛化能力而言，这些是惊人的结果。

信息

　　你可以在 https://openai.com/blog/solving-rubiks-cube/ 上查看有关此重要研究的博客文章。它包含出色的可视化效果和对结果的见解。

ADR 是该应用成功的关键方法。接下来，我们将讨论 ADR 的工作原理。

11.2.5.2 ADR 算法

在前面的示例中，我们在训练期间创建的每个环境都针对某些参数进行了随机化，例如摩擦力和扭矩。为了表述得更正式，我们说一个环境 e_λ，由 $\lambda \in \mathbb{R}^d$ 参数化，其中 d 是参数的数量（在本例中值为 2）。创建环境后，从分布中采样 λ，$\lambda \sim P_\phi$。ADR 调整的是参数分布 ϕ，因此改变了不同参数样本的可能性，使环境变得更困难或更容易，这取决于智能体在当前难度下是否成功。

举例，P_ϕ 由每个参数维度的均匀分布组成，$\lambda_i \sim U(\phi_i^L, \phi_i^H)$，$i = 1, \cdots, d$。结合我们的例子，$i = 1$ 对应于摩擦系数 k。那么，对于最初的课程，就有 $\phi_i^L = 0.4$，$\phi_i^H = 0.6$。这对于扭矩参数 $i = 2$ 来说是类似的。那么 P_ϕ 变成如下所示：

$$P_\phi(\lambda) = \prod_{i=1}^{d} U(\phi_i^L, \phi_i^H)$$

ADR 建议如下：

❏ 随着训练的继续，分配一些评估环境来决定是否更新 ϕ。

❏ 在每个评估环境中，选择一个维度 i，然后选择要关注的上限或下限，例如 $i = 2$ 或 ϕ_2^L。

❏ 将选取的维度的环境参数固定到选定的边界。对 P_ϕ 其余参数进行采样。

❏ 评估智能体在给定环境中的表现，并将该回合中获得的总奖励保存在与维度和边界相关的缓冲区中（例如，$2, L$）。

❏ 当缓冲区中有足够多的结果时，将平均奖励与先验选择的成功或失败阈值进行比较。

❏ 如果给定维度和界限的平均性能高于你的成功阈值，请扩大维度的参数范围；如果低于失败阈值，则减小范围。

总之，ADR 在参数范围的边界处系统地评估每个参数维度的智能体性能，然后根据智能体性能扩大或缩小范围。参考 ADR 算法的伪代码，上面的解释应该很容易理解。

接下来，我们讨论另一个重要的自动课程表生成方法。

11.2.5.3 使用高斯混合模型的绝对学习进度

另一种自动课程表生成方法是**使用高斯混合模型**（GMM）**的绝对学习进度**（ALP-GMM）。这种方法的本质如下：

❏ 识别环境参数空间中显示最大学习进度的部分（称为 ALP 值）。

❏ 使用 $2, \cdots, k_{\max}$ 个核，将多个 GMM 模型拟合到 ALP 数据中，然后选择最优的一个。

❏ 从最优 GMM 模型中采样环境参数。

这个想法源于认知科学，用于模拟婴儿早期的声音发展。

新采样的参数向量 p_{new} 的 ALP 分数计算如下：

$$\text{ALP}_{new} = |r_{new} - r_{old}|$$

这里，r_{new} 是用 p_{new} 获得的回合奖励，p_{old} 是在前一回合中获得的最接近的参数向量，r_{old} 是与 p_{old} 相关的回合奖励。所有 (p, r_p) 对都保存在一个数据库中，用 $\mathcal{H}$ 表示，用它来计算 ALP 分数。然而，GMM 模型是用最近的 $N(p, \text{ALP}_p)$ 对获得的。

请注意，参数空间中具有高 ALP 分数的部分更有可能被采样以生成新环境。高 ALP 分数显示了该区域的学习潜力，学习潜力可以通过观测新采样 p 的回合奖励的大幅下降或大幅增加来获得。

信息

ALP-GMM 论文的代码库可从 https://github.com/flowersteam/teachDeepRL 获得，其中还包含展示算法工作原理的动画。由于篇幅所限，本书无法在此详细介绍代码库，但强烈建议你查看实现和结果。

最后，本书将提供一些关于泛化的额外资源以供你进一步阅读。

11.2.6　Sunblaze 环境

本书没有足够的空间来涵盖所有泛化方法，但你可以查看 Packer 和 Gao 于 2019 年发表的一篇博客，其中介绍了 Sunblaze 环境以系统地评估强化学习的泛化方法，这对你是一个很有用的资源。这些环境是对经典 OpenAI Gym 环境的修改，这些环境被参数化以测试算法的插值和外推性能。

> **信息**
>
> 　　你可以在 https://bair.berkeley.edu/blog/2019/03/18/rl-generalization/ 上找到描述 Sunblaze 环境和结果的博客文章。

至此，你已经了解了有关现实世界强化学习最重要的主题之一。接下来，我们将研究一个密切相关的主题，即克服部分可观测性。

11.3　使用记忆来克服部分可观测性

本章开头描述了记忆如何成为处理部分可观测性的有用结构。我们也提到泛化问题通常可以被认为是部分可观测性的结果：

❏ 可以通过记忆发现区分两种环境（例如模拟和现实世界）的隐藏状态。

❏ 在实现域随机化时，我们的目标是创建许多版本的训练环境，我们希望智能体能在其中为世界动态构建一个总体模型。

❏ 通过记忆，希望智能体即使在训练期间没有见过那个特定环境，它也能够识别出所处环境的特征，然后采取相应的行动。

现在，模型的记忆只不过是一种处理观测序列作为智能体策略输入的方法。如果你用神经网络处理其他类型的序列数据，例如时间序列预测或**自然语言处理**（NLP），那么你可以采用类似的方法将观测记忆用作强化学习模型的输入。

下面更详细地介绍如何做到这一点。

11.3.1　堆叠观测

将观测序列传递给模型的一种简单方法是将它们拼接在一起，并将此堆叠视为单个观测。将时间 t 的观测表示为 o_t，我们可以形成一个新的观测 o'_t，将其传递给模型，如下所示：

$$o'_t = [o_{t-m+1}, o_{t-m+2}, \cdots, o_t]$$

此处，m 是记忆的长度。当然，对于 $t < m$，需要以某种方式初始化记忆的较早部分，例如使用与 o_t 相同维度的零值向量来初始化。

事实上，原始 DQN 工作处理雅达利环境中部分可观测性的方式就是简单地叠加观测结果。该预处理更详细的步骤如下：

1. 得到一个重新缩放的 84×84×3 RGB 帧的画面。

2. 提取 Y 通道（亮度），进一步将帧压缩成 84×84×1 的图像。这样形成了一个单一的观测 o_t。

3. $m = 4$ 个最近的帧被连接到一个 84×84×4 的图像，形成模型 o_t' 的一个带有记忆的观测。

请注意，只有最后一步是关于记忆的，前面的步骤不是绝对必要的。

这种方法的明显好处是超级简单，而且生成的模型很容易训练。但缺点是，这不是处理序列数据的最优方式，如果你之前处理过时间序列问题或 NLP，这应该不足为奇。以下例子就解释了这个原因。

想象你对虚拟语音助手（例如 Apple 的 Siri）说的以下句子：

"Buy me a plane ticket from San Francisco to Boston."

这与下面这句话内容相同：

"Buy me a plane ticket to Boston from San Francisco"

假设每个词都传递给一个输入神经元，神经网络很难将它们解释为相同的句子，因为通常情况下，每个输入神经元都需要一个特定的输入。在这种结构中，你必须用这句话的所有不同组合来训练网络。更复杂的是，你的输入大小是固定的，但每个句子的长度可能不同。你也可以将此想法扩展到强化学习问题。现在，在大多数问题（例如雅达利游戏）中，堆叠观测已经非常好了。但是，如果你想教模型如何玩 *Dota 2*（一款战略视频游戏），可能就不是那么走运了。

幸运的是，**循环神经网络**（RNN）来帮忙了。

11.3.2 使用 RNN

RNN 旨在处理序列数据。一个著名的 RNN 变体，LSTM（长短期记忆）网络，可以有效训练用以处理长序列。处理复杂环境中部分可观测性时通常选择 LSTM：OpenAI 的 Dota 2 和 DeepMind 的 StarCraft Ⅱ 等模型都用了它。

> **信息**
>
> 描述 RNN 和 LSTM 如何工作的全部细节超出了本章的范围。如果你需要资源来了解更多关于它们的信息，可以去 Christopher Olah 的博客看看：`http://colah.github.io/posts/2015-08-Understanding-LSTMs/`。

使用 RLlib 时，可以按如下方式启用 LSTM 层，比如在使用 PPO 时，一些可选的超参数更改默认值：

```
import ray
from ray.tune.logger import pretty_print
from ray.rllib.agents.ppo.ppo import PPOTrainer
from ray.rllib.agents.ppo.ppo import DEFAULT_CONFIG
```

```
config = DEFAULT_CONFIG.copy()

config["model"]["use_lstm"] = True
# The length of the input sequence
config["model"]["max_seq_len"] = 8
# Size of the hidden state
config["model"]["lstm_cell_size"] = 64
# Whether to use
config["model"]["lstm_use_prev_action_reward"] = True
```

请注意，输入首先被送到 RLlib 中的（预处理）"模型"，它通常是一系列全连接层。然后将预处理的输出传递给 LSTM 层。

全连接层的超参数以类似方式被更改：

```
config["model"]["fcnet_hiddens"] = [32]
config["model"]["fcnet_activation"] = "linear"
```

将配置中的环境指定为 Gym 环境名称或你自定义的环境类后，将配置字典传递给训练器类：

```
from ray.tune.registry import register_env
def env_creator(env_config):
    return MyEnv(env_config)     # return an env instance
register_env("my_env", env_creator)
config["env"] = "my_env"
ray.init()
trainer = PPOTrainer(config=config)
while True:
    results = trainer.train()
    print(pretty_print(results))
    if results["timesteps_total"] >= MAX_STEPS:
        break
print(trainer.save())
```

在使用 LSTM 模型而不是简单的观测堆叠时，有几件事需要记住：
❏ 由于多步输入的顺序处理，LSTM 的训练速度通常较慢。
❏ 与前馈网络相比，训练 LSTM 可能需要更多数据。
❏ LSTM 模型可能对超参数更敏感，因此你可能需要进行一些超参数调整。
说到超参数，如果你的训练对于像 PPO 这样的算法进展不佳，可以尝试以下一些值：
❏ 学习率（config["lr"]）：10^{-4}、10^{-5}、10^{-3}。
❏ LSTM 单元大小（config["model"]["lstm_cell_size"]）：64、128、256。
❏ 价值和策略网络之间的层共享（config["vf_share_layers"]）：如果回合奖励在几百或以上，可尝试将其设为 false，以防止值函数损失主导策略损失。或者，你也可以减少 config["vf_loss_coeff"]。

❏ 熵系数（config["entropy_coeff"]）：10^{-6}、10^{-4}。

❏ 将奖励和之前的行动作为输入（config["model"]["lstm_use_prev_action_reward"]）进行传递：尽量做到这一点，以便为智能体提供除观测之外的更多信息。

❏ 预处理模型架构（config["model"]["fcnet_hiddens"] 和 config["model"]["fcnet_activation"]）：尝试单线性层。

希望这些方法有助于为你的模型提出一个好的架构。

最后，我们讨论最流行的架构之一：Transformer。

11.3.3　Transformer 架构

在过去的几年里，Transformer 架构在 NLP 应用中基本上取代了 RNN。

Transformer 架构与 LSTM（最常用的 RNN 类型）相比有几个优点：

❏ LSTM 编码器将从输入序列获得的所有信息打包到单个嵌入层中，然后传递给解码器。这在编码器和解码器之间造成了瓶颈。然而，Transformer 模型允许解码器查看输入序列的每个元素（准确地说，是它们的嵌入）。

❏ 由于 LSTM 依赖于随时间的反向传播，因此在整个更新过程中梯度可能会爆炸或消失。另一方面，Transformer 模型能同时查看每个输入步骤且不会遇到类似的问题。

❏ 因此，Transformer 模型可以有效地使用更长的输入序列。

考虑到上述原因，对于强化学习应用，Transformer 也可能是 RNN 的一个有竞争力的替代架构。

> **信息**
>
> 关于 Transformer 架构的一个很棒的教程是由 Jay Alammar 编写的，如果你想了解该主题，请访问 http://jalammar.github.io/illustrated-transformer/。

尽管原始 Transformer 模型具有优势，但它已被证明在强化学习应用中不稳定。

Parisotto 等人已于 2019 年提出了一种改进，命名为 **GTrXL**（Gated Transformer-XL）。RLlib 将 GTrXL 实现为自定义模型。它可以按如下方式使用：

```
...
from ray.rllib.models.tf.attention_net import GTrXLNet
...
config["model"] = {
    "custom_model": GTrXLNet,
    "max_seq_len": 50,
    "custom_model_config": {
        "num_transformer_units": 1,
        "attn_dim": 64,
        "num_heads": 2,
```

```
        "memory_tau": 50,
        "head_dim": 32,
        "ff_hidden_dim": 32,
    },
}
```

这为我们提供了另一个可以在 RLlib 中进行尝试的强大架构。

本章涵盖了一些更值得关注的重要主题。继续阅读参考文献中的源代码，用本章介绍的代码库做实验，加深对主题的理解。

11.4　总结

本章讨论了强化学习中的一个重要主题，即泛化和部分可观测性，这对于现实世界的应用至关重要。请注意，这是一个活跃的研究领域：本章的讨论在此处作为建议和尝试解决问题的第一种方法。新方法会定期出现，因此要密切关注。重要的是，你应该始终关注泛化和部分可观测性，以便在视频游戏以外的其他领域也能成功实现强化学习。下一章将通过元学习把我们的探索提升到另一个高级水平。

11.5　参考文献

- Cobbe, K., Klimov, O., Hesse, C., Kim, T., & Schulman, J. (2018). *Quantifying Generalization in Reinforcement Learning*: `https://arxiv.org/abs/1812.02341`

- Lee, K., Lee, K., Shin, J., & Lee, H. (2020). *Network Randomization: A Simple Technique for Generalization in Deep Reinforcement Learning*: `https://arxiv.org/abs/1910.05396`

- Rivlin, O. (2019, November 21). *Generalization in Deep Reinforcement Learning*. Retrieved from Towards Data Science: `https://towardsdatascience.com/generalization-in-deep-reinforcement-learning-a14a240b155b`

- Rivlin, O. (2019). *Generalization in Deep Reinforcement Learning*. Retrieved from Towards Data Science: `https://towardsdatascience.com/generalization-in-deep-reinforcement-learning-a14a240b155`

- Cobbe, K., Klimov, O., Hesse, C., Kim, T., & Schulman, J. (2018). *Quantifying Generalization in Reinforcement Learning*: `https://arxiv.org/abs/1812.0234`

- Lee, K., Lee, K., Shin, J., & Lee, H. (2020). *Network Randomization: A Simple Technique for Generalization in Deep Reinforcement Learning*: `https://arxiv.org/abs/1910.0539`

- Parisotto, E., et al. (2019). *Stabilizing Transformers for Reinforcement Learning*: `http://arxiv.org/abs/1910.06764`

第 12 章

元强化学习

与**强化学习**智能体相比，人类从更少的数据中学习新技能。这是因为：首先我们的大脑在出生时就有先验；其次我们能够非常有效地将已习得的知识从一种技能转移到另一种技能。元强化学习的目的就是实现类似的能力。本章将描述元强化学习是什么、使用什么方法以及面临的挑战。

12.1　元强化学习简介

本章将介绍元强化学习，它实际上是一个非常直观的概念，但一开始你可能很难理解。为了让你更清楚，本章还将讨论元强化学习与前几章中介绍的其他概念之间的联系。

12.1.1　学会学习

假设你要试图说服一位朋友和你一起去旅行。你会想到从下面几点来说服他：

❑ 目的地的自然美景。

❑ 你是多么筋疲力尽，非常需要这段时间放松一下。

❑ 你们平时都忙于工作，这可能是最后一次一起旅行。

好吧，你和你的朋友已经相识多年，知道他们是多么热爱大自然，所以你知道第一个论点将是最吸引人的理由，因为他们热爱大自然！如果说服的对象是你妈妈，你可能会用第二个理由，因为她很关心你，很想支持你。在这两者中的任何一种情况下，你都知道如何实现你想要的目标，因为你与这些人有着共同的过去。

你有没有留在一家店，比如汽车经销店，买了超出你原定预算的车？你是怎么被说服的？也许销售员知道你对下面这些问题的关心程度：

❑ 了解你的家庭，说服你购买 SUV 能让他们乘坐时更舒适。

❑ 观测你的外型，说服你买一辆会吸引眼球的跑车。

❑ 从环境保护的角度说服你购买无排放的电动汽车。

销售员并不了解你，但通过多年的经验和训练，他们知道如何快速有效地了解你。他们会问你问题，了解你的背景，发现你的兴趣，并弄清楚你的预算。然后，你会看到一些选项，根据你喜欢的和不喜欢的，最终会得到一个包含品牌、型号、升级和可选项以及付款计划的优惠包，所有这些都是为你定制的。

在这里，这些示例中的前者对应于强化学习，其中智能体学习针对特定环境和任务的良好策略以最大化其奖励。后一个例子对应于元强化学习，其中智能体学习一个好的**流程**来快速适应新环境和任务以最大化其奖励。

举完示例，下面正式定义元强化学习。

12.1.2　定义元强化学习

在元强化学习中，每个回合，智能体都会面临一个任务 τ_i，该任务来自分布 $p(\tau), \tau_i \sim p(\tau)$。任务 τ_i 是一个**马尔可夫决策过程**（MDP），可能具有不同的转移和奖励动态，可描述为 $M_i = <S, A, P_i, R_i>$，其中：

- S 是状态空间。
- A 是行动空间。
- P_i 是任务 τ_i 的转移概率分布。
- R_i 是任务 τ_i 的奖励函数。

因此，在训练和测试期间，我们期望任务来自相同的分布，但不期望它们是相同的，这是典型机器学习问题中的设置。在元强化学习中，测试时我们期望智能体执行以下操作：

1. 为理解任务进行有效探索。

2. 适应任务。

动物学习就内嵌了元学习。接下来探讨这种联系。

12.1.3　动物学习和 Harlow 实验的关系

众所周知，人工神经网络需要大量数据进行训练。另外，我们的大脑能从小数据中更有效地学习。造成这种情况的主要因素有两个：

- 与未经训练的人工神经网络不同，我们的大脑经过预先训练，并带有嵌入视觉、音频和运动技能任务的**先验知识**。令人印象特别深刻的预训练生物的例子是**早熟动物**，例如鸭子，小鸭在孵化后的 2 小时内就可以下水了。
- 当我们学习新任务时，会在两个时间尺度上学习：在**快速循环**中，了解我们正在处理的特定任务；随着看到更多示例，在**慢速循环**中，我们学到了有助于快速对新示例进行知识概括的**抽象特征**。假设你了解了一种特定的猫品种，例如美国卷毛猫，你见过的所有这个品种的猫都是白色和黄色色调。当你看到这个品种的黑猫时，你不难认出它。那是因为你的抽象认知会帮助你根据它向脑袋后面卷曲的奇特耳朵（而不是它的颜色）来识别这个品种。

机器学习的一大挑战是能够从与以前类似的小数据中学习。为了模仿第 1 步，我们为新任务调优训练好的模型。例如，在通用语料库（维基百科页面、新闻文章等）上训练的语言模型可以在可用数据量有限的专用语料库（海事法）上进行调优。第 2 步就是元学习的内容。

> **提示**
>
> 根据经验，为新任务调优训练好的模型在强化学习以及图像或语言任务中不起作用。事实证明，强化学习策略的神经网络表示不像图像识别那样分层，第一层检测边缘，最后一层检测完整对象。

为了更好地理解动物的元学习能力，我们看一个典型的例子：Harlow 实验。

Harlow 实验

Harlow 实验探索了动物的元学习，实验一次向猴子展示两个物品：

❑ 其中一个物品与猴子必须发现的食物奖励有关。

❑ 在每一步（共六步）中，物品被随机放置在左右位置。

❑ 猴子需要学习哪个物品能带来奖励，而与物品的位置无关。

❑ 六个步骤结束后，物品被替换为猴子不熟悉且具有相关未知奖励的新物品。

❑ 猴子学习了一种策略，在第一步中随机选择一个物品，了解哪个物品会给予奖励，在剩余的步骤中选择该物品而不管物品的位置。

这个实验很好地表达了动物的元学习能力，因为它涉及以下内容：

❑ 智能体不熟悉的环境 / 任务。

❑ 智能体通过必要探索获得的策略来有效适应陌生的环境 / 任务，动态制定特定任务的策略（根据与奖励相关的对象而不是对象的位置来做出选择），然后利用该策略。

元强化学习的目标与此相同。现在，我们继续探索元强化学习与本书已涵盖的其他一些概念的关系。

12.1.4 部分可观测性和域随机化的关系

元强化学习过程的主要目标之一是在测试时发现底层环境 / 任务。根据定义，这意味着环境是部分可观测的，而元强化学习是处理该问题特有的方法。在第 11 章，我们讨论了需要用记忆和域随机化来处理部分可观测性。那么，元强化学习有何不同？记忆仍然是元强化学习利用的关键工具之一。在训练元强化学习智能体时我们也随机化环境 / 任务，类似于域随机化。在这一点上，两者似乎无法区分。但是，有一个关键的区别：

❑ 在域随机化中，智能体训练的目标是在一组参数范围内针对环境的所有变化制定稳健的策略。例如，可以在一系列摩擦力和扭矩值上训练机器人。在测试时，基于包含信息和扭矩的一系列观测，智能体使用训练后的策略采取行动。

❑ 在元强化学习中，智能体训练的目标是为新环境 / 任务开发一个适应程序，该程序可能会在探索期之后的测试期导致不同的策略。

当涉及基于记忆的元强化学习方法时，差异可能很小，而且在某些情况下训练过程可能相同。为了更好地理解差异，请记住 Harlow 实验：域随机化的想法不适合该实验，因为在每个回合中向智能体展示的对象都是全新的。因此，智能体学不会如何对元强化学习中的一系列对象采取行动。相反，它学到了如何发现任务并在看到全新对象时采取相应的行动。

了解了这些背景，现在终于到了讨论几种元强化学习方法的时候了。

> **信息**
>
> 元学习的先驱是斯坦福大学的 Chelsea Finn 教授，她与加州大学伯克利分校的 Sergey Levine 教授一起担任博士生导师。Finn 教授有一门关于元学习的完整课程，可在 https://cs330.stanford.edu/ 获得。在本章中，我们主要遵循 Finn 教授和 Levine 教授使用的元强化学习方法的术语和分类。

接下来，我们从具有循环策略的元强化学习开始。

12.2 具有循环策略的元强化学习

本节将介绍元强化学习中一种更直观的方法，它使用**循环神经网络（RNN）**来保持记忆，也称为 RL2 算法。我们从一个例子开始来理解这种方法。

12.2.1 网格世界示例

考虑一个网格世界，其中智能体的任务是从起始状态 S 到达目标状态 G。这些状态随机放置用于不同的任务，因此智能体必须学习探索世界以发现目标状态在哪里，然后得到丰厚的回报。当重复相同的任务时，因为每个时间步都有惩罚，智能体有望能快速到达目标状态，即适应环境。具体情况如图 12-1 所示。

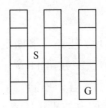 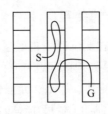 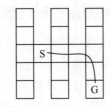

a）一项任务　　　b）智能体对任务的探索　　c）智能体对其所学知识的利用

图 12-1　元强化学习的网格世界示例

为了在任务中表现出色，智能体必须执行以下操作：

1.（在测试时）探索环境。

2. 记住并利用之前学到的东西。

由于我们希望智能体记住它以前的经验，因此需要引入一种记忆机制，这意味着使用

RNN 来表示策略。有几点是我们需要注意的：

1. 仅记住过去的观测是不够的，因为目标状态会随着任务的不同而变化。智能体还需要记住过去的行动和奖励，以便它可以关联哪些状态下的哪些行动导致了哪些奖励，从而能够发现任务。

2. 仅记住当前回合中的历史是不够的。请注意，一旦智能体到达目标状态，回合就结束了。如果我们不把记忆带到下一回合，智能体就无法从上一回合获得的经验中受益。还要注意，这里没有对策略网络的权重进行训练或更新。这一切都发生在测试时，在一项看不见的任务中。

处理前者很容易：我们只需要向 RNN 提供行动和奖励以及观测结果。为处理前者，为使记忆不会中断，我们要确保不会重置回合之间的循环状态，除非任务发生变化。

现在，在训练期间，为什么智能体会学到一个策略，该策略能明确地开始一个探索阶段的新任务？那是因为探索阶段帮助智能体发现任务并在以后收集更高的奖励。如果我们在训练期间根据个别回合奖励智能体，智能体就不会学习到这种行动。这是因为探索有一些直接成本，只有在未来的回合中以及当该记忆跨回合进行相同任务时才能收回。为此，我们提出**元回合**或**实验**，它们是连接在一起的同一任务的 N 个回合。同样，循环状态不会在每个回合中重置。奖励是根据元回合计算的。具体情况如图 12-2 所示。

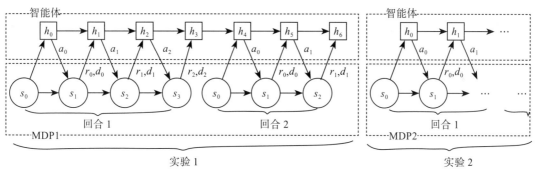

图 12-2　智能体 – 环境交互过程（Duan et al., 2017）

接下来看看如何在 RLlib 中实现这个过程。

12.2.2　RLlib 实现

前文提到，元回合可以通过修改环境来形成，所以这与 RLlib 没有太大关系。其他的，我们修改智能体配置中的模型字典：

1. 首先，启用 LSTM（长短期记忆）模型：

```
"use_lstm": True
```

2. 除了观测，还向 LSTM 传递行动和奖励：

```
"lstm_use_prev_action_reward": True
```

3. 确保 LSTM 输入序列足够长，以便覆盖元回合内的多个回合。默认序列长度为 20：

```
max_seq_len": 20
```

所需要的就是这些，下面你可以通过更改几行代码来训练元强化学习智能体。

> **信息**
>
> 这个过程可能并不总是收敛，或者当它收敛时，它可能会收敛到错误的策略。尝试多训练几次（用不同的种子），使用不同的超参数设置，这可能会帮助你获得好的策略，但这并不能保证。

有了这些，我们可以继续使用基于梯度的方法。

12.3 基于梯度的元强化学习

基于梯度的元强化学习方法建议，通过在测试时继续训练来改进策略，使得策略适应它所应用的环境。关键是，适应之前的策略参数 θ 是这样设置的，即适应只发生在小样本中。

> **提示**
>
> 基于梯度的元强化学习基于这样一种思想，即策略参数的一些初始化能够在适应期间从非常少的数据中学习。元训练过程就是要找到这种初始化。

该分支中的一种特定方法称为 MAML（模型不可知元学习），这是一种通用的元学习方法，也可以应用于强化学习。MAML 为各种任务训练智能体，以找出一个好的 θ 值来促进适应及从小样本中学习。

下面来看如何为此使用 RLlib。

RLlib 实现

MAML 是 RLlib 中实现的智能体之一，可以很容易地与 Ray 的 Tune 一起使用：

```
tune.run(
    "MAML",
    config=dict(
        DEFAULT_CONFIG,
        ...
    )
)
```

使用 MAML 需要在环境中应用一些额外的方法，即 sample_tasks、set_task 和 get_task 方法，它们有助于训练各种任务。在钟摆环境中有一个示例，它在 RLlib 中实现如下（https://github.com/ray-project/ray/blob/releases/1.0.0/rllib/examples/env/pendulum_mass.py）：

```
class PendulumMassEnv(PendulumEnv, gym.utils.EzPickle,
MetaEnv):
    """PendulumMassEnv varies the weight of the pendulum
    Tasks are defined to be weight uniformly sampled between
[0.5,2]
    """
    def sample_tasks(self, n_tasks):
        # Mass is a random float between 0.5 and 2
        return np.random.uniform(low=0.5, high=2.0, size=(n_
tasks, ))

    def set_task(self, task):
        """
        Args:
            task: task of the meta-learning environment
        """
        self.m = task

    def get_task(self):
        """
        Returns:
            task: task of the meta-learning environment
        """
        return self.m
```

在训练 MAML 时，RLlib 会在智能体通过 episode_reward_mean 对其所处环境进行任何适应之前测量其性能。适应的 *N* 个梯度步后的性能显示在 episode_reward_mean_adapt_N 中。这些内部适配步骤的数量是可修改的智能体配置：

```
"inner_adaptation_steps": 1
```

训练期间，你可以在 TensorBoard 上看到这些指标，如图 12-3 所示。

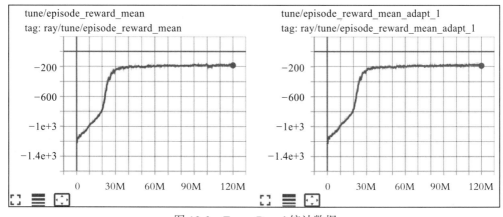

图 12-3　TensorBoard 统计数据

现在，介绍本章的最后一种方法。

12.4　元强化学习作为部分观测强化学习

元强化学习的另一种方法是关注任务的部分可观测性，并到该时间点通过观测明确估计状态：

$$p(s_t \mid o_{1:t})$$

然后，根据它们在该回合中处于活动状态的可能性，或者更准确地说，根据包含任务信息的某个向量，形成可能任务的概率分布：

$$p(z_t \mid s_{1:t}, a_{1:t}, r_{1:t})$$

然后，从这个概率分布中迭代地采样一个任务向量，并将其传递给策略及状态：

1. 样本 $z \sim p(z_t \mid s_{1:t}, a_{1:t}, r_{1:t})$。
2. 从接收状态和任务向量的策略中采取行动作为输入 $\pi_\theta(a \mid s, z)$。

至此，我们结束了对三种主要的元强化学习方法的讨论。在结束本章之前，我们再讨论一下元强化学习中的一些挑战。

12.5　元强化学习中的挑战

根据（Rakelly，2019），元强化学习的主要挑战如下：

- 元强化学习对各种任务需要有一个元训练的步骤，这些任务通常是手工制作的。挑战就是创建一个自动化流程来生成这些任务。
- 本应在元训练期间学习的探索阶段实际上并未有效学习。
- 元训练需要从独立同分布的任务中采样，这是不现实的假设。因此，目标是通过让元强化学习从一系列任务中学习来使其更加"在线"。

恭喜你学习到最后！本章讨论了元强化学习，这个概念可能难以理解。希望本章介绍能让你有勇气深入研究有关该主题的文献，并进一步自行探索。

12.6　总结

在本章中，我们介绍了元强化学习，这是强化学习中最重要的研究方向之一，因为它很可能训练出能迅速适应新环境的智能体。为此，我们介绍了三种方法：循环策略方法、基于梯度的方法和基于部分可观测性的方法。目前，元强化学习还处于起步阶段，表现不如更成熟的方法，因此本章也讨论了这方面的挑战。

在下一章，我们将用整个章节介绍几个高级主题。请继续关注以进一步加深强化学习专业知识。

12.7 参考文献

- *Prefrontal cortex as a meta-reinforcement learning system*, Wang, JX., Kurth-Nelson, Z., et al: `https://www.nature.com/articles/s41593-018-0147-8`

- *Meta-Reinforcement Learning*: `https://blog.floydhub.com/meta-rl/`

- *Prefrontal cortex as a meta-reinforcement learning system*, blog: `https://deepmind.com/blog/article/prefrontal-cortex-meta-reinforcement-learning-system`

- *RL2, Fast Reinforcement Learning via Slow Reinforcement Learning*, Duan, Y., Schulman, J., Chen, X., Bartlett, P. L., Sutskever, I., & Abbeel P.: `https://arxiv.org/abs/1611.02779`

- *Learning to reinforcement learn*, Wang, JX., Kurth-Nelson, Z., Tirumala, D., Soyer, H., Leibo, J. Z., Munos, R., Blundell, C., Kumaran, D., & Botvinick, M.: `https://arxiv.org/abs/1611.05763`

- *Open-sourcing Psychlab*: `https://deepmind.com/blog/article/open-sourcing-psychlab`

- *Meta-Reinforcement Learning of Structured Exploration Strategies*: `https://papers.nips.cc/paper/2018/file/4de754248c196c85ee4fbdcee89179bd-Paper.pdf`

- *Precociality*: `https://en.wikipedia.org/wiki/Precociality`

- *Meta-Learning: from Few-Shot Learning to Rapid Reinforcement Learning*: `https://icml.cc/media/Slides/icml/2019/halla(10-09-15)-10-13-00-4340-meta-learning.pdf`

- Workshop on Meta-Learning (MetaLearn 2020): `https://meta-learn.github.io/2020/`

第 13 章

其他高级主题

在本章中，我们将介绍强化学习（RL）的几个高级主题。首先，我们将在前几章介绍的内容的基础上更深入地研究分布式强化学习（distributed RL），该领域是处理过多数据需求以训练智能体完成复杂任务的关键。好奇心驱动的强化学习（curiosity-driven RL）处理传统探索技术无法解决的硬探索问题。离线强化学习（offline RL）利用离线数据来获得好的策略。所有这些都是热门研究领域，你将在未来几年听到更多消息。

13.1 分布式强化学习

正如我们在前面章节中提到的，训练复杂的强化学习智能体需要大量数据。一个关键的研究领域是提高强化学习中的样本效率；另一个互补的方向是如何最好地利用计算能力和并行化并减少挂钟时间和培训成本。在前面的章节中，我们已经介绍、实现和使用了分布式强化学习算法和库。因此，由于该主题的重要性，本节将是先前讨论的扩展。在这里，我们会介绍有关最先进的分布式强化学习架构、算法和库的其他材料。下面我们开始使用 SEED RL，这是一种专为大规模高效并行化而设计的架构。

13.1.1 可扩展且高效的深度强化学习：SEED RL

我们首先重新审视 Ape-X 架构，这是可扩展强化学习的里程碑。Ape-X 的主要贡献是将学习与表演分离：行动器按照自己的节奏生成经验，学习器按照自己的节奏从经验中学习，行动器定期更新它们的神经网络策略的本地副本。图 13-1 给出了 Ape-X DQN 的流程说明。

现在，让我们从计算和数据通信的角度来分析这个架构：

1.行动器，可能有数百个，周期性地从中央学习器中提取参数 θ，即神经网络策略。根据策略网络的大小，数十万个数字从学习器推送到远程行动器。这会在学习器和行动器之间产生巨大的通信负载，比传输行动和观测所需的大两个数量级。

2.一旦行动器收到策略参数，它就会使用它来推断环境中每个步骤的行动。在大多数情况下，只有学习器使用 GPU，行动器在 CPU 节点上工作。因此，在这种架构中，必须在

CPU 上进行大量推理，这与 GPU 推理相比效率要低得多。

3. 行动器在具有不同计算要求的环境和推理步骤之间切换。在同一节点上执行这两个步骤都会导致计算瓶颈（当它是一个必须进行推理的 CPU 节点时）或资源利用不足（当它是一个 GPU 节点时，GPU 容量被浪费了）。

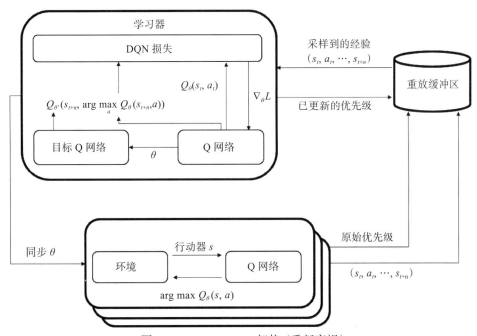

图 13-1　Ape-X DQN 架构（重新审视）

为了克服这些低效问题，SEED RL 架构提出了以下关键建议：将行动推理转移给学习器。因此，行动器将其观测结果发送到策略参数所在的中心学习器，并接收回一个行动。这样，推理时间就减少了，因为它是在 GPU 而不是 CPU 上完成的。

当然，故事并没有到此结束。到目前为止，我们所描述的内容导致了一系列不同的挑战：

- ❏ 由于行动器需要将每个环境步骤中的观测结果发送给远程学习器以接收行动，这会产生以前不存在的**延迟**问题。
- ❏ 当行动器等待行动时，它保持空闲状态，导致行动器节点上的计算资源未充分利用。
- ❏ 将单个观测结果传递给学习器 GPU 会增加与 GPU 的总通信开销。
- ❏ 需要调整 GPU 资源以处理推理和学习。

为了克服这些挑战，SEED RL 具有以下结构：

- ❏ 一种非常快速的通信协议，称为 **gRPC**，用于在行动器和学习器之间传输观测结果和行动。
- ❏ 将多个环境放置在单个行动器上以最大限度地提高利用率。
- ❏ 观测结果在传递到 GPU 之前进行批处理，以减少开销。

调整资源分配还有第四个挑战，但它是一个调整问题，而不是一个基本的架构问题。因此，SEED RL 提出了一种可以执行以下操作的架构：

- ❑ 每秒处理数百万次观测。
- ❑ 将实验成本降低多达 80%。
- ❑ 通过将训练速度提高三倍来减少挂钟时间。

SEED RL 架构如图 13-2 所示，摘自 SEED RL 论文，该论文将其与 IMPALA 进行了比较，后者具有与 Ape-X 相似的缺点。

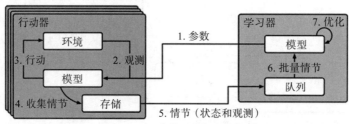

a）IMPALA 架构（分布式版本）

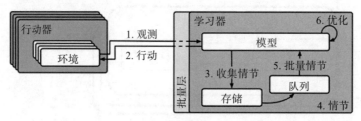

b）SEED 架构

图 13-2 IMPALA 和 SEED 架构的比较（Espeholt et al.，2020）

对于实施细节，我们建议你参考（Espeholt et al.，2020）以及与该论文相关的代码仓库。

> **信息**
>
> 作者在 https://github.com/google-research/seed_rl 上开源了 SEED RL。该代码库实现了 IMPALA、SAC 和 R2D2 智能体。

我们将暂时介绍 R2D2 智能体，然后进行一些实验。但在结束本节之前，我们再为你提供一个资源。

> **信息**
>
> 如果你有兴趣深入了解工程方面的架构，gRPC 是一个很好的工具。它是一种快速通信协议，用于连接许多科技公司的微服务。可在 https://grpc.io 上查看它。

你现在了解了分布式强化学习的最新技术。接下来，我们将介绍分布式强化学习架构中使用的最先进模型 R2D2。

13.1.2 分布式强化学习中的循环经验重放

对最近的强化学习文献最具影响力的贡献之一是**循环重放分布式 DQN**（Recurrent Replay Distributed DQN，R2D2）智能体，该文献在当时的经典基准测试中设定了最先进的水平。 R2D2 工作的主要贡献实际上与在强化学习智能体中有效使用**循环神经网络**（Recurrent Neural Network，RNN）有关，这也是在分布式环境中实现的。该论文使用**长短期记忆**（Long-Short Term Memory，LSTM）作为循环神经网络的选择，我们也将在讨论中对其进行调整。因此，我们首先介绍在初始化循环状态时训练循环神经网络面临的挑战，然后讨论 R2D2 智能体如何解决它。

13.1.2.1 循环神经网络中的初始循环状态不匹配问题

在前面的章节中，我们讨论了携带观测记忆以发现部分可观测状态的重要性。例如，不是在雅达利游戏中使用单个帧，它不会传达诸如对象速度之类的信息，而是将行动建立在一系列过去的帧的基础上，从中可以得出速度等，这将带来更高的奖励。正如我们也提到过的，处理序列数据的一种有效方法是使用循环神经网络。

循环神经网络背后的想法是将序列的输入一个接一个地传递给同一个神经网络，然后从一个步骤到下一个步骤传递信息、记忆和过去步骤的摘要，如图 13-3 所示。

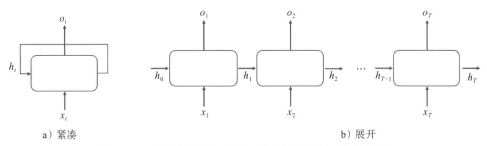

图 13-3 对具有紧凑和展开表示的循环神经网络的描述

这里的一个关键问题是初始循环状态 h_0 使用什么。最常见和方便的是，循环状态被初始化为全零。当行动器穿过环境时，这不是一个大问题，这个初始的循环状态对应于回合的开始。然而，当从对应于较长轨迹的小部分的存储样本进行训练时，这样的初始化会成为一个问题。让我们看看为什么。

考虑图 13-4 所示的场景。我们正尝试在存储样本 $(o_t = (x_{t-3}, x_{t-2}, x_{t-1}, x_t), a_t, r_t, o_{t+1})$ 上训练循环神经网络，所以观测结果是一个 4 帧的序列被传递给策略网络。所以 x_{t-3} 是首个帧，而 x_t 是最后一帧，也是采样的 o_t 序列中的最新帧（对于 o_{t+1}，观点类似）。当我们传递输入时，将获得 h_t 并传递给后续步骤，我们对 h_0 使用零。

现在，记得循环状态 h_i 的角色是总结步骤 i 之前发生的事情。当我们在训练期间使用零向量表示 h_0，继而生成 Q 函数的值函数预测和目标值时，例如，它会产生几个问题，这些问题彼此相关但略有不同：

- ❏ 它没有传达任何有关该时间步之前所发生事情的有意义的信息。
- ❏ 无论采样序列之前发生了什么，我们都使用相同的（零）向量，这会导致表示过载。
- ❏ 因为零向量不是循环神经网络的输出，所以，无论如何它都不是循环神经网络的有意义的表示。

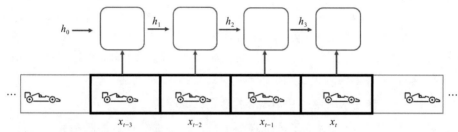

图 13-4　使用帧的序列从一个循环神经网络获得一个行动

结果，循环神经网络对如何处理隐藏状态感到"困惑"，并减少了对记忆的依赖，这违背了使用它们的目的。

对此的一种解决方案是记录整个轨迹并在训练期间对其进行处理 / 重放，以计算每个步骤的循环状态。这也是有问题的，因为在训练期间重放所有任意长度的样本轨迹需要大量开销。

接下来，让我们看看 R2D2 智能体如何解决这个问题。

13.1.2.2　初始循环状态不匹配的 R2D2 解决方案

R2D2 智能体的解决方案有两个：

- ❏ 存储来自展开（rollout）的循环状态。
- ❏ 使用一个预烧（burn-in）期。

让我们在以下部分更详细地研究这些内容。

从展开中存储循环状态

当一个智能体逐步通过环境时，在回合开始时，它会初始化循环状态。然后它使用循环策略网络在每一步采取行动，并且还生成与每个观测对应的循环状态。R2D2 智能体将这些循环状态与采样经验一起发送到重放缓冲区，以便稍后在训练时使用它们来初始化网络，而不是零向量。

一般来说，这可以显著弥补使用零初始化的负面影响。然而，它仍然不是一个完美的解决方案：存储在重放缓冲区中的循环状态在用于训练时将是陈旧的。这是因为网络不断更新，而这些状态将携带由旧版本网络生成的表示，例如，在展开时使用的表示。这称为**表示漂移**（representational drift）。

为了减轻表示漂移的问题，R2D2 给出了一种附加机制，即在序列开始时使用预烧期。

使用一个预烧期

使用一个预烧期的工作原理如下：

1. 存储比我们通常要长的序列。

2. 使用序列开头的额外部分以当前参数展开循环神经网络。

3. 这样，在预烧部分之后产生不会陈旧的初始状态。

4. 不要在反向传播过程中使用预烧部分。

这在图 13-5 中进行了描述。

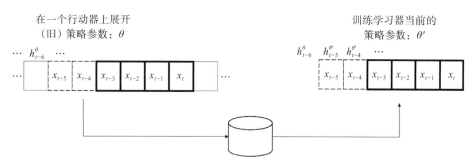

图 13-5　R2D2 使用存储的循环状态和两步预烧的表示

因此，对于图中的示例，我们的想法是不使用由某个旧的策略 θ 生成的 h_{t-4}^{θ}，而是按照下面方式进行：

1. 使用 h_{t-6}^{θ} 来初始化训练时的循环状态。

2. 以当前参数 θ' 对预烧部分展开循环神经网络，从而产生一个 $h_{t-4}^{\theta'}$。

3. 这有望从 h_{t-6}^{θ} 的陈旧表示中恢复，并带来比 h_{t-4}^{θ} 更准确的初始化。

4. 如果我们使用 θ' 存储和展开从开始到 $t-4$ 的整个轨迹，那么这在某种意义上更准确，它更接近于我们将获得的结果。

所以，这就是 R2D2 智能体。下面我们将讨论 R2D2 智能体所取得的成就。

13.1.2.3　来自 R2D2 论文的主要结果

R2D2 的工作给出了非常有趣的见解，我强烈建议你阅读完整的论文。然而，为了我们讨论的完整性，下面给出一个总结：

❏ R2D2 是 Ape-X DQN 设置的雅达利基准测试中的先前最优技术水平的四倍，是第一个在 57 场比赛中 52 次达到超过人类性能水平的智能体，并具有更高的样本效率。

❏ 它在所有环境中使用一组超参数来实现这一点，这说明了智能体的稳健性。

❏ 有趣的是，即使在被认为完全可观测的环境中，R2D2 也提高了性能，你不会期望使用内存来帮助。作者用长短期记忆网络的较强的表示能力解释了这一点。

❏ 存储循环状态和使用预烧期都非常有益，而前者的影响更大。这些方法可以一起使用，这是最有效的，或者也可以单独使用。

❏ 使用零启动状态会降低智能体依赖内存的能力。

在 R2D2 智能体无法超过人类性能水平的五分之三的环境中，它实际上可以通过修改参数来实现。剩下的两个环境——*Montezuma's Revenge* 和 *Pitfall*，是大家比较熟知的硬探索问题，我们将在本章的后面部分讨论。

有了这个，让我们在这里结束讨论并进入一些实操部分的内容。在下一节，我们将使用带有 R2D2 智能体的 SEED RL 架构。

13.1.3　实验 SEED RL 和 R2D2

在本节中，我们将简要介绍 SEED RL 代码库以及如何使用它来训练智能体。我们从设置环境开始。

设置环境

SEED RL 架构使用多个库，例如 TensorFlow 和 gRPC，它们以相当复杂的方式进行交互。为了让我们免于大部分设置，SEED RL 的维护者使用 Docker 容器来训练强化学习智能体。

> **信息**
>
> Docker 和容器技术是当今互联网服务背后的基本工具。如果你从事机器学习工程或有兴趣在生产环境中服务你的模型，则必须了解。 Mumshad Mannambeth 在 Docker 上的快速训练营可在 https://youtu.be/fqMOX6JJhGo 获得。

SEED RL 的 GitHub 页面上提供了设置说明。简而言之，它们如下：

1. 在你的机器上安装 Docker。
2. 启用以非 root 用户身份运行 Docker。
3. 安装 git。
4. 克隆 SEED 代码库。
5. 使用 run_local.sh 脚本开始对代码库中定义的环境进行训练，如下所示：

```
./run_local.sh [Game] [Agent] [Num. actors]
./run_local.sh atari r2d2 4
```

如果 SEED 容器无法识别你的 NVIDIA GPU，则可能需要对此设置进行一些添加：

❑ 安装 NVIDIA Container Toolkit：https://docs.nvidia.com/datacenter/cloud-native/container-toolkit/install-guide.html。

❑ 使用 sudo apt-get install nvidia-modprobe（例如在 Ubuntu 上）安装 NVIDIA Modprobe。

❑ 重新启动工作站。

设置成功后，你应该会看到智能体开始在 tmux 终端上进行训练，如图 13-6 所示。

> **信息**
>
> tmux 是一个终端多路复用器，基本上是终端内的一个窗口管理器。有关如何使

用 tmux 的快速演示，请查看 https://www.hamvocke.com/blog/a-quick-and-easy-guide-to-tmux/。

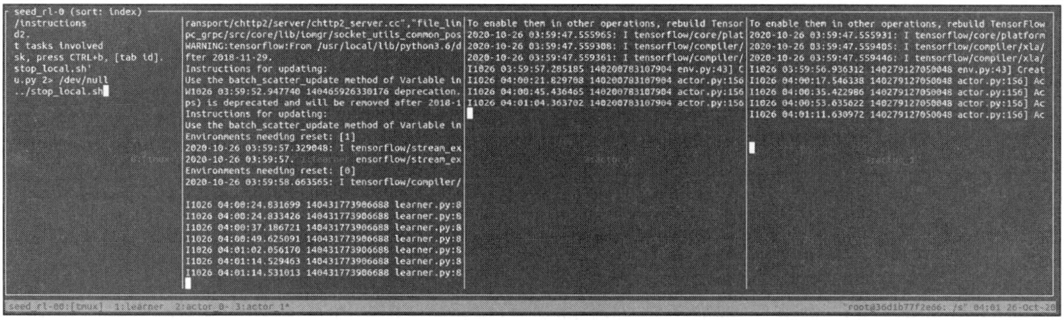

图 13-6 在 tmux 终端上进行 SEED RL 训练

现在你有了在自己的机器上运行的一个最先进的强化学习框架 SEED！你可以按照 Atari、Football 或 DMLab 示例文件夹插入自定义环境进行训练。

信息

R2D2 智能体，以及许多其他智能体，也可在 DeepMind 的 ACME 库中获得：https://github.com/deepmind/acme。

接下来，我们将讨论好奇心驱动的强化学习。

13.2 好奇心驱动的强化学习

当讨论 R2D2 智能体时，我们提到基准集中只剩下少数智能体无法超过人类的表现的雅达利游戏。智能体剩下的挑战是解决**硬探索**（hard-exploration）问题，这些问题的奖励非常稀少或具有误导性。谷歌 DeepMind 的后续工作也解决了这些挑战，名为 Never Give Up（NGU）和 Agent57 的智能体在基准测试中使用的所有 57 款游戏都达到了超人级别的性能。在本节中，我们将讨论这些智能体及其用于有效探索的方法。

下面我们将通过描述"硬探索"和"好奇心驱动的学习"的概念来进行深入探讨。

13.2.1 针对硬探索问题的好奇心驱动的学习

下面考虑图 13-7 所示的简单网格世界。

假设在这个网格世界中有以下设置：

❑ 总共有 102 个状态，其中 101 个状态用于网格世界，1 个状态用于它周围的悬崖。

❑ 智能体从世界的最左侧开始，其目标是到达最右侧的奖杯。

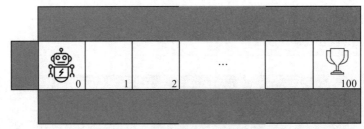

图 13-7   一个硬探索的网格世界问题

❑ 到达奖杯得到奖励为 1 000，掉下悬崖得到奖励为 –100，每经过一个时间步都会得到奖励 –1，以鼓励快速探索。

❑ 当到达奖杯处、智能体从悬崖上掉下来或在 1 000 个时间步之后，一个回合终止。

❑ 智能体在每个时间步都有五个可用的操作：保持静止，或者向上、向下、向左或向右。

如果你在当前设置中训练智能体，甚至使用我们介绍过的最强大的算法，例如 PPO、R2D2 等，那么由此产生的策略很可能是自杀性的：

❑ 通过随机行动偶然发现奖杯非常困难，因此智能体可能永远不会发现在这个网格世界中存在一个带有高奖励的奖杯。

❑ 等回合结束时，总奖励为 –1000。

❑ 在这个黑暗的世界中，智能体可能会决定尽早"自杀"以避免长期的痛苦。

即使使用最强大的算法，这种方法的薄弱环节是通过随机行动进行探索的策略。偶然发现最优移动集的概率是 $1/5^{100}$。

提示

要找到智能体通过随机行动到达奖杯所需的期望步数，我们可以使用以下等式：

$$m_i = \frac{1}{5}(m_{i-1}+1) + \frac{1}{5}(m_i+1) + \frac{1}{5}(m_{i+1}+1)$$

其中 m_i 是智能体在状态 i 时到达奖杯所需的期望步数。我们需要为所有状态生成这些方程（对于 $i=0$ 会略有不同）并求解得到的方程组。

在之前讨论机器教学方法时，我们提到人类教师可以设计奖励函数来鼓励智能体在世界中正确地前进。这种方法的缺点是在更复杂的环境中手动制作奖励函数可能不可行。事实上，教师甚至可能并不知道获胜策略以将其用于指导智能体。

那么问题就变成了我们如何鼓励智能体有效地探索环境？一个好的答案是奖励智能体第一次访问的状态，例如，在我们的网格世界中奖励 +1。享受发现世界的乐趣可以成为智能体避免自杀的良好动力，这也将使其最终赢得奖杯。

这种方法被称为**好奇心驱动的学习**（curiosity-driven learning），涉及根据智能体观测的新颖性给予智能体**内在奖励**（intrinsic reward）。奖励采用以下形式：

$$r_t = r_t^e + \beta r_t^i$$

其中 r_t^e 是在时间 t 由环境给出的外部奖励，r_t^i 则是对在时间 t 的观测的新颖性的内在奖励，而 β 是调整探索的相对重要性的一个超参数。

在讨论 NGU 和 Agent57 智能体之前，让我们看看好奇心驱动的强化学习中的一些实际挑战。

13.2.2　好奇心驱动的强化学习中的挑战

我们前面提供的网格世界示例具有最简单的可能设置之一。另外，我们对强化学习智能体的期望是解决许多复杂的探索问题。当然，这也带来了挑战。让我们在这里讨论其中的几个。

13.2.2.1　当观测位于连续空间或处于高维时评估新颖性

当我们有离散观测时，评估观测是否新颖很简单：我们可以简单地计算智能体看到每个观测的次数。然而，当观测位于连续空间（例如图像）中时，它会变得复杂，因为不可能简单地计算它们。类似的挑战是当观测空间的维数太大时，就像在图像中一样。

13.2.2.2　噪声电视问题

对于好奇心驱动的探索来说，一个有趣的失败状态是在环境中有噪声源，例如，在迷宫中显示随机帧的噪声电视，如图 13-8 所示。

然后智能体停在噪声电视前（就像很多人一样）进行无意义的探索，而不是真正发现迷宫。

13.2.2.3　终生新颖性

正如前面所描述的，内在奖励是基于一个回合中观测的新颖性给出的。但是，我们希望自己的智能体避免在不同的回合中一次又一次地做出相同的发现。换句话说，我们需要一种机制来评估终生新颖性以进行有效探索。有不同的方法来应对这些挑战。接下来，我们将回顾 NGU 和 Agent57 智能体如何解决这些问题，从而在经典强化学习基准测试中获得最先进的性能。

图 13-8　OpenAI 实验中说明的噪声电视问题（OpenAI et al., 2018）

13.2.3　NGU

NGU（Never Give Up）智能体有效地汇集了一些关键的探索策略。下面我们将对此进行一些介绍。

13.2.3.1　获得观测的嵌入

NGU 智能体从观测中获得嵌入的方式是它可以处理两个挑战，分别是高维观测空间和噪声。处理方式：给定从环境中采样的一个 (o_t, a_t, o_{t+1}) 三元组，其中 o_t 是观测，a_t 是时

间 t 处的行动，该元组训练神经网络以从两个连续的观测中预测行动。过程解释如图 13-9 所示。

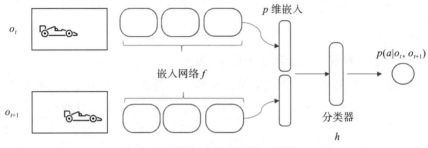

图 13-9　NGU 智能体嵌入网络

这些嵌入，来自嵌入网络 f 的图像的 p 维表示，记作 $f(o_t)$，就是智能体将会用来评估后续观测的新颖性的信息。

你可能想知道为什么会有这种奇特的设置来获得图像观测的一些低维表示，这是为了解决噪声电视问题。在预测从发射观测 o_t 到下一步的 o_{t+1} 这个环境的行动时，观测中的噪声并不是有用的信息。换句话说，智能体采取的行动不会解释观测中的噪声。因此，我们不期望一个从观测预测行动的网络来学习携带噪声的表示，至少不是占主导地位的。因此，这是对观测表示进行去噪的一种巧妙方法。

接下来让我们看看如何使用这些表示。

13.2.3.2　回合式新颖性模块

为了评估观测 o_t 与情节中之前的观测相比的新颖程度，并计算情节式内在奖励 r_t^{episodic}，NGU 智能体执行如下操作：

1. 将某一回合内观测到的嵌入存储在存储器 M 中。

2. 比较 $f(o_t)$ 和 M 中的 k 最近嵌入。

3. 计算与 $f(o_t)$ 及其 k 邻居之间的相似性总和成反比的内在奖励。

此想法的具体描述如图 13-10 所示。

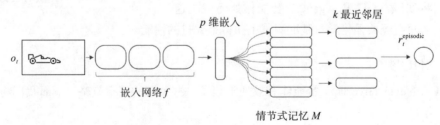

图 13-10　NGU 情节式新颖性模块

为避免符号拥挤，计算的细节请参考相关论文。

最后，我们将讨论 NGU 智能体如何评估终生新颖性。

13.2.3.3 具有随机网络蒸馏的终生新颖性模块

在训练期间，强化学习智能体在许多并行过程和许多回合中收集经验，从而在某些应用程序中产生数十亿次观测。因此，要判断一个观测是否是一个新颖的观测并不是很简单。

解决这个问题的一个聪明方法是使用 NGU 智能体所做的**随机网络蒸馏**（Random Network Distillation，RND）。RND 涉及两个网络：随机网络和预测器网络。以下是它们的工作原理：

1. 随机网络在训练开始时随机初始化。自然，它会导致从观测到输出的任意映射。

2. 预测器网络在整个训练过程中尝试学习这种映射，这是随机网络所做的。

3. 预测器网络的误差在以前遇到的观测值上会很小，而在新的观测值上会很大。

4. 预测误差越大，内在奖励越大。

RND 架构如图 13-11 所示。

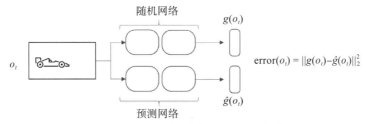

图 13-11　NGU 智能体中的 RND 架构

NGU 智能体使用这个误差来获得一个乘数 α_t，继而缩放 r_t^{episodic}，特别是

$$\alpha_t = \max\left(1 + \frac{\text{error}(o_t) - \mu_{\text{error}}}{\sigma_{\text{error}}}, 1\right)$$

其中 μ_{error} 和 σ_{error} 是预测网络误差的均值和标准差。因此，要获得大于 1 的观测乘数，预测器网络的误差（即"惊喜"）应该大于它所产生的平均误差。

13.2.3.4 结合内在奖励和外在奖励

在获得回合的内在奖励和基于观测的终生新颖性的乘数后，在时间 t 的综合内在奖励计算如下：

$$r_t^i = r_t^{\text{episodic}} \cdot \min(\alpha_t, L)$$

其中 L 是一个超参数，用于为乘数设置上限。那么，这一情节的奖励是内在奖励和外在奖励的加权之和：

$$r_t = r_t^e + \beta r_t^i$$

我们已经涵盖了 NGU 智能体背后的一些关键想法。还有更多的细节，比如如何在不同的平行行动器之间设置 β 值，然后用它来参数化值函数网络。

在结束我们对好奇心驱动的学习的讨论之前，我们先简单谈谈对 NGU 智能体 Agent57 的扩展。

13.2.4　Agent57 改进

Agent57 扩展了 NGU 智能体以设置新的最先进技术。主要改进如下：

❑ 它为内在奖励和外在奖励训练单独的值函数网络，然后将它们结合起来。

❑ 它训练一组策略，使用**滑动窗口置信上界**（UCB）方法来选择 β 和折扣因子 γ，同时将一个策略优先于另一个策略。

至此，我们结束了关于好奇心驱动的强化学习的讨论，这是解决强化学习中硬探索问题的关键。话虽如此，但强化学习中的探索策略是一个广泛的话题，要对该主题进行更全面的回顾，我建议你阅读 Lilian Weng 的博客文章（Weng，2020），然后深入研究博客中提到的论文。

接下来，我们将讨论另一个重要领域：离线强化学习。

13.3　离线强化学习

离线强化学习使用智能体（可能是非强化学习，例如人类智能体）与环境的某些先验交互过程中记录的数据来训练智能体，而不是直接与环境交互。它也称为**批强化学习**。在本节中，我们将研究离线强化学习的一些关键组件。下面首先概述它的工作原理。

13.3.1　离线强化学习工作原理的概述

在离线强化学习中，智能体不直接与环境交互来探索和学习策略。图 13-12 将其与同策略和异策略设置进行了对比。

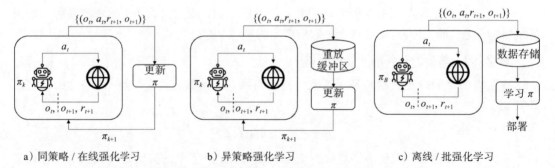

a）同策略 / 在线强化学习　　　b）异策略强化学习　　　c）离线 / 批强化学习

图 13-12　同策略、异策略和离线深度强化学习的比较（Levine，2020）

下面我们分析一下该图说明的内容：

❑ 在同策略强化学习中，智能体收集每个策略的一批经验。然后，它使用此批次更新策略。这样循环重复，直到获得满意的策略。

❑ 在异策略强化学习中，智能体从一个重放缓冲区采样经验以定期改进策略。然后在展开时使用更新的策略来生成新的经验，它会逐渐在重放缓冲区中替换旧的经验。

这样循环重复，直到获得令人满意的策略。

❑ 在离线强化学习中，有一些行为策略 π_B 与环境交互并收集经验。此行为策略不必属于强化学习智能体。事实上，在大多数情况下，要么是人类行为，要么是基于规则的决策机制，要么是经典控制器，等等。从这些交互中记录的经验是强化学习智能体将用来学习策略的内容，有望改进行为策略。因此，在代码库中，强化学习智能体不与环境交互。

你脑海中的一个明显问题可能是为什么我们不能将离线数据放入重放缓冲区之类的东西中并使用 DQN 智能体或类似的东西。这是很重要的一点，所以让我们讨论一下。

13.3.2 为什么我们需要用于离线学习的特殊算法

强化学习智能体与环境交互对于观测其在不同状态下的行为的后果是必要的。另外，代码库不允许智能体交互和探索，这是一个严重的限制。下面是一些例子，可用来说明这一点：

❑ 假设我们有一个人在城里开车的数据。根据日志，驾驶员达到的最高速度为 50 英里/小时。强化学习智能体可能会从日志中推断出，提高速度会减少旅行时间，并且可能会提出一项建议在城里以 150 英里/小时的速度行驶的策略。由于智能体从未观测到其可能的后果，因此它没有太多机会纠正其方法。

❑ 在使用基于值的方法（例如 DQN）时，Q 网络是随机初始化的。结果，一些 $Q(s, a)$ 值会意外地很大，这表明有一种策略将智能体驱动到 s，然后采取行动 a。当智能体能够探索时，它可以评估策略并纠正这种错误的估计。而在离线强化学习中，则不能。

所以，这里问题的核心是**分布转移**，即行为策略和生成的强化学习策略之间的差异。

因此，希望你确信离线强化学习需要一些特殊的算法。那么下一个问题是，值得吗？当我们可以用自己迄今为止讨论的所有聪明的方法和模型愉快地获得超过人类水平的性能时，我们为什么还要担心呢？让我们看看为什么。

13.3.3 为什么离线强化学习至关重要

视频游戏作为强化学习最常见的测试平台的真正原因是我们可以收集训练所需的数据量。在为现实世界的应用（例如机器人、自动驾驶、供应链、金融等）训练强化学习策略时，我们需要对这些过程进行模拟，以便能够收集必要数量的数据并广泛探索各种策略。这可以说是现实世界强化学习中最重要的挑战。

以下是一些原因：

❑ 构建现实世界过程的高保真模拟通常成本非常高，并且可能需要数年时间。

❑ 高保真模拟可能需要大量计算资源才能运行，因此很难扩展它们以进行强化学习训练。

❑ 如果环境动态以未在模拟中参数化的方式发生变化，模拟可能会很快变得陈旧。

- ❑ 即使保真度非常高，对于强化学习来说也可能不够高。强化学习容易过拟合与其交互的（模拟）环境的错误、怪癖和假设。因此，这会造成模拟与现实之间的差距。
- ❑ 部署可能对模拟过拟合的强化学习智能体可能成本高昂或不安全。

因此，模拟在企业和组织中是一种罕见的"野兽"。你知道我们有什么丰富的吗？数据。我们有生成大量数据的流程：

- ❑ 制造环境拥有机器日志。
- ❑ 零售商拥有他们过去的定价策略和结果的数据。
- ❑ 贸易公司拥有他们的买卖决定的日志。
- ❑ 我们拥有并且可以获得大量汽车驾驶视频。

离线强化学习有可能推动所有这些流程的自动化并创造巨大的现实价值。

在这个漫长但必要的动机之后，终于是时候进入一个特定的离线强化学习算法了。

13.3.4　AWAC

离线强化学习是一个热门的研究领域，并且已经提出了许多算法。一个共同的主题是确保学习到的策略与行为策略保持接近。评估差异的常用度量是 KL 散度：

$$D_{KL}(\pi(\cdot\,|\,s)\,\|\,\pi_B(\cdot\,|\,s)) = \sum_{a \in A(s)} \pi(a\,|\,s) \log \frac{\pi(a\,|\,s)}{\pi_B(a\,|\,s)}$$

另外，与其他方法不同，**AWAC**（Advantage Weighted Actor-Critic，优势加权行动器 – 评论器）表现出以下特征：

- ❑ 它不会尝试拟合模型来明确学习 π_B。
- ❑ 它隐含地惩罚了分布转移。
- ❑ 它使用动态编程将训练编程为 Q 函数以提高数据效率。

为此，AWAC 优化了以下目标函数：

$$\arg \max_{\pi} \mathbb{E}_{a \sim \pi(\cdot|s)}[A^{\pi_k}(s,a)] \text{ s.t.} D_{KL}(\pi(\cdot\,|\,s)\,\|\,\pi_B(\cdot\,|\,s)) \leq \varepsilon$$

由此推出以下策略更新步骤：

$$\arg\max_{\theta} \mathbb{E}_{s,a \sim Data} \left[\log \pi_{\theta}(a\,|\,s) \frac{1}{Z(s)} \exp \left(\frac{1}{\lambda} A^{\pi_k}(s,a) \right) \right]$$

其中 λ 是超参数，$Z(s)$ 是归一化量。这里的关键思想是鼓励行动有更高的优势值。

> **信息**
>
> 　AWAC 的主要贡献之一是，从离线数据训练的策略随后可以通过与环境交互（如果存在机会）进行有效调优。

算法的细节参见论文（Nair et al., 2020），其实现见 RLkit 代码库：`https://github.com/vitchyr/rlkit`。

下面将用基准数据集和相应的代码库结束对离线强化学习的讨论。

13.3.5　离线强化学习基准

随着离线强化学习的兴起，来自 DeepMind 和加州大学伯克利分校的研究人员创建了基准数据集和代码库，以便可以以标准化的方式相互比较离线强化学习算法。如果你愿意，这些将充当离线强化学习的"健身房"（Gym）：

- ❑ DeepMind 的 RL Unplugged 包括来自 Atari、Locomotion、DeepMind Control Suite 环境的数据集以及现实世界的数据集。它位于 `https://github.com/deepmind/deepmind-research/tree/master/rl_unplugged`。
- ❑ 加州大学伯克利分校机器人与人工智能实验室（RAIL）的 D4RL 包括来自各种环境（例如 Maze2D、Adroit、Flow 和 CARLA）的数据集。它可在 `https://github.com/rail-berkeley/d4rl` 获得。

你现在已经掌握了关键新兴领域之一——离线强化学习。

13.4　总结

在本章中，我们介绍了几个非常热门的研究领域的高级主题。分布式强化学习是能够有效扩展强化学习实验的关键。好奇心驱动的强化学习使通过有效的探索策略解决硬探索问题成为可能。最后，离线强化学习有可能通过利用许多流程已经可用的数据日志来改变强化学习用于解决现实问题的方式。

通过本章，我们总结了本书关于算法和理论讨论的部分。其余章节将应用更多，从下一章的机器人应用开始。

13.5　参考文献

- `https://arxiv.org/abs/1910.06591`
- `https://lilianweng.github.io/lil-log/2020/06/07/exploration-strategies-in-deep-reinforcement-learning.html`
- `https://deepmind.com/blog/article/Agent57-Outperforming-the-human-Atari-benchmark`
- `https://openai.com/blog/reinforcement-learning-with-prediction-based-rewards/`
- `https://youtu.be/C3yKgCzvE_E`
- `https://medium.com/@sergey.levine/decisions-from-data-how-offline-reinforcement-learning-will-change-how-we-use-ml-24d98cb069b0`

- https://offline-rl-neurips.github.io/
- https://github.com/vitchyr/rlkit/tree/master/rlkit
- https://arxiv.org/pdf/2005.01643.pdf
- https://arxiv.org/abs/2006.09359
- https://offline-rl.github.io/
- https://bair.berkeley.edu/blog/2020/09/10/awac/

第四部分

强化学习的应用

在本部分中，你将了解强化学习的各种应用，例如，自主系统、供应链管理、网络安全等。我们将学习如何借助这些技术使用强化学习来解决各个行业的问题。最后，我们将看看强化学习中的一些挑战及其未来。

本部分包含以下章节：

第14章

自 主 系 统

到目前为止，本书已经涵盖了强化学习中许多最先进的算法和方法。从本章开始，我们将看到它们在处理现实世界问题时所采取的行动！我们将从机器人学习开始，这是强化学习的一个重要应用领域。为此，我们将训练 KUKA 机器人，以便使用 PyBullet 物理模拟来抓取托盘上的物体。本章会讨论解决这个硬探索问题的几种方法，并使用手工制作课程以及 ALP-GMM 算法来解决它。在本章的最后，我们将介绍其他用于机器人和自动驾驶的模拟库，这些库通常用于训练强化学习智能体。

这是强化学习最具挑战性和最有趣的领域之一。我们开始吧！

14.1 PyBullet

PyBullet 是一种流行的高保真物理模拟模块，适用于机器人、机器学习、游戏等。它是使用强化学习进行机器人学习最常用的库之一，尤其是在模拟到现实的迁移研究和应用中。

PyBullet 允许开发人员创建自己的物理模拟。此外，它还拥有使用 OpenAI Gym 界面的预构建环境。其中一些环境如图 14-1 所示。

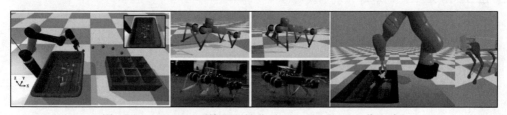

图 14-1　PyBullet 环境和可视化（PyBullet GitHub 代码库）

接下来我们将为 PyBullet 设置一个虚拟环境。

设置 PyBullet

建议最好在 Python 项目的虚拟环境中工作，这也是我们将在本章中为机器人学习实验做的事情。继续执行以下命令来安装我们将使用的库：

```
$ virtualenv pybenv
$ source pybenv/bin/activate
$ pip install pybullet --upgrade
$ pip install gym
$ pip install tensorflow==2.3.1
$ pip install ray[rllib]==1.0.0
$ pip install scikit-learn==0.23.2
```

可以通过运行下面的命令来测试安装的虚拟环境是否正常工作:

```
$ python -m pybullet_envs.examples.enjoy_TF_AntBulletEnv_
v0_2017may
```

如果一切正常,你会看到一个很酷的蚂蚁机器人在四处游荡,如图 14-2 所示。

图 14-2 蚂蚁机器人在 PyBullet 中行走

我们现在已准备好进入将要使用的 KUKA 环境。

14.2 熟悉 KUKA 环境

KUKA 是一家提供工业机器人解决方案的公司,这些解决方案广泛用于制造和装配环境。PyBullet 涵盖了对 KUKA 机器人的模拟,用于物体抓取模拟(如图 14-3 所示)。

a) 真正的 KUKA 机器人(CNC Robotics,2018)　　　　b) PyBullet 模拟

图 14-3 KUKA 机器人广泛应用于工业领域

PyBullet 中有多个 KUKA 环境，用于以下内容：

❑ 使用机器人及物体的位置和角度抓取矩形块。

❑ 使用相机输入抓取矩形块。

❑ 使用相机 / 位置输入抓取随机目标。

本章将专注于第一种情形，接下来我们将更详细地研究它。

14.2.1　使用 KUKA 机器人抓取矩形块

在该环境下，机器人的目标是到达一个矩形物体，抓住它，并将其提升到一定的高度。来自环境的示例场景以及机器人坐标系如图 14-4 所示。

图 14-4　物体抓取场景和机器人坐标系

机器人关节的动态和初始位置在 pybullet_envs 包的 Kuka 类中定义。本书将只在需要时讨论这些细节，但你应该随时深入了解类定义以便更好地理解机器人的动态。

> **信息**
>
>   为了更好地了解 PyBullet 环境以及如何构建 Kuka 类，你可以在 https://bit.ly/323PjmO 查看“PyBullet 快速入门指南”。

现在让我们深入了解为在 PyBullet 中控制这个机器人而创建的 Gym 环境。

14.2.2　KUKA Gym 环境

KukaGymEnv 包装了 Kuka 机器人类并将其变成了一个 Gym 环境。行动、观测、奖励和终止条件定义如下。

14.2.2.1　行动

智能体在环境中采取三个行动，都是关于移动夹具。这些行动如下：

❑ 沿 x 轴的速度。

❑ 沿 y 轴的速度。

❑ 旋转夹具的角速度（偏航角）。

环境本身将夹具沿 z 轴向托盘移动，托盘即物体所在的位置。当夹具足够靠近托盘时，它会闭合夹具抓手的手指以尝试抓住物体。

环境可以配置为接收离散或连续的行动。本案例中使用后者。

14.2.2.2 观测

智能体从环境中接收 9 个观测结果：

❑ 夹具 x、y 和 z 位置的 3 个观测值。

❑ 夹具相对于 x、y 和 z 轴的欧拉角的 3 个观测值。

❑ **相对**于夹具，物体的 x 和 y 位置的 2 个观测值。

❑ 物体的欧拉角**相对**于夹具的欧拉角沿 z 轴的 1 个观测值。

14.2.2.3 奖励

成功抓取物体并将其提升到一定高度的奖励为 10 000 分。除此之外，还有一点代价会惩罚夹具和物体之间的距离。此外，旋转夹具也会产生一些能量代价。

14.2.2.4 终止条件

一个情节在 1000 步后或在夹具关闭后终止，以先发生者为准。

了解环境如何运作的最好方法是实际用它做实验，这就是你接下来要做的。

实验可以通过以下代码文件完成：Chapter14/manual_control_kuka.py。

此脚本允许你手动控制机器人。你可以使用"类 gym"的控制模式，其中垂直速度和夹具手指角度由环境控制。或者，你也可以选择非类 gym 模式以施加更多控制。

注意一件事，在类 gym 的控制模式下，即使将 x 和 y 轴的速度保持为零，机器人在下降时也会改变其 x 和 y 的位置。这是因为夹具沿 z 轴的默认速度太高。实际上可以验证，在非类 gym 模式下，z 轴低于 -0.001 的值会过多地改变其他轴上的位置。当我们自定义环境以缓解这种情况时，我们将降低速度。

现在你已经熟悉了 KUKA 环境，我们来讨论一些解决它的替代策略。

14.3 制定解决 KUKA 环境的策略

环境中的物体抓取问题是一个**硬探索**问题，这意味着它不太可能偶然发现智能体在抓取物体时最终收到的稀疏奖励。像我们一样降低垂直速度会使这件事更容易一些。尽管如此，还是要重新思考我们已经涵盖了哪些策略来解决这种问题：

❑ **奖励塑造**是我们之前讨论过的最常见的**机器教学**策略之一。在某些问题中，激励智能体实现目标非常简单。但是，在许多问题中这可能会非常痛苦。因此，除非有明显的方法，否则制定奖励函数可能会花费太多时间（以及有关问题的专业知识）。还要注意，原始奖励函数有一个组件来惩罚夹具和物体之间的距离，所以在某种程度上奖励已经形成了。我们的解决方案中包含了这一点。

- ❏ **好奇心驱动的学习**激励智能体发现状态空间中新的部分。但是，对于这个问题，不需要智能体过多地随机探索状态空间，因为我们对它应该做什么已经有了一些想法。因此，我们也将跳过该技术。
- ❏ **增加策略的熵**会激励智能体使其行动多样化。此系数可以使用 RLlib 的 PPO 训练器中的 "entropy_coeff" 配置来设置，这就是我们将要用到的。然而，超参数搜索（我们即将进行）最终将这个值设为零。
- ❏ **课程表学习**可能是这里最合适的方法。我们可以确定是什么让问题对智能体具有挑战性，从简单的级别开始训练它，然后逐渐增加难度。

因此，我们将利用课程表学习来解决这个问题。但对于创建课程表来说，首先要确定维度以参数化环境。

参数化问题的难度

当你对环境进行实验时，可能已经注意到了使问题变困难的因素：

- ❏ 夹具的起点太高，无法发现抓取物体的正确行动顺序。因此，调整高度的机器人关节将是我们要参数化的一个维度。事实证明，这是在 Kuka 类的 jointPositions 数组的第二个元素中设置的。
- ❏ 当夹具不在其原始高度时，它可能会与物体沿 x 轴的位置错位。我们还将参数化控制它的关节的位置，它是 Kuka 类的 jointPositions 数组的第四个元素。
- ❏ 随机化对象位置是智能体的另一个困难来源，它发生在 x 和 y 位置以及对象角度。我们将对这些组件中每一个的随机化程度进行参数化，范围介于 0 和 100% 之间。
- ❏ 即使对象不是随机定位的，其中心也不会与机器人在 y 轴上的默认位置对齐。我们将为对象的位置 y 增加一些偏差，再次参数化。

知道该怎么做，这是重要的第一步。现在，我们可以进入课程表学习了！

14.4　使用课程表学习训练 KUKA 机器人

在实际开始做一些训练之前，第一步是定制 Kuka 类和 KukaGymEnv，使它们与前述的课程表学习参数一起工作。所以下面开始这些工作。

14.4.1　定制课程表学习环境

首先，我们创建一个 CustomKuka 类，它继承了 PyBullet 的原始 Kuka 类。我们的做法如下：

1. 首先需要创建新类，并接受一个额外的参数，jp_override 字典，它代表**关节位置覆盖**（代码文件为 Chpater14/custom_kuka.py）：

```
class CustomKuka(Kuka):
    def __init__(self, *args, jp_override=None,
**kwargs):
        self.jp_override = jp_override
        super(CustomKuka, self).__init__(*args, **kwargs)
```

2. 我们需要重载它来改变在 reset 方法中设置的 jointPositions 数组：

```
def reset(self):
...
    if self.jp_override:
        for j, v in self.jp_override.items():
            j_ix = int(j) - 1
            if j_ix >= 0 and j_ix <= 13:
                self.jointPositions[j_ix] = v
```

现在，是时候创建 CustomKukaEnv 了。

3. 创建接受所有参数化输入的自定义环境以进行课程表学习：

```
class CustomKukaEnv(KukaGymEnv):
    def __init__(self, env_config={}):
        renders = env_config.get("renders", False)
        isDiscrete = env_config.get("isDiscrete", False)
        maxSteps = env_config.get("maxSteps", 2000)
        self.rnd_obj_x = env_config.get("rnd_obj_x", 1)
        self.rnd_obj_y = env_config.get("rnd_obj_y", 1)
        self.rnd_obj_ang = env_config.get("rnd_obj_ang",
1)
        self.bias_obj_x = env_config.get("bias_obj_x", 0)
        self.bias_obj_y = env_config.get("bias_obj_y", 0)
        self.bias_obj_ang = env_config.get("bias_obj_
ang", 0)
        self.jp_override = env_config.get("jp_override")
        super(CustomKukaEnv, self).__init__(
            renders=renders, isDiscrete=isDiscrete,
maxSteps=maxSteps
        )
```

请注意，我们还通过接受 env_config 使其与 RLlib 兼容。

4. 使用 reset 方法中的随机化参数来覆盖对象位置的默认随机化量：

```
    def reset(self):
        ...
        xpos = 0.55 + self.bias_obj_x + 0.12 * random.
random() * self.rnd_obj_x
        ypos = 0 + self.bias_obj_y + 0.2 * random.
random() * self.rnd_obj_y
        ang = (
            3.14 * 0.5
```

```
          + self.bias_obj_ang
          + 3.1415925438 * random.random() * self.rnd_
obj_ang
          )
```

5. 另外，现在应该用 CustomKuka 替换旧的 Kuka 类，并将关节位置覆盖输入传递给它：

```
...
self._kuka = CustomKuka(
    jp_override=self.jp_override,
        urdfRootPath=self._urdfRoot,
        timeStep=self._timeStep,
    )
```

6. 最后，重载环境的 step 方法以降低 z 轴上的默认速度：

```
def step(self, action):
    dz = -0.0005
    ...
        ...
        realAction = [dx, dy, dz, da, f]
    obs, reward, done, info = self.step2(realAction)
    return obs, reward / 1000, done, info
```

另请注意，我们重新调整了奖励（最终会在 −10 和 10 之间）以使训练变得容易。

接下来讨论使用什么样的课程表。

14.4.2 设计课程表中的课程

确定参数化问题难度的维度是一回事，决定如何将此参数化暴露给智能体是另一回事。我们知道智能体应该从简单的课程开始，然后逐渐转向更难的课程。

但是，这就提出了几个重要的问题：

❑ 参数化空间的哪些部分是容易的？

❑ 在课程转换之间更改参数的步长应该是多少？换句话说，我们应该如何将空间分割成课程？

❑ 智能体转换到下一课程的成功标准是什么？

❑ 如果智能体在一课程中失败了，这意味着它的表现出乎意料地糟糕，那么该怎么办？它应该回到上一课程吗？失败的标准是什么？

❑ 如果智能体长时间无法转换到下一课程，那么该怎么办？这是否意味着我们为课程设置的成功标准太高了？我们应该把那一课程分成子课程吗？

如你所见，当我们手动设计课程表时，这些是需要回答的重要问题。但在第 11 章中，我们介绍了**使用高斯混合模型的绝对学习进度**（ALP-GMM）方法，它处理所有这些决策。此处，我们首先从手动课程表开始来实现两者。

14.4.3 使用手动设计的课程表训练智能体

我们将为这个问题设计一个相当简单的课程表。当满足成功标准时,它会将智能体转换到后续课程,并在性能低下时回退到之前的课程。课程表将使用 increase_difficulty 方法,作为 CustomKukaEnv 类中的一个方法被实现:

1. 课程转换期间,首先定义参数值的 delta 变化量。对于关节值,我们将把关节位置从用户输入的值(简单)减少到环境中的原始值(困难):

```
def increase_difficulty(self):
    deltas = {"2": 0.1, "4": 0.1}
    original_values = {"2": 0.413184, "4": -1.589317}
    all_at_original_values = True
    for j in deltas:
        if j in self.jp_override:
            d = deltas[j]
            self.jp_override[j] = max(self.jp_
override[j] - d, original_values[j])
            if self.jp_override[j] != original_
values[j]:
                all_at_original_values = False
```

2. 在每次课程转换期间,还要确保增加对象位置的随机化:

```
self.rnd_obj_x = min(self.rnd_obj_x + 0.05, 1)
self.rnd_obj_y = min(self.rnd_obj_y + 0.05, 1)
self.rnd_obj_ang = min(self.rnd_obj_ang + 0.05,
1)
```

3. 最后,当物体位置变得完全随机时,记得将偏差设置为零:

```
if self.rnd_obj_x == self.rnd_obj_y == self.rnd_
obj_ang == 1:
        if all_at_original_values:
            self.bias_obj_x = 0
            self.bias_obj_y = 0
            self.bias_obj_ang = 0
```

到目前为止,训练智能体的一切几乎都准备好了。还有最后一件事:如何选择超参数。

选择超参数

为了在 RLlib 中调整超参数,我们可以使用 Ray Tune 库。第 15 章将为你提供一个关于如何完成调整的示例。现在,你可以只使用在 Chapter14/configs.py 中选择的超参数。

提示

在硬探索问题中,为问题的简单版本调整超参数可能更有意义。这是因为如果没

有观测到一些合理的奖励，调整可能不会选择一组好的超参数值。在简单的环境设置中进行初始调整后，如果学习停滞，稍后可以在此过程中调整所选值。

最后，我们来看看如何借助我们定义的课程表在训练期间使用我们创建的环境。

使用 RLlib 在课程表中训练智能体

要继续进行训练，还需要以下内容：

❑ 课程表的初始参数。

❑ 定义成功（和失败，如果需要）的一些标准。

❑ 执行课程转换的回调函数。

以下代码片段使用了 RLlib 中的 PPO 算法，设置初始参数，并在执行课程转换的回调函数中将奖励阈值（根据经验）设置为 5.5（代码文件为 Chapter14/train_ppo_manual_curriculum.py）：

```
config["env_config"] = {
    "jp_override": {"2": 1.3, "4": -1}, "rnd_obj_x": 0,
    "rnd_obj_y": 0, "rnd_obj_ang": 0, "bias_obj_y": 0.04}


def on_train_result(info):
    result = info["result"]
    if result["episode_reward_mean"] > 5.5:
        trainer = info["trainer"]
        trainer.workers.foreach_worker(
            lambda ev: ev.foreach_env(lambda env: env.increase_
difficulty()))


ray.init()
tune.run("PPO", config=dict(config,
                            **{"env": CustomKukaEnv,
                                "callbacks": {
                            "on_train_result": on_train_result}}
                                ),
            checkpoint_freq=10)
```

不用训练，课程表学习就能完成这些工作。可以注意到，当智能体转换到下一课时，随着环境变得更加困难，它的性能通常会下降。

这次训练的结果稍后会研究。现在来实现 ALP-GMM 算法。

14.4.4　使用绝对学习进度的课程表学习

ALP-GMM 方法侧重于参数空间中最大性能变化（绝对学习进度）的位置，并围绕该差距生成参数。这个思想如图 14-5 所示。

这样，学习预算就不会花在状态空间中已经学过的部分，或者对于当前智能体来说太难学习的部分。

接下来，我们首先创建一个自定义环境，在其中运行 ALP-GMM 算法，代码文件为 Chapter14/custom_kuka.py。

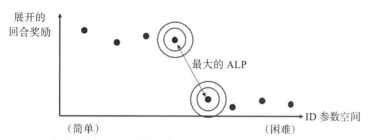

图 14-5　ALP-GMM 在各点周围生成参数（任务），在这些点之间观测到最大的回合奖励变化

我们直接从论文（Portelas et al.，2019）附带的源代码库中获取 ALP-GMM 实现代码，并将其放在 Chapter14/alp 下。然后可以将它插入创建的新环境 ALPKukaEnv 中，其中的关键部分在这里：

1. 创建类并定义试图教给智能体的参数空间的所有最小值和最大值：

```
class ALPKukaEnv(CustomKukaEnv):
    def __init__(self, env_config={}):
        ...
        self.mins = [...]
        self.maxs = [...]
        self.alp = ALPGMM(mins=self.mins,
                   maxs=self.maxs,
                      params={"fit_rate": 20})
        self.task = None
        self.last_episode_reward = None
        self.episode_reward = 0
        super(ALPKukaEnv, self).__init__(env_config)
```

这里的任务是来自 ALP-GMM 算法生成的参数空间的最新样本，用于配置环境。

2. 在每个回合开始时对任务进行采样。一旦一个回合结束，任务（回合中使用的环境参数）和回合奖励将用于更新 GMM 模型：

```
    def reset(self):
        if self.task is not None and self.last_episode_
reward is not None:
            self.alp.update(self.task,
                            self.last_episode_reward)
        self.task = self.alp.sample_task()
        self.rnd_obj_x = self.task[0]
        self.rnd_obj_y = self.task[1]
        self.rnd_obj_ang = self.task[2]
        self.jp_override = {"2": self.task[3],
                            "4": self.task[4]}
```

```
        self.bias_obj_y = self.task[5]
        return super(ALPKukaEnv, self).reset()
```

3. 最后，要确保跟踪回合奖励：

```
def step(self, action):
    obs, reward, done, info = super(ALPKukaEnv,
self).step(action)
    self.episode_reward += reward
    if done:
        self.last_episode_reward = self.episode_
reward
        self.episode_reward = 0
    return obs, reward, done, info
```

这里需要注意的一点是，ALP-GMM 通常是以集中的方式实现的：一个中心流程生成展开器的所有任务，并收集与要处理的任务相关的回合奖励。此处，由于我们在 RLlib 支持下工作，因此在环境实例中实现它更容易。为了解释单个展开中收集的数据量减少的原因，我们使用了 "fit_rate" ：20，比原来的 250 小，这样展开器不用等太久，就可以将 GMM 拟合到它收集的任务奖励数据中。

创建 ALPKukaEnv 后，剩下的只是对 tune.run() 函数的简单调用，可在 Chapter14/train_ppo_alp.py 中找到。请注意，与手动课程表不同，我们不指定参数的初始值。相反，我们已经通过了 ALP-GMM 过程的界限，参数在这些界限内指导课程表。

现在，准备进行课程表学习！

14.4.5 对比实验结果

分别使用前述的手动课程表、ALP-GMM 课程表和未实现的任何课程表，开始三个训练。训练过程的张量图如图 14-6 所示。

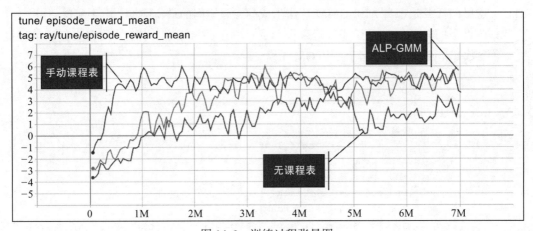

图 14-6 训练过程张量图

乍一看，应用手动课程表和 ALP-GMM 的训练曲线非常接近，而不使用课程表的训练曲线则有一定距离。事实并非如此。分析该图如下：

❑ 手动课程表从简单到困难。这就是为什么它在大多数时候处于顶端。在运行过程中，它甚至无法在时间预算内获得最新的课程。因此，对于手动课程表，图中所示的性能被夸大了。

❑ 无课程训练总是在最困难的水平上竞争。这就是为什么它在大多数情况下处于底部：其他智能体没有针对最难的参数配置运行，所以它们会慢慢到达那里。

❑ ALP-GMM 在大多数情况下处于中间状态，因为它同时在困难的和硬的配置下进行实验，关注点在两者之间。

由于此图不确定，因此我们在原始（最困难）配置上评估智能体。每次测试 100 轮后，结果如下：

```
Agent ALP-GMM score: 3.71
Agent Manual score: -2.79
Agent No Curriculum score: 2.81
```

❑ 手工课程表表现最差，因为训练结束时，它无法进入最新课程。

❑ 无课程训练取得了一些成功，但从最困难的环境开始似乎使其倒退。此外，评估性能与张量图上显示的一致，因为在这种情况下，评估设置与训练设置没有区别。

❑ ALP-GMM 似乎从逐渐增加的难度中获益，表现最优。

❑ 无课程训练在张量图上的峰值与 ALP-GMM 的最新表现类似。因此，我们对机器人垂直速度的修改减小了两者之间的差异。然而，不使用课程会导致智能体在许多硬探索场景中根本无法学习。

评估代码可以在 Chapter14/evaluate_ppo.py 中找到。此外，经过训练的智能体的行动可以用脚本 Chapter14/visualize_policy.py 来观测，你可以看看不足之处，并提出改进性能的想法。

对 KUKA 机器人学习示例的讨论就此结束了。在下一节，我们将列出一些用于训练自主机器人和自主车辆的流行模拟环境为本章收尾。

14.5 超越 PyBullet 进入自动驾驶领域

PyBullet 是在高保真物理模拟中测试强化学习算法能力的绝佳环境。在机器人技术和强化学习的交叉点上，你会遇到的其他一些库如下所示：

❑ Gazebo：http://gazebosim.org/。

❑ MuJoCo（需要许可证）：http://www.mujoco.org/。

❑ Adroit：https://github.com/vikashplus/Adroit。

此外，基于 Unity 和 Unreal 引擎的环境也会用于训练强化学习智能体。

下一个更受欢迎的自主级别当然是自动驾驶车辆。强化学习也越来越多地在真实的自主车辆模拟中进行实验。该领域最受欢迎的库有：

❏ CARLA：`https://github.com/carla-simulator/carla`。

❏ AirSim：`https://github.com/microsoft/AirSim`。（免责声明：撰写本书时作者是微软员工，也是开发 AirSim 组织的一员。）

至此，关于机器人学习的这一章就结束了。这是强化学习中一个非常热门的应用领域，我希望你能喜欢该领域的许多代码环境，并受到启发开始完善机器人技术。

14.6　总结

未来，自主机器人和自动驾驶车辆将在我们的世界中发挥巨大作用，强化学习是创建此类自主系统的主要方法之一。本章简要介绍了训练机器人完成物体抓取任务的情况，该技术在制造业和仓库物料搬运中有着广泛的应用。这是机器人技术中的一个重大挑战，我们使用 PyBullet 物理模拟器在硬探索环境中训练 KUKA 机器人，为此我们使用了手动课程表学习和基于 ALP-GMM 的课程表学习。现在你已经相当好地掌握了如何利用这些技术，可以用这些技术处理其他类似的问题。

下一章我们将探讨强化学习应用的另一个主要领域：供应链管理。

14.7　参考文献

- Coumans, E., Bai, Y. (2016-2019). PyBullet, a Python module for physics simulation for games, robotics, and machine learning. URL: `http://pybullet.org`.

- Bulletphysics/Bullet3. (2020). Bullet Physics SDK, GitHub. URL: `https://github.com/bulletphysics/bullet3`.

- CNC Robotics. (2018). KUKA Industrial Robots, Robotic Specialists. URL: `https://www.cncrobotics.co.uk/news/kuka-robots/`.

- KUKA AG. (2020). URL: `https://www.kuka.com/en-us`.

- Portelas, Rémy, et al. (2019). Teacher Algorithms for Curriculum Learning of Deep RL in Continuously Parameterized Environments. ArXiv:1910.07224 [Cs, Stat], Oct. 2019. arXiv.org, `http://arxiv.org/abs/1910.07224`.

第 15 章

供应链管理

实现有效的供应链管理对许多企业来说都是一个挑战，但它是企业盈利能力和竞争力的关键。这一领域的困难来自影响供需的一系列复杂动态、处理这些动态的业务约束以及整个过程中的高度不确定性。**强化学习**（RL）为我们提供了一套关键能力技术来解决此类序贯决策问题。

本章特别关注两个重要的问题：库存和路径优化。对于前者，我们将详细介绍如何创建环境、了解环境中的变化以及如何使用强化学习进行超参数调整以有效解决这种变化。对于后者，我们会描述一个实际的车辆路径问题，该问题是一个小型货车司机负责为在线订餐送餐。然后，我们继续说明为什么传统神经网络在解决大小不同的问题时会受到限制，以及指针网络如何克服这一点。

15.1 优化库存采购决策

几乎所有制造商、分销商和零售商都始终需要做出的最重要的决定之一就是保证多少库存才能可靠地满足客户需求，同时最大限度地降低成本。有效的库存管理是大多数公司盈利和生存的关键，尤其是考虑到当今竞争格局中利润微薄及客户期望不断提高的情况。本节中，我们使用强化学习来应对这一挑战并优化库存采购决策。

15.1.1 库存的需求及管理中的权衡

当你走进超市时，会看到各种货品堆叠在货架上。这些货品在超市仓库里可能有很多，分销商的仓库里还有很多，制造商的仓库里甚至更多。仔细想想，那么一大堆商品就放在某个地方，等待着未来某个时候客户的需求。如果这听起来像是在浪费资源，那在很大程度上确实如此。另外，公司必须持有一定的库存，原因如下：

❏ 未来是不确定的。客户需求、制造能力、运输时间表和原材料可用性都可能在某个时候和原定计划不一致。

❏ 所有的环节不可能完美地准时完成，商品不可能在客户需要的那一刻生产出来并交付给他们。

由于保持库存几乎是不可避免的，因此问题不少。回答这个问题涉及一个棘手的权衡：

❑ 最大限度地减少无法满足客户需求而损失利润的可能性，更重要的是，客户的忠诚
度很难恢复。

❑ 尽量减少库存，因为它在资本、劳动力、时间、材料、维护和仓库租金方面有成
本，并且可能导致商品损坏或过时，以及组织开销。

那么，你会如何处理呢？你是将客户满意度作为绝对优先事项还是更愿意控制库存？
这种平衡行动需要仔细规划并使用先进的方法，并非所有公司都有办法做到这一点。因此，
大多数人更愿意"安全起见"，保持比他们需要的更多的库存，这有助于隐藏缺乏规划及相
关问题。这种现象通常被描述为"库存海洋"，如图 15-1 所示。

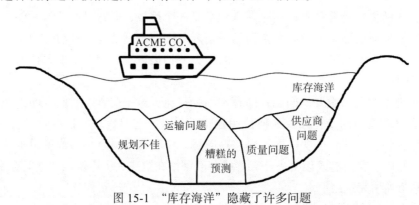

图 15-1　"库存海洋"隐藏了许多问题

这就是强化学习可以在面临不确定性时帮助你并优化你的库存决策的地方。接下来，
我们通过讨论库存优化问题的组成部分开始构建解决方案。

15.1.2　库存优化问题的组成部分

多种因素会影响库存流的动态和给定商品的最优补货策略：

❑ 商品的**价格**是一个关键因素。

❑ 商品的**采购成本**是另一个关键因素，它与价格一起决定了企业生产每件商品的毛利
润。这反过来又会影响失去单位客户需求的成本。

❑ **库存持有成本**是与单位时间（一天、一周或一个月等）内持有单位库存相关的所有
成本的总和，包括诸如仓储租金、资本成本和任何维护成本等。

❑ **客户商誉损失**是由于单位商品的需求损失而导致客户不满意的货币成本。毕竟，这
会降低客户忠诚度并影响未来的销售。虽然不满意通常是一种定性的衡量标准，但
企业需要估计它的货币等价物，以便能够在决策中使用它。

❑ 单个时间内**客户对商品的需求**是影响决策的主要因素之一。

❑ **供应商提前期**（Vendor Lead Time，VLT）是从供应商下订单到其到达库存之间的

延迟。同样，VLT 是影响何时为某些预期需求下订单的关键因素。

❑ **容量**限制，例如一个批次中可以订购多少物品，公司的存储容量有多少，将限制智能体可以采取的行动。

这些是我们在此处的设置中考虑的主要因素。此外，我们将重点关注以下内容：

❑ 单个商品场景。

❑ 具有泊松分布的随机客户需求（在给定的时间段内具有确定及固定的均值）。

❑ 需求以外的确定性因素。

这使我们的案例易于处理，同时保持足够的复杂性。

> **提示**
>
> 　　在现实生活中，大多数动态都涉及不确定性。例如，到达的库存可能存在缺陷；价格可能会随着商品的陈旧程度而变化；受天气原因影响，现有库存可能会出现损失；可能有需要退回的商品。估计所有这些因素的特征并创建过程的模拟模型是一个真正的挑战，这是应用强化学习作为此类问题的工具之前的障碍。

我们所描述的是一个复杂的优化问题，对此没有易于处理的最优解。然而，它的一步版本，所谓的**报童问题**，得到了很好的研究和广泛的使用。培养对问题的直觉是一个极大的简化，它有助于我们获得多步案例的近乎最优的基准。我们研究一下。

15.1.3　一步库存优化：报童问题

当库存优化问题涉及以下内容时：

❑ 单个时间步（因此没有 VLT，库存确定到达）。

❑ 单个商品。

❑ 已知价格、采购成本和未售出库存成本。

❑ 已知的（方便的高斯）需求分布。

那么这个问题就称为报童问题，由此可以得到一个闭式解。它描述了一家报纸供应商，其目标是计划当天以单位成本 c 购买多少份，以单价 p 出售，并在一天结束时以单价 r 退回未售出的份数。下面定义如下量：

❑ 不足成本 c_u 是由于单个单位需求缺失而损失的利润：$c_u = p-c$。

❑ 超额成本 c_o 是未售出单位的成本：$c_o = c-r$。

为了找到最优订购数量，我们计算一个临界比率 p，如下所示：

$$\rho = \frac{c_u}{c_u + c_o}$$

现在，分析这个关键比率在不足成本和超额成本方面的变化情况：

❑ 随着 c_u 变高，p 增加。较高的 c_u 和 p 意味着错过客户需求的成本更高。这表明在补充库存方面更加积极，以避免将钱留在桌面上。

❏ 随着 c_o 变高，ρ 降低，这意味着未售出的库存成本更高。这表明在保持库存量方面应该保守。

事实证明，ρ 提供了应该覆盖的需求场景的百分比，以优化一天结束时的预期利润。换句话说，假设需求有一个概率分布函数 $f(x)$，以及一个**累积分布函数**（CDF）$F(x)$。最优订单大小由 $F^{-1}(\rho)$ 给出，其中 F^{-1} 是 CDF 的反函数。

下面我们将在一个例子中对此进行实验。

报童示例

假设一件昂贵物品的价格是 $p = 2000$ 美元，其进价为 $c = 400$ 美元。如果商品未售出，不能退还给供应商，便会成为废品。所以有 $r = 0$ 美元。在这种情况下，不足成本是 $c_u =$ 1600 美元，而超额成本是 $c_o = 400$ 美元，这给我们一个临界比率 $p = 0.8$。这表明订单大小有 80% 的概率满足需求。假设需求呈正态分布，均值为 20 件，标准差为 5 件，则最优订单量约为 24 件。

可以使用 Newsvendor plots.ipynb 文件中定义的 calc_n_plot_critical_ratio 函数计算和绘制最优订单大小（代码文件为 Chapter15/Newsvendor plots.ipynb）：

```
calc_n_plot_critical_ratio(p=2000, c=400, r=0, mean=20, std=5)
```

输出结果如下：

```
Cost of underage is 1600
Cost of overage is 400
Critical ratio is 0.8
Optimal order qty is 24.20810616786457
```

图 15-2 说明了该问题的 PDF、CDF 和临界比率对应的值。

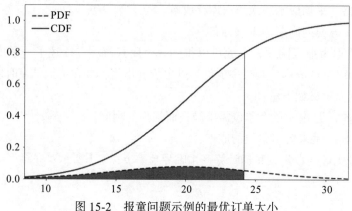

图 15-2　报童问题示例的最优订单大小

这是为了让你直观了解一步库存优化问题的解决方案是什么样的。多步问题则涉及许多其他的复杂性，我们在上一小节中进行了描述。例如，库存滞后到达，剩余的库存被带到下一步并产生持有成本。这是不确定性下的序贯决策，这是强化学习的强项。所以，我们使用它。

15.1.4 模拟多步库存动态

在本小节中，我们为前述的多步库存优化问题创建了一个模拟环境。

> **信息**
>
> 本章的其余部分密切关注 Balaji 等人（2019）定义的问题和环境，其代码可在 https://github.com/awslabs/or-rl-benchmarks 获得。建议你阅读这篇论文，了解有关经典随机优化问题的强化学习方法的更多详细信息。

在开始描述环境之前，讨论几个注意事项：

❑ 我们不希望为特定的产品需求场景制定策略，而是针对广泛场景制定策略。因此，对于每一回合，我们随机生成环境参数，如你所见。

❑ 这种随机化增加了梯度估计的方差，与静态场景相比，这使得学习更具挑战性。

有了这个，我们进入环境的细节。

15.1.4.1 事件日历

为了正确地将步骤函数应用于环境，我们需要了解每个事件何时发生。我们来看看：

1. 每天开始时，下库存补货订单。根据交货时间，我们将其记录为"在途"库存。

2. 接下来，当天预订的货品到达。如果交货时间为零，那么一天开始时订购的东西会立即到达。如果交货时间为一天，则昨天的订单到达，以此类推。

3. 收到货品后，完成客户需求。如果没有足够的库存来满足需求，实际销量就会低于需求，就会造成客户商誉的损失。

4. 在一天结束时，我们从库存中扣除已售商品（而不是总需求），并相应地更新状态。

5. 最后，如果交货时间不为零，我们更新在途库存（即我们将在 $t+2$ 到达的库存转移到 $t+1$）。

现在，将上面所描述的内容编写成代码。

15.1.4.2 编写环境代码

该环境的完整代码可以在 https://github.com/PacktPublishing/Mastering-Reinforcement-Learning -with-Python/blob/master/Chapter15/inventory_env.py 处的 GitHub 代码库中找到。

在这里，我们只描述环境的一些关键部分：

1. 如前所述，每一回合都会对某些环境参数进行采样，以便能够获得一个适用于广泛的价格、需求和其他场景的策略。我们为这些参数设置最大值，稍后将根据这些参数生成特定回合的参数。

```
class InventoryEnv(gym.Env):
    def __init__(self, config={}):
        self.l = config.get("lead time", 5)
        self.storage_capacity = 4000
        self.order_limit = 1000
        self.step_count = 0
        self.max_steps = 40
        self.max_value = 100.0
        self.max_holding_cost = 5.0
        self.max_loss_goodwill = 10.0
        self.max_mean = 200
```

我们使用 5 天的交货时间，这对于确定观测空间很重要（针对这个问题，观测空间可以被认为等同于状态空间，因此我们可以互换使用这些术语）。

2. 价格、成本、持有成本、商誉损失和预期需求是状态空间的一部分，我们假设状态空间对智能体也是可见的。此外，如果交货时间不为零，我们需要跟踪现有库存及在途库存：

```
        self.inv_dim = max(1, self.l)
        space_low = self.inv_dim * [0]
        space_high = self.inv_dim * [self.storage_
capacity]
        space_low += 5 * [0]
        space_high += [
            self.max_value,
            self.max_value,
            self.max_holding_cost,
            self.max_loss_goodwill,
            self.max_mean,
        ]
        self.observation_space = spaces.Box(
            low=np.array(space_low),
            high=np.array(space_high),
            dtype=np.float32
        )
```

请注意，对于 5 的交货时间，我们有一个维度用于现有库存，四个维度（从 $t+1$ 到 $t+4$）用于在途库存。如你所见，通过在一步计算结束时将在途库存添加到状态，我们可以避免跟踪在 $t+5$ 到达的在途库存（更一般地说，我们不需要 $t+l$，l 是交货时间）。

3. 我们将行动归一化到 [0, 1]，其中 1 表示在订单限制下订购：

```
self.action_space = spaces.Box(
    low=np.array([0]),
    high=np.array([1]),
```

```
    dtype=np.float32
)
```

4. 非常重要的步骤之一是对观测进行归一化。通常，智能体可能不知道观测的界限来将它们归一化。在这里，我们假设智能体具有该信息，因此我们可以方便地在环境类中执行此操作：

```
def _normalize_obs(self):
    obs = np.array(self.state)
    obs[:self.inv_dim] = obs[:self.inv_dim] / self.
order_limit
    obs[self.inv_dim] = obs[self.inv_dim] / self.max_
value
    obs[self.inv_dim + 1] = obs[self.inv_dim + 1] /
self.max_value
    obs[self.inv_dim + 2] = obs[self.inv_dim + 2] /
self.max_holding_cost
    obs[self.inv_dim + 3] = obs[self.inv_dim + 3] /
self.max_loss_goodwill
    obs[self.inv_dim + 4] = obs[self.inv_dim + 4] /
self.max_mean
    return obs
```

5. 特定回合的环境参数在 reset 函数内生成：

```
def reset(self):
    self.step_count = 0

    price = np.random.rand() * self.max_value
    cost = np.random.rand() * price
    holding_cost = np.random.rand() * min(cost, self.
max_holding_cost)
    loss_goodwill = np.random.rand() * self.max_loss_
goodwill
    mean_demand = np.random.rand() * self.max_mean

    self.state = np.zeros(self.inv_dim + 5)
    self.state[self.inv_dim] = price
    self.state[self.inv_dim + 1] = cost
    self.state[self.inv_dim + 2] = holding_cost
    self.state[self.inv_dim + 3] = loss_goodwill
    self.state[self.inv_dim + 4] = mean_demand
    return self._normalize_obs()
```

6. 我们来实现上一节中描述的 step 函数。首先，解析初始状态和接收到的行动：

```
def step(self, action):
    beginning_inv_state, p, c, h, k, mu = \
        self.break_state()
```

```
action = np.clip(action[0], 0, 1)
action = int(action * self.order_limit)
done = False
```

7. 然后，我们在观察容量的同时确定可以有多少购买量，如果交货时间为 0，则将购买的货品量添加到库存中，并对需求进行采样：

```
available_capacity = self.storage_capacity \
                             - np.sum(beginning_inv_
state)
assert available_capacity >= 0
buys = min(action, available_capacity)
# If lead time is zero, immediately
# increase the inventory
if self.l == 0:
    self.state[0] += buys
on_hand = self.state[0]
demand_realization = np.random.poisson(mu)
```

8. 奖励将是收入，我们从中减去采购成本、库存持有成本和失去客户商誉的成本：

```
# Compute Reward
sales = min(on_hand,
            demand_realization)
sales_revenue = p * sales
overage = on_hand - sales
underage = max(0, demand_realization
                 - on_hand)
purchase_cost = c * buys
holding = overage * h
penalty_lost_sale = k * underage
reward = sales_revenue \
         - purchase_cost \
         - holding \
         - penalty_lost_sale
```

9. 然后，一天结束时，我们将在途库存更新到库存中，如果 VLT 不为零，则将在一天开始时购买的商品添加到在途库存中：

```
# Day is over. Update the inventory
# levels for the beginning of the next day
# In-transit inventory levels shift to left
self.state[0] = 0
if self.inv_dim > 1:
    self.state[: self.inv_dim - 1] \
        = self.state[1: self.inv_dim]
self.state[0] += overage
# Add the recently bought inventory
```

```
# if the lead time is positive
if self.l > 0:
    self.state[self.l - 1] = buys
self.step_count += 1
if self.step_count >= self.max_steps:
    done = True
```

10. 最后，将归一化的观察结果和缩放奖励返回给智能体：

```
# Normalize the reward
reward = reward / 10000
info = {
    "demand realization": demand_realization,
    "sales": sales,
    "underage": underage,
    "overage": overage,
}
return self._normalize_obs(), reward, done, info
```

花点时间了解库存动态如何反映在 step 函数中。准备就绪后，我们开始制定基准策略。

15.1.5　制定近乎最优的基准策略

这个问题的精确解是不可用的。然而，可以获得类似于报童策略的近乎最优的近似值，有两处修改：

❑ 考虑了 $l+1$ 个时间步长的总需求，而不是单个时间步。

❑ 除了每单位利润之外，还将商誉损失添加到不足成本中。

这仍然是近似的原因是，该公式将多个步骤视为一个步骤并汇总了需求和供应，这意味着它假设需求在一个步骤中到达。并且可以在 $l+1$ 步的一个序列步骤中积压和满足。尽管如此，这仍然为我们提供了一个近乎最优的解决方案。

以下展示了如何编写此基准策略的代码：

```
def get_action_from_benchmark_policy(env):
    inv_state, p, c, h, k, mu = env.break_state()
    cost_of_overage = h
    cost_of_underage = p - c + k
    critical_ratio = np.clip(
        0, 1, cost_of_underage
              / (cost_of_underage + cost_of_overage)
    )
    horizon_target = int(poisson.ppf(critical_ratio,
                         (len(inv_state) + 1) * mu))
    deficit = max(0, horizon_target - np.sum(inv_state))
    buy_action = min(deficit, env.order_limit)
    return [buy_action / env.order_limit]
```

请注意，在计算临界比率后，执行以下操作：

❑ 找到 $l+1$ 步的最优总供给。

❑ 然后，减去下一个 l 时间步长的现有库存和在途库存。

❑ 最后，我们下单以弥补这一不足，并以单个订单的限制为上限。

接下来，看看我们如何训练强化学习智能体来解决这个问题，以及强化学习解决方案与此基准测试相比效果如何。

15.1.6　库存管理的强化学习解决方案

在解决这个问题时，有几个因素需要考虑：

❑ 由于环境中的随机化，不同回合的奖励存在很大差异。

❑ 这要求我们使用大于正常的批量和小批量大小来更好地估计梯度并对神经网络的权重进行更稳定的更新。

❑ 在存在大方差的情况下，选择获胜模型也是一个问题。这是因为如果测试 / 评估集的数量不够大，则有可能仅因为我们碰巧在少数幸运配置中对其进行评估而将其宣布为最优策略。

为了应对这些挑战，我们可以采用以下策略：

1. 在有限的计算预算下进行有限的超参数调整，以确定一组好的超参数。

2. 使用一组或两组最优超参数训练模型。一路保存最好的模型。

3. 当你观测到奖励曲线的趋势由噪声主导时，增加批量和小批量的大小，以便更好地估计梯度并对模型性能指标进行去噪。再次，保存最优模型。

4. 根据你的计算预算，重复多次超参数训练并选择获胜模型。

在 Ray/RLlib 中实现这些步骤以获得我们的策略。

15.1.6.1　初始超参数扫描

我们使用 Ray 的 Tune 库进行初始超参数调整。我们将使用两个函数：

❑ `tune.grid_search()` 对指定的一组值进行网格搜索。

❑ `tune.choice()` 在指定的集合内进行随机搜索。

对于每个实验，我们还指定了终止条件。在我们的例子中，想让实验运行 100 万个时间步。这是示例搜索的代码：

```
import ray
from ray import tune
from inventory_env import InventoryEnv

ray.init()
tune.run(
    "PPO",
    stop={"timesteps_total": 1e6},
    num_samples=5,
```

```
config={
    "env": InventoryEnv,
    "rollout_fragment_length": 40,
    "num_gpus": 1,
    "num_workers": 50,
    "lr": tune.grid_search([0.01, 0.001, 0.0001, 0.00001]),
    "use_gae": tune.choice([True, False]),
    "train_batch_size": tune.choice([5000, 10000, 20000,
40000]),
    "sgd_minibatch_size": tune.choice([128, 1024, 4096,
8192]),
    "num_sgd_iter": tune.choice([5, 10, 30]),
    "vf_loss_coeff": tune.choice([0.1, 1, 10]),
    "vf_share_layers": tune.choice([True, False]),
    "entropy_coeff": tune.choice([0, 0.1, 1]),
    "clip_param": tune.choice([0.05, 0.1, 0.3, 0.5]),
    "vf_clip_param": tune.choice([1, 5, 10]),
    "grad_clip": tune.choice([None, 0.01, 0.1, 1]),
    "kl_target": tune.choice([0.005, 0.01, 0.05]),
    "eager": False,
    },
)
```

要计算总调整预算，我们执行以下操作：

❑ 取所有网格搜索的叉积，因为每个可能的组合都必须根据定义进行尝试。

❑ 将该叉积与num_samples相乘。这给出了将要进行的实验总数。使用前面的代码，我们将进行 20 次实验。

❑ 在每次实验期间，每个 choice 函数将从相应的集合中随机均匀地选择一个参数。

❑ 当满足终止条件时，给定的实验终止。

执行该操作后，你会看到搜索正在进行。具体情况如图 15-3 所示。

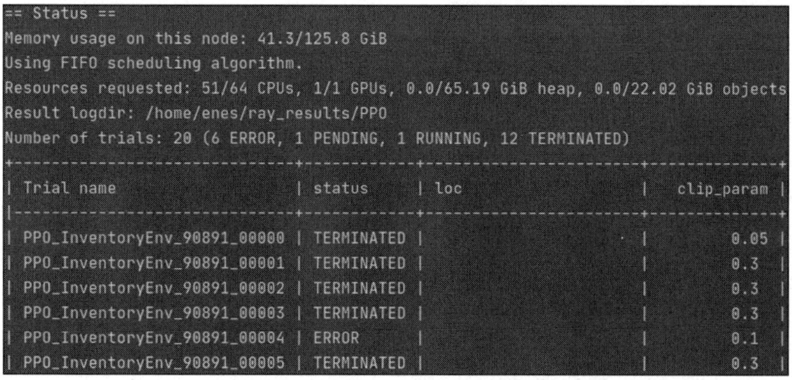

```
== Status ==
Memory usage on this node: 41.3/125.8 GiB
Using FIFO scheduling algorithm.
Resources requested: 51/64 CPUs, 1/1 GPUs, 0.0/65.19 GiB heap, 0.0/22.02 GiB objects
Result logdir: /home/enes/ray_results/PPO
Number of trials: 20 (6 ERROR, 1 PENDING, 1 RUNNING, 12 TERMINATED)
+------------------------------+------------+-------+-------------+
| Trial name                   | status     | loc   |  clip_param |
+------------------------------+------------+-------+-------------+
| PPO_InventoryEnv_90891_00000 | TERMINATED |       |        0.05 |
| PPO_InventoryEnv_90891_00001 | TERMINATED |       |         0.3 |
| PPO_InventoryEnv_90891_00002 | TERMINATED |       |         0.3 |
| PPO_InventoryEnv_90891_00003 | TERMINATED |       |         0.3 |
| PPO_InventoryEnv_90891_00004 | ERROR      |       |         0.1 |
| PPO_InventoryEnv_90891_00005 | TERMINATED |       |         0.3 |
```

图 15-3 使用 Ray 的 Tune 调整超参数

除非你深思熟虑形成超参数组合以防止数值问题，否则某些实验会出错。然后，你可以选择性能最优的组合进行进一步训练，如图 15-4 所示。

接下来，进行广泛训练。

15.1.6.2 模型的广泛训练

我们现在使用选定的超参数集（或如本例中选定多个超参数集，以前练习中的获胜集表现不佳，但排名第二的超参数集性能表现还可以）开始长时间的训练运行（代码文件为 Chapter15/train_inv_policy.py）：

iter	total time (s)	ts	reward
167	394.645	1002000	-25.8308
167	100.572	1002000	-23.0244
100	392.639	1000000	4.51787
100	78.4445	1000000	-20.4601
7	5.30848	42000	-24.749
25	89.3493	1000000	3.46016

图 15-4　在搜索中获得的一组良好超参数的采样性能

```python
import numpy as np
import ray
from ray.tune.logger import pretty_print
from ray.rllib.agents.ppo.ppo import DEFAULT_CONFIG
from ray.rllib.agents.ppo.ppo import PPOTrainer
from inventory_env import InventoryEnv


config = DEFAULT_CONFIG.copy()
config["env"] = InventoryEnv
config["num_gpus"] = 1
config["num_workers"] = 50
config["clip_param"] = 0.3
config["entropy_coeff"] = 0
config["grad_clip"] = None
config["kl_target"] = 0.005
config["lr"] = 0.001
config["num_sgd_iter"] = 5
config["sgd_minibatch_size"] = 8192
config["train_batch_size"] = 20000
config["use_gae"] = True
config["vf_clip_param"] = 10
config["vf_loss_coeff"] = 1
config["vf_share_layers"] = False
```

设置超参数后，你就可以开始训练了：

```python
ray.init()
trainer = PPOTrainer(config=config, env=InventoryEnv)
best_mean_reward = np.NINF
while True:
    result = trainer.train()
    print(pretty_print(result))
    mean_reward = result.get("episode_reward_mean", np.NINF)
    if mean_reward > best_mean_reward:
        checkpoint = trainer.save()
        print("checkpoint saved at", checkpoint)
        best_mean_reward = mean_reward
```

这里要注意的一件事是批量（batch）和小批量（minibatch）的大小：通常，RLlib 中的 PPO 默认值是 `"train_batch_size": 4000` 和 `"sgd_minibatch_size": 128`。然而，考虑到环境和奖励的差异，学习会受到如此小批量的影响。因此，调整模型选择了更高的批量和小批量大小。

现在开始训练。此时，你可以开发一个逻辑，根据训练进度调整各种超参数。为简单起见，我们将手动观测进度，然后在学习停滞或不稳定时停止。在那之后，我们可以进一步训练增加批量大小，以便在最后阶段获得更好的梯度估计，例如，`"train_batch_size": 200000` 和 `"sgd_minibatch_size": 32768`。这样一个训练过程如图 15-5 所示。

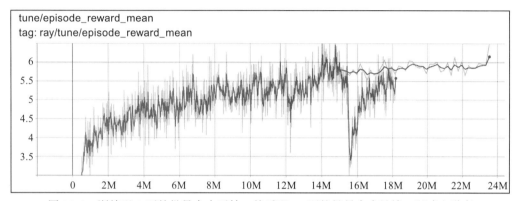

图 15-5   训练以 2 万的批量大小开始，然后以 20 万的批量大小继续，以减少噪声

使用更大批量大小的调优有助于对奖励进行降噪并识别真正高性能的模型。我们可以比较基准和强化学习解决方案。经过 2000 轮测试后，基准性能如下所示：

```
Average daily reward over 2000 test episodes:
0.15966589703658918.
Average total episode reward: 6.386635881463566
```

此处我们可以看到强化学习模型的性能：

```
Average daily reward over 2000 test episodes:
0.14262437792900876.
Average total episode reward: 5.70497511716035
```

我们的强化学习模型的性能在接近最优基准解决方案的 10% 以内。我们可以通过进一步的实验和训练来缩小差距，但在存在这种噪声的情况下，这是一项具有挑战性且耗时的工作。请注意，Balaji 等人（2019）给出的指标略微改善了基准，因此它是可行的。

至此，我们结束了对这个问题的讨论。我们从最初的形式中提取了一个现实且有噪声的供应链问题，使用强化学习对其进行建模，并通过 RLlib 上的 PPO 解决了它！

接下来，我们描述可以通过强化学习解决的另外两个供应链问题。由于篇幅所限，我们无法在此解决，请参考 https://github.com/awslabs/or-rl-benchmarks/ 了解更多。

下面我们讨论如何使用强化学习建模和解决路由优化问题。

15.2　建模路由问题

路由问题是组合优化中最具挑战性和研究最多的问题之一。事实上，有不少研究人员将他们的整个职业生涯都奉献给了这一领域。最近，解决路由问题的强化学习方法已经成为传统运筹学方法的替代方法。我们从一个相当复杂的路由问题开始，该问题是关于在线订餐的取货和交付。这个问题的强化学习建模不会那么复杂。我们稍后会根据该领域的最新文献将讨论扩展到更高级的强化学习模型。

15.2.1　在线用餐订单的取货和交付

考虑一个为在线平台（类似于 Uber Eats 或 Grubhub）工作的零工司机（我们的智能体），负责从餐厅接单并交付给客户。司机的目标是通过交付许多昂贵的订单来收到尽可能多的小费。以下是有关此环境的更多详细信息：

❑ 市内有多家餐厅，它们是订单的取货地点。

❑ 与其中一家餐厅相关的订单会动态到达送货公司的应用程序。

❑ 司机必须接受订单才能取货和送货。

❑ 如果已接受的订单未在订单创建后的特定时限内交付，则会产生高额罚款。

❑ 如果一个开放订单没有被司机接受，它会在一段时间后消失，这意味着它被其他竞争的司机接受了。

❑ 司机可以接受任意数量的订单，但实际只能携带有限数量的取货订单。

❑ 城市的不同地区以不同的速度和不同的规模产生订单。例如，一个地区可能会产生频繁且昂贵的订单，从而对司机具有吸引力。

❑ 行驶不必要的距离会给司机带来时间、燃料和机会的成本。

给定此环境，在每个时间步，司机执行以下操作之一：

❑ 接受一份开放订单。

❑ 向与特定订单相关联的餐厅移动一步（用于取货）。

❑ 向客户位置移动一步（用于交付）。

❑ 等待，什么也不做。

❑ 向其中一家餐厅移动一步（不是接受现有订单，而是希望该餐厅很快能给出下一份又好又贵的订单）。

智能体观测以下状态来做出决定：

❑ 司机、餐厅和客户的坐标。

❑ 司机已接单和还可接单的数量。

❑ 订单状态（开放、已接受、已取货和非活动／已交付／未创建）。

❑ 订单餐厅状况。

❑ 自创建订单以来经过的时间。

❑ 与每个订单相关的奖励（小费）。

如需了解更多信息，请访问 `https://github.com/awslabs/or-rl-benchmarks/blob/master/Vehicle%20Routing%20Problem/src/vrp_environment.py`。

Balaji 等人（2019）表明，该问题的强化学习解决方案优于基于**混合整数编程**（Mixed-Integer Programming, MIP）的方法。这是一个相当令人惊讶的结果，因为 MIP 模型理论上可以找到最优解。MIP 解决方案在这种情况下表现较差的原因如下：

❑ 当强化学习智能体学习预测未来事件并相应地进行计划时，就解决了现有情况的短视问题。

❑ 强化学习使用的预算有限，因为 MIP 解决方案可能需要很长时间。另外，强化学习推理几乎在训练策略后立即发生。

对于如此复杂的问题，给出的强化学习性能非常令人鼓舞。另外，我们对问题建模的方式有局限性，因为它依赖于固定的状态和行动空间大小。换句话说，如果状态和行动空间被设计为最多处理 N 个订单/餐厅，则训练后的智能体不能用于更大范围的问题。而 MIP 模型可以接受任何大小的输入（尽管大问题可能需要很长时间才能解决）。

深度学习领域的最新研究为我们提供了指针网络来处理大小动态变化的组合优化问题。我们接下来将探讨它。

15.2.2　用于动态组合优化的指针网络

指针网络使用基于内容的注意力机制指向其中一个输入，其中输入的数量可以是任何值。为了更好地解释这一点，考虑一个旅行商问题，其目标是访问位于二维平面上的所有节点，恰好一次，在最后返回初始节点，并以最小的总距离进行遍历。示例问题及其解决方案如图 15-6 所示。

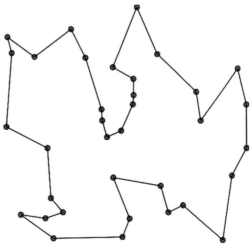

图 15-6　旅行商问题的解决方案（`https://en.wikipedia.org/wiki/Travelling_salesman_problem`）

此问题中的每个节点都由其 (x, y) 坐标表示。指针网络具有以下属性：

❑ 使用循环神经网络从编码器中的输入节点 j 的 (x_j, y_j) 中获得嵌入 e_j，同样在第 i 步解码的解码器中获得 d_i。

❑ 在解码第 i 步时计算输入节点 j 的注意力，如下所示：

$$u_j^i = v^T \tanh(W_1 e_j + W_2 d_i)$$

$$a_j^i = \text{softmax}(u_j^i)$$

其中 v、W_1 和 W_2 是可学习的参数。

❑ 具有最高注意力 a_j^i 的输入节点 j 成为路径上要访问的第 i 个节点。

这种注意力方法是完全灵活的，可以指向特定的输入节点，而无须对输入节点的总数做任何假设。这种机制如图 15-7 所示。

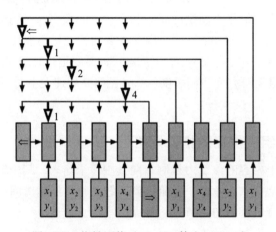

图 15-7   指针网络（Vinyals 等人，2017）

后来的工作（Nazari 等人，2018）调整了指针网络以在基于策略的强化学习模型中使用，并且与开源路由优化器相比，在相当复杂的问题中获得了非常有希望的结果。指针网络的细节以及它们如何在强化学习的上下文中使用值得进一步的空间和讨论，可查阅本章的参考文献。

至此，我们结束了对供应链问题的强化学习应用的讨论。以下对本章内容进行总结。

15.3   总结

本章我们讨论了供应链管理中的两类重要问题：库存优化和车辆路径优化。这些都是非常复杂的问题，而强化学习最近已成为解决这些问题的一种有竞争力的工具。在本章中，针对前一个问题，我们详细讨论了如何创建环境并解决相应的强化学习问题。这个问题的挑战是每轮之间的大方差，我们通过详细的超参数调整过程缓解了这一点。对于后一个问题，我们描述了一个实际案例，即一位送餐司机根据动态的客户点餐订单来送餐。我们讨论了如何通过指针网络使模型更灵活地处理不同大小的节点。

在下一章，我们将讨论另一组围绕营销、个性化和金融的令人兴奋的应用。

15.4　参考文献

- *ORL: Reinforcement Learning Benchmarks for Online Stochastic Optimization Problems*, Balaji, Bharathan, et al. (2019): http://arxiv.org/abs/1911.10641

- *Pointer Networks*, Vinyals, Oriol, et al. (2017): http://arxiv.org/abs/1506.03134

- *Reinforcement Learning for Solving the Vehicle Routing Problem*, Nazari, M, et al. (2018): http://arxiv.org/abs/1802.04240

第 16 章

营销、个性化和金融

本章我们将讨论强化学习获得显著吸引力的三个领域。首先,我们描述了如何在个性化和推荐系统中使用它。这样,我们就超越了前面章节中介绍的一步老虎机方法。营销也是可以从强化学习中显著受益的一个相关领域。除了个性化的营销应用,强化学习还可以在管理活动预算和减少客户流失等领域提供帮助。最后,我们讨论了强化学习在金融和相关挑战中的前景。为此,我们引入了 TensorTrade,这是一个用于开发和测试基于强化学习的交易算法的 Python 框架。

16.1 超越老虎机进行个性化

当我们在本书前几章讨论多臂老虎机和上下文老虎机问题时,我们提出了一个旨在最大化在线广告**点击率**(CTR)的案例研究。这只是如何使用老虎机模型为用户提供个性化内容和体验的一个例子,从电子零售商到社交媒体平台,这是几乎所有在线(和离线)内容提供商的共同挑战。在本节中,为了个性化,我们超越老虎机模型并描述了一个多步强化学习方法。我们首先讨论老虎机模型的不足之处,然后再讨论多步强化学习如何解决这些问题。

16.1.1 老虎机模型的缺点

老虎机问题的目标是最大化即时(一步)回报。在在线广告点击率最大化问题中,这通常是考虑目标的好方法:显示在线广告,用户点击,看广告。如果没有,那就是错过了。

用户与 YouTube 或 Amazon 之间的关系比这复杂得多。这些平台上的用户体验是一个旅程,而不是一个事件。平台推荐了一些内容,用户不点击也不至于完全错过。可能的情况是,用户发现呈现的内容有趣且吸引人,然后继续浏览。即使该用户会话没有产生点击或转换,用户可能很快就会回来,因为他们知道平台正在提供与自己兴趣相关的一些内容。相反,会话中的太多点击很可能意味着用户无法找到他们想要找的内容,从而导致糟糕的体验。这种"走马观花"的问题性质,平台(智能体)决策对客户满意度和业务价值(奖励)具有下游影响这一事实,正是使多步强化学习成为一种有吸引力的方法的原因。

> **提示**
>
> 尽管从老虎机模型转向多步强化学习很吸引人，但在这样做之前要三思。老虎机算法更易于使用并且具有易于理解的理论特性，而在多步强化学习设置中成功训练智能体可能非常具有挑战性。请注意，许多多步问题可以通过在上下文中包含智能体的记忆和即时奖励中行动的预期未来值来转换为一步问题，这样我们就可以留在老虎机算法框架中。

用于个性化的多步深度强化学习的成功实现之一与新闻推荐有关，由（Zheng et al., 2018）提出。在下一节，我们会描述一个类似的方法来解决受这项工作启发的问题，讨论会在比论文建议的更高层次和更广泛的层面上进行。

16.1.2　用于新闻推荐的深度强化学习

当我们使用最喜欢的新闻应用程序时，希望阅读一些有趣且可能很重要的内容。当然，使新闻有趣或重要的原因因人而异，所以有一个个性化的问题。正如（Zheng et al., 2018）提到的，新闻推荐还有一些额外的挑战：

- 行动空间不固定。事实上，恰恰相反：一天之内涌入的新闻太多了，每条新闻都有一些独特的特点，很难像传统的 Gym 环境那样思考问题。
- 用户偏好也是非常动态的：它们会随着时间的推移而变化和演变。本周对政治更感兴趣的用户可能会感到无聊并在下周阅读艺术相关的内容，关于这点，（Zheng et al., 2018）用数据证明了。
- 正如我们提到的，这是一个真正的多步问题。如果可以显示两条新闻，一条关于灾难，一条关于体育比赛，则表明前者因其耸人听闻的性质而被点击的概率更大。它还可能导致用户由于情绪低落提前离开平台，从而不会出现更多参与平台的行动。
- 与影响用户行为的所有可能因素相比，智能体对用户的观测非常有限。因此，环境是部分可观测的。

所以，问题是从动态清单中选择要向用户显示哪些新闻片段，其兴趣一是随时间变化，二是受智能体未完全观测到的许多因素的影响。下面描述强化学习问题的组成部分。

16.1.2.1　观测和行动空间

借用（Zheng et al., 2018）的内容，以下信息构成了关于特定用户和新闻的观测和行动空间：

- **用户特征**与用户在该会话中、当天、过去一周中点击的所有新闻片段的特征，以及用户在不同时间范围内访问平台的次数等相关。
- **上下文特征**与一天中的时间、星期几、是否是假期和选举日等信息相关。
- **用户新闻特征**，包括此特定新闻在过去一小时内出现在特定用户的提要中的次数，以及与新闻中的实体、主题和类别相关的类似统计数据。

❑ 特定片段的**新闻特征**，例如，主题、类别、提供商、实体名称，以及过去一小时、过去 6 小时、过去一天的点击计数等。

现在，这构成了与以往不同的观测 – 行动空间：

❑ 前两组特征更像是一个观测：用户出现，请求新闻内容，智能体观测用户以及上下文相关的特征。

❑ 然后智能体需要选择要显示的一条新闻（或一组新闻，如论文中所示）。因此，与新闻和用户新闻相关的特征对应于一个行动。

❑ 有趣的是，可用的行动集是动态的，它携带与用户 / 观测相关的元素（在用户新闻特征中）。

尽管这不是传统的设置，但不要让它吓到你。例如，我们仍然可以估计给定观测 – 行动对的 Q 值：我们只需要提供所有这些特征到估计 Q 值的神经网络。具体来说，本文使用了两个神经网络，一个估计状态值，另一个利用优势来计算 Q 值，尽管也可以使用单个网络。具体情况如图 16-1 所示。

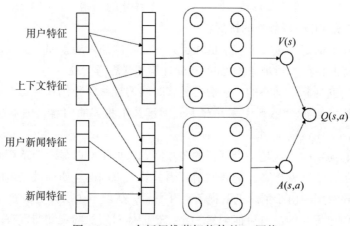

图 16-1   一个新闻推荐智能体的 Q 网络

现在，将其与传统的 Q 网络进行比较：

❑ 常规 Q 网络将有多个头，每个行动一个（如果行动头估计优势而不是 Q 值，则加上一个用于 Q 值估计）。这样的网络在单个前向传递中为给定的观测输出固定集中所有行动的 Q 值估计。

❑ 在此设置中，我们需要针对给定用户的每个可用新闻在网络上进行单独的前向传递，然后选择具有最高 Q 值的新闻。

这种方法实际上类似于第 3 章中使用的方法。

接下来，我们讨论可以在此设置中使用的替代建模方法。

16.1.2.2　使用行动嵌入

就像该问题一样，当行动空间非常大或每个时间步都变化时，**行动嵌入**（action embedding）

可用于在给定观测的情况下选择行动。行动嵌入是将行动表示为固定大小的数组，通常作为神经网络的结果获得。

下面是它的工作原理：

❑ 我们使用一个策略网络，而不是行动值。它输出一个**意图向量**，一个固定大小的数字数组。

❑ 意图向量携带有关"给定观测的理想行动是什么样子"的信息。

❑ 在新闻推荐问题的上下文中，这样的意图向量可能意味着："给定这些用户和上下文特征，该用户想要阅读进入决赛的国际联赛的团队运动内容。"

❑ 然后将此意图向量与可用行动进行比较。选择与"意图""最接近"的行动。例如，一篇关于外国联赛团队运动的新闻，但没有参加决赛。

❑ 接近度的度量是余弦相似度，它是意图和行动嵌入的点积。

这种设置如图 16-2 所示。

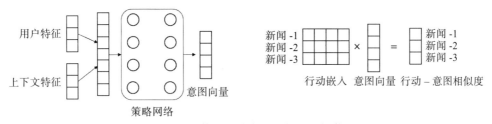

图 16-2　使用行动嵌入进行新闻推荐

信息

　　以这种方式使用嵌入是 OpenAI 为处理 Dota 2 中巨大的行动空间而引入的。一个很好的博客解释了他们的方法，博客链接是 https://neuro.cs.ut.ee/the-use-of-embeddings-in-openai-five/。这种方法也可以很容易地在 RLlib 中实现，它在 https://bit.ly/2HQRkfx 中有解释。

接下来，我们讨论一下新闻推荐问题中的奖励函数是什么样的。

16.1.2.3　奖励函数

在本书开头解决的在线广告问题中，最大化点击率是唯一的目标。在新闻推荐问题中，我们希望最大化用户的长期参与度，同时增加即时点击的可能性。这需要对用户活跃度进行衡量，为此文中使用了生存模型。

16.1.2.4　使用对决老虎机梯度下降的探索

探索是强化学习的重要组成部分。当我们在模拟中训练强化学习智能体时，我们并不关心为了学习而采取不好的行动，除非它影响了计算效率。如果强化学习智能体是在真实环境中训练的（通常是在新闻推荐等环境中进行训练），那么探索将产生超出计算效率低下的后果，并可能损害用户满意度。

如果想想在探索过程中常见的 ε- 贪心方法，它会在整个行动空间中均匀随机地采取一个行动，即使有些行动真的很糟糕。例如，即使智能体知道你主要对政治感兴趣，它也会随机显示有关美女、体育、名人等的新闻，你可能会发现这些新闻完全不相关。

如果智能体在探索性行动后获得良好的奖励，那么克服这个问题的一种方法是，逐渐偏离贪心行动以便探索和更新策略。下面是我们的做法：

- □ 除了常规的 Q 网络之外，我们还使用**探索网络 $\tilde{Q}$** 来生成探索性行动。
- □ $\tilde{Q}$ 的权重（用 $\tilde{W}$ 表示），通过扰动 Q 的权重获得（用 W 表示）。
- □ 更为形式化地说，$\tilde{W} = W \cdot (1 + \alpha \cdot \text{rand}(-1,1))$，其中 α 是控制探索和利用之间权衡的系数，rand 生成输入之间的一个随机数。
- □ 为了获得一组要显示给用户的新闻片段，我们首先从 Q 和 $\tilde{Q}$ 生成两组推荐，每组一个，然后从两者中随机选择片段添加到显示集中。
- □ 一旦向用户展示了显示集，智能体就会收集用户反馈（奖励）。如果 Q 生成的新闻的反馈更好，W 那么不变。否则，更新权重 $W := W + \eta \tilde{W}$，其中 η 是某个步长。

最后，我们讨论如何训练和部署这个模型以获得有效的结果。

16.1.2.5　模型训练和部署

我们已经提到了用户行为和偏好的动态特征。（Zheng et al.，2018）通过全天频繁地训练和更新模型来克服这个问题，以便模型捕获环境中的最新动态。

我们对强化学习个性化应用（特别是在新闻推荐环境中的应用）的讨论到此结束。接下来，我们转向相关领域——营销，它也可以从个性化中受益，并使用强化学习做更多事情。

16.2　使用强化学习制定有效的营销策略

强化学习可以显著改善多个领域的营销策略。现在让我们谈谈其中的一些。

16.2.1　个性化营销内容

与上一节相关，营销中总是有更多个性化的空间。强化学习无须向所有客户发送相同的电子邮件或传单，也无须进行粗略的客户细分，而是可以帮助确定与客户沟通的个性化营销内容的最优顺序。

16.2.2　获客营销资源配置

营销部门通常会根据主观判断或简单模型来决定将预算花在哪里。强化学习实际上可以提出非常动态的策略来分配营销资源，同时利用有关产品的信息、来自不同营销渠道的响应以及一年中的时间等上下文信息。

16.2.3 降低客户流失率

零售商长期以来一直在研究预测模型来识别即将流失的客户。识别后，通常会向客户发送折扣券、促销品等。但是，鉴于客户的类型和先前行动的反应，采取此类行动的顺序尚未得到充分探索。强化学习可以有效地评估每个行动的价值并减少客户流失。

16.2.4 赢回失去的客户

如果你曾经订阅了《经济学人》杂志，然后退出订阅，那么你可能会收到许多电话、邮件、电子邮件、通知等。人们不禁怀疑这种垃圾邮件是否是最好的方法。可能不是。另一方面，基于强化学习的方法可以帮助确定使用哪些渠道及何时使用，以及随之而来的好处，即最大限度地增加赢回客户的机会，同时最大限度地降低这些努力的成本。

强化学习用于营销的好处还能列举出很多。建议你花点时间想想在你作为客户的公司中有哪些营销行动令人不安、无效、不相关，以及强化学习如何帮助解决这些问题。接下来是本章的最后一个领域：金融。

16.3 在金融中应用强化学习

如果我们需要重申强化学习的承诺，那就是获取用于序贯决策的策略，以在不确定性下最大化奖励。对于这样的工具，有什么比金融更好的匹配呢！在金融领域，以下说法是正确的：

- ❑ 目标是最大化一些金钱奖励。
- ❑ 现在做出的决定肯定会对未来产生影响。
- ❑ 不确定性是一个决定性因素。

因此，强化学习在金融界越来越受欢迎。

需要明确的是，本节将不包括任何获胜交易策略的示例，原因很明显：首先，作者不知道这样的示例；其次，即使他这样做了，他也不会将其包括在一本书中（也没有人会这样做）。此外，在金融中使用强化学习也存在挑战。因此，我们从讨论这些挑战开始本节。一旦扎根于现实，我们会继续定义一些应用领域并介绍一些可以在该领域使用的工具。

16.3.1 在金融中使用强化学习面临的挑战

在第一次玩电子游戏时，你花了多长时间才能在电子游戏中获得不错的分数？一小时？两小时？无论如何，这只是强化学习智能体需要的经验的一小部分，强化学习智能体需要数百万甚至数十亿的游戏帧才能达到该水平。这是因为强化学习智能体在此类环境中获得的梯度噪声太大，无法为使用的算法快速学习。毕竟电子游戏也没有那么难。

你有没有想过成为一个股市中成功的交易者需要什么？多年的金融经验，也许是物理或数学博士？即便如此，交易者也很难超越市场表现。

这段声明可能太长了，无法让你相信通过股票交易很难赚钱，原因如下：

❑ 金融市场是高效的（虽然不是完美的），预测市场是非常困难的（即使实际上并非不可能）。换句话说，金融数据中的**信号**非常微弱，几乎完全是**噪声**。

❑ 金融市场是动态的。今天有利可图的交易策略可能不会持续很长时间，因为其他人可能会发现相同的策略并以此为基础进行交易。例如，如果人们知道比特币在第一次日食时的交易价格为 10 万美元，那么现在价格就会跳到那个水平，因为人们不会等到那天才购买。

❑ 与电子游戏不同，金融市场是真实的过程。因此，我们需要对它们进行模拟，以便能够收集大量数据，在比视频游戏更嘈杂的环境中训练强化学习智能体。请记住，所有模拟都是不完美的，智能体学到的很可能是模拟模型的怪癖，而不是真实信号，这在模拟之外是没有用的。

❑ 现实世界的数据足够大，可以轻松检测到其中的低信号。

所以，这是一个冗长的、令人沮丧但必要的免责声明，让你知道训练交易智能体远非易事。话说回来，强化学习是一种功能强大的工具，其有效使用取决于用户的能力。

值得开心的是，有一些很酷的开源库可供你创建交易智能体，TensorTrade 就是其中之一。它可能出于教育目的，在进入更多自定义工具之前制定一些交易想法。

16.3.2　TensorTrade

TensorTrade 旨在轻松构建类似于 Gym 的股票交易环境。它允许用户定义和粘合各种类型的数据流、观测的特征提取、行动空间、奖励结构以及你可能需要训练交易智能体的其他便利应用。由于环境遵循 Gym API，因此可以轻松连接到强化学习库，例如 RLlib。

本节将简要介绍 TensorTrade，并将"你可以使用它做什么"的详细信息推送到文档中。

信息

　　你可以在 https://www.tensortrade.org/ 上找到 TensorTrade 文档。

我们从安装开始，然后将一些 TensorTrade 组件放在一起来创建一个环境。

16.3.2.1　安装 TensorTrade

TensorTrade 可以通过一个简单的 `pip` 命令安装，如下所示：

```
pip install tensortrade
```

如果你想创建一个虚拟环境来安装 TensorTrade，不要忘记同时安装 Ray RLlib。

16.3.2.2　TensorTrade 概念和组件

正如我们提到的，TensorTrade 环境可以由高度模块化的组件组成。现在我们来搭建一个基本的环境。

工具

金融工具是可以交易的资产。我们可以定义 U.S.Dollar 和 TensorTrade Coin 工具如下:

```
USD = Instrument("USD", 2, "U.S. Dollar")
TTC = Instrument("TTC", 8, "TensorTrade Coin")
```

前面的整数参数表示这些工具的数量精度。

流

流只是指流数据的对象,例如来自市场模拟的价格数据。例如,我们可以创建一个简单的正弦 USD-TTC 价格流,如下:

```
x = np.arange(0, 2*np.pi, 2*np.pi / 1000)
p = Stream.source(50*np.sin(3*x) + 100,
                  dtype="float").rename("USD-TTC")
```

交易和数据投送

接下来,我们需要创建一个交易所来交易这些工具,将刚创建的价格流放入交易:

```
coinbase = Exchange("coinbase", service=execute_order)(p)
```

现在我们已经定义了一个价格流,还可以为它定义转换并提取一些特征和指标。所有这些功能也将是流,它们都将打包在一个数据源中:

```
feed = DataFeed([
    p,
    p.rolling(window=10).mean().rename("fast"),
    p.rolling(window=50).mean().rename("medium"),
    p.rolling(window=100).mean().rename("slow"),
    p.log().diff().fillna(0).rename("lr")])
```

最后一行的含义是评估相对变化的两个连续时间步长中价格的对数比率。

钱包和投资组合

现在,是时候为自己创造一些财富并将其放入我们的钱包了,对自己大方点:

```
cash = Wallet(coinbase, 100000 * USD)
asset = Wallet(coinbase, 0 * TTC)
portfolio = Portfolio(USD, [cash, asset])
```

我们的钱包共同构成了我们的投资组合。

奖励方案

奖励方案只是我们想要激励智能体的那种奖励函数。如果你在想“只有一个目标,那就是盈利!”那么,对此还有更多的事要做。你可以使用诸如风险调整后的回报或定义自己的目标。现在,简单点就用利润作为奖励。

```
reward_scheme = default.rewards.SimpleProfit()
```

行动方案

行动方案定义了你希望智能体能够采取的行动类型，例如简单的**买入/卖出/持有**（BSH）所有资产，或部分买入/卖出等。我们也把现金和资产放进去：

```
action_scheme = default.actions.BSH(cash=cash, asset=asset)
```

将它们全部放在环境中

最后，这些都可以放在一起形成一个带有一些附加参数的环境：

```
env = default.create(
    feed=feed,
    portfolio=portfolio,
    action_scheme=action_scheme,
    reward_scheme=reward_scheme,
    window_size=25,
    max_allowed_loss=0.6)
```

这就是在 TensorTrade 中创建环境的基础。你当然可以做得更好，但你明白了这种思想。在这一步之后，它可以很容易地插入 RLlib，或者几乎任何与 Gym API 兼容的库。

16.3.2.3　在 TensorTrade 中训练 RLlib 智能体

从前面章节中你或许记得，在 Gym 中使用自定义环境的一种方法是将它们放在一个函数中，该函数返回环境并注册它们。所以，它看起来像这样：

```
def create_env(config):
    ...
    return env
register_env("TradingEnv", create_env)
```

可以在 RLlib 的训练器配置中引用环境名称。你可以在 GitHub 代码库的 Chapter16/tt_example.py 中找到完整代码。

> **信息**
>
> 　　此示例主要遵循 TensorTrade 文档中的内容。有关更详细的 Ray/RLlib 教程，可以访问 https://www.tensortrade.org/en/latest/tutorials/ray.html。

我们对 TensorTrade 的讨论到此结束。你可以继续尝试一些交易想法。然后，我们简要谈谈开发基于机器学习的交易策略并结束本章。

16.3.3　制定股票交易策略

几乎与市场本身一样嘈杂的是有关如何交易它们的信息。如何制定有效的交易策略远超本书的范围。但是，这里有一篇博客文章，可以让你对开发机器学习交易模型时要注意的事项有一个现实的想法。与往常一样，用你的判断和尽职调查来决定相信什么：

```
https://www.tradientblog.com/2019/11/lessons-learned-building-an-
ml-trading-system-that-turned-5k-into-200k/.
```

16.4 总结

在本章中，我们涵盖了三个重要的强化学习应用领域：个性化、营销和金融。对于个性化和营销，本章超越了这些领域常用的老虎机应用，并讨论了多步强化学习的优点。我们还介绍了诸如对决老虎机梯度下降之类的方法，它帮助我们实现了更为保守的探索（以避免过多的奖励损失），以及有助于处理大型行动空间的行动嵌入。我们在本章结束时讨论了强化学习在金融领域的应用及挑战，并介绍了 TensorTrade 库。

下一章是本书的最后一个应用章节，我们将重点关注智慧城市和网络安全。

16.5 参考文献

- Zheng, G. et al. (2018). *DRN: A Deep RL Framework for News Recommendation*. WWW '18: Proceedings of the 2018 World Wide Web Conference April 2018, Pages 167–176, https://doi.org/10.1145/3178876.3185994.

第 17 章

智慧城市与网络安全

智慧城市预计将成为未来几十年的决定性体验之一。智慧城市使用位于城市各个部分（例如道路、公用基础设施和水资源）的传感器收集大量数据。然后使用这些数据做出数据驱动的自动化决策，例如如何分配城市资源、实时管理交通以及识别和缓解基础设施问题。这种前景带来了两个挑战：如何对自动化进行计划以及如何保护高度连接的城市资产免受网络攻击。幸运的是，**强化学习**（RL）有助于解决这两个挑战。

在本章中，我们将讨论与智慧城市和网络安全相关的三个问题，并描述如何将它们建模为强化学习问题。在此过程中，我们将介绍 Flow 库，这是一个将交通模拟软件与强化学习库连接起来的框架，并使用它来解决一个示例交通灯控制问题。

17.1 交通灯控制以优化车流量

智慧城市的主要挑战之一是优化道路网络上的交通流。减少交通拥堵有很多好处，例如：

❑ 减少交通中浪费的时间和精力。
❑ 节省气体和由此产生的废气排放。
❑ 延长车辆和道路的使用寿命。
❑ 减少事故数量。

已经有很多研究进入这个领域。但最近，强化学习已成为传统控制方法的一种有竞争力的替代方案。因此，在本节中，我们将通过使用多智能体强化学习控制交通灯行动来优化道路网络上的交通流。为此，我们将使用 Flow 框架（这是一个用于强化学习的开源库），并在现实交通微观模拟器上运行实验。

17.1.1 Flow

交通研究在交通灯控制、车辆路线选择、交通监控和交通预测等领域，主要依赖模拟软件，如 SUMO（Simulation of Urban MObility）和 Aimsun，涉及对这些领域内智能体的优化控制。另一方面，作为传统控制方法替代方案的深度强化学习的兴起引出了众多库的创建，例如 RLlib 和 OpenAI Baselines。Flow 是一个开源框架，它连接了交通模拟器和强化学习库。

本节与前几章一样，我们将用 RLlib 作为强化学习后端。对于交通模拟，我们将使用 SUMO，这是一个自 2000 年初开发的强大开源库。

> **信息**
>
> 　　此处仅简要介绍将强化学习应用于交通问题。Flow 网站上提供了详细的文档和教程（我们在此处密切关注）：https://flow-project.github.io/。SUMO 文档和库可从 https://www.eclipse.org/sumo/ 获得。

我们从安装 Flow 和 SUMO 开始。

安装 Flow 和 SUMO

为了安装 Flow，我们需要创建一个新的虚拟环境，因为它依赖的库版本与前面章节中使用的库版本不同：

```
$ sudo apt-get install python3-pip
$ virtualenv flowenv
$ source flowenv/bin/activate
```

要安装 Flow，我们需要下载代码库并运行以下命令：

```
$ git clone https://github.com/flow-project/flow.git
$ cd flow
$ pip3 install -e .
$ pip3 install ipykernel
$ python -m ipykernel install --user --name=flowenv
```

这些命令会安装必要的依赖项，包括 TensorFlow 和 RLlib。在 Jupyter Notebook 上运行 Flow 需要最后两个命令，这是 Flow 教程及示例代码所涉及的内容。要在 Ubuntu 18.04 上安装 SUMO，请使用以下命令：

```
$ scripts/setup_sumo_ubuntu1804.sh
$ source ~/.bashrc
```

同一文件夹中还提供了早期 Ubuntu 版本和 macOS 的安装脚本。

你可以通过运行以下命令（在 Flow 文件夹中且激活你的虚拟环境）来查看 Flow 和 SUMO 的运行情况：

```
$ python examples/simulate.py ring
```

应该会出现一个如图 17-1 所示的窗口。

如果遇到设置问题，Flow 文档可以帮你进行故障排除。

现在已经设置好了，让我们深入研究如何使用 Flow 组合交通环境。

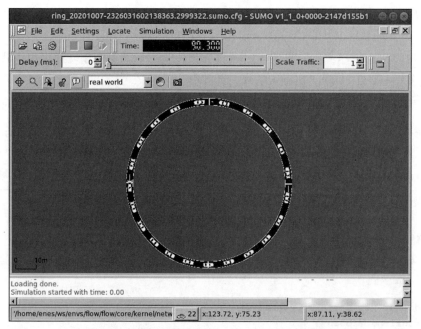

图 17-1　模拟环路交通的一个 SUMO 窗口示例

17.1.2　在 Flow 中创建实验

既然已经设置好了，我们便可以在 Flow 中创建环境和实验，然后将它们连接到 RLlib 以训练强化学习智能体。

一个 Flow 实验包含特定部分：

❑ **一个道路网络**，例如，环路（如图 17-1 所示）或类似曼哈顿的网格网络。Flow 带有一组预定义的网络。对于高级用户，Flow 还允许创建自定义网络。交通灯与道路网络一起定义。

❑ **一个模拟后端**，不是此处关注的重点。我们将为此使用默认值。

❑ **一个强化学习环境**，用于配置实验中控制、观测和奖励的内容，类似于 Gym 环境。

❑ **车辆**对整个实验至关重要，它们的行为和特性是单独定义的。

所有这些组件都被参数化并分别传递给 Flow。然后我们将它们全部打包以创建一个 Flow 参数对象。

在这里使用自下而上的方法并从每个组件的单独参数开始来组成全景可能很困难。此外，这些细节超出了本章的范围。相反，解压缩预构建的 Flow 参数对象要容易得多。我们接下来这样做。

17.1.2.1　分析 Flow 参数对象

Flow 为网格网络上的交通灯优化定义了一些基准实验。查看 Grid-0 实验的 Flow 参数对象（代码文件为 Chapter17/Traffic Lights on a Grid Network.ipynb）：

```
from flow.benchmarks.grid0 import flow_params
flow_params
{'exp_tag': 'grid_0',
 'env_name': flow.envs.traffic_light_grid.
TrafficLightGridBenchmarkEnv,
 'network': flow.networks.traffic_light_grid.
TrafficLightGridNetwork,
 'simulator': 'traci',
 'sim': <flow.core.params.SumoParams at 0x7f25102d1350>,
 'env': <flow.core.params.EnvParams at 0x7f25102d1390>,
 'net': <flow.core.params.NetParams at 0x7f25102d13d0>,
 'veh': <flow.core.params.VehicleParams at 0x7f267c1c9650>,
 'initial': <flow.core.params.InitialConfig at 0x7f25102d6810>}
```

例如，我们可以检查网络参数中的内容：

```
print(dir(flow_params['net']))
flow_params['net'].additional_params
...
{'speed_limit': 35,
 'grid_array': {'short_length': 300,
  'inner_length': 300,
  'long_length': 100,
  'row_num': 3,
...
```

当然，了解他们所做工作的一个好办法是直观地运行实验：

```
from flow.core.experiment import Experiment
sim_params = flow_params['sim']
sim_params.render = True
exp = Experiment(flow_params)
results = exp.run(1)
```

这将弹出一个如图 17-2 所示的 SUMO 屏幕。

通过这个，现在我们有了一个启动并运行的例子。在进入强化学习建模和训练之前，我们讨论如何为这个实验获得基线奖励。

17.1.2.2 获得基线奖励

我们 GitHub 代码库中的 Jupyter Notebook 包含从 Flow 代码库中获取的代码片段，用于在此环境中获得基线奖励。它有一些经过精心优化的交通灯相位定义，平均可以获得 −204 的奖励。我们将使用该奖励对强化学习结果进行基准测试。此外，你可以随意修改相位以查看它们对网络上流量模式的影响。

有了这个，我们现在准备定义强化学习环境。

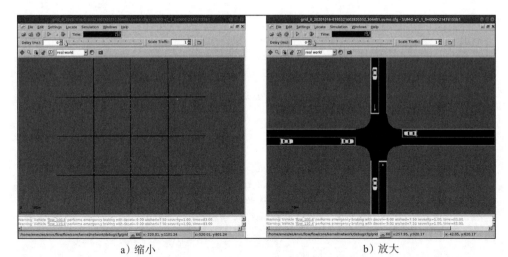

a) 缩小   b) 放大

图 17-2　网格网络的 SUMO 渲染

17.1.3　建模交通灯控制问题

与往常一样，我们需要为强化学习问题定义行动、观测和奖励。

17.1.3.1　定义行动

我们想为给定交叉路口（如图 17-2b 所示）的所有灯训练一个控制器。图中，灯处于绿–红–绿–红状态。我们定义了一个二元行动：0 表示继续，1 表示切换。当指示切换时，界面上的灯状态会变成黄–红–黄–红，几秒后又变成红–绿–红–绿。

默认环境接受每个交叉口的连续行动，$a \in [-1,+1]$，并将其四舍五入以离散化，如前所述。

17.1.3.2　单智能体与多智能体建模

我们必须做出的下一个设计决策是使用集中智能体控制所有交通灯还是采用多智能体方法。如果选择后者，针对所有交叉口无论是训练单个策略还是训练多个策略，都需要注意以下几点：

- ❑ 集中式方法的优势在于，理论上，我们可以完美地协调所有交叉口并获得更好的奖励。另一方面，经过训练的智能体可能不容易应用于不同的道路网络。此外，对于较大的网络，集中式方法不容易扩展。
- ❑ 如果我们决定使用多智能体方法，那么没有很多理由来区分交叉口和它们使用的策略。因此，训练单一策略更有意义。
- ❑ 为所有交叉口训练单一的通用策略，其中智能体（交叉口的交通灯）协作尝试最大化奖励是一种可扩展且有效的方法。当然，这种方法缺乏集中式单智能体方法的完整协调能力。在实践中，这将是你必须评估的权衡。

因此，我们将采用多智能体设置，其中策略将使用来自所有智能体的数据进行训练。

智能体将根据其本地观测从策略中检索行动。

有了这个，我们来定义观测。

17.1.3.3　定义观测

默认的多智能体网格环境使用以下作为观测：

- ❑ 前往交叉口的最近 n 辆车的速度。
- ❑ 前往交叉口的最近 n 辆车的距离。
- ❑ 这 n 辆车所在的道路边缘的 ID 号。
- ❑ 每个局部边上的交通密度、平均速度和交通方向。
- ❑ 灯当前是否处于黄色状态。

有关更多详细信息，你可以查看 Flow 代码库中的 `flow.envs.multiagent.traffic_light_grid` 模块。

最后，我们定义奖励。

17.1.3.4　定义奖励

对于给定的时长，环境有一个简单直观的成本定义，它测量与允许的最高速度相比的平均车辆延迟：

$$\text{cost} = \frac{1}{N} \sum_{i=1}^{N} \left(1 - \frac{v_i}{v_{\max}} \right)$$

其中，v_i 是 N 辆车中第 i 辆的速度，$v_{\max}$ 是允许的最大速度。然后可以将奖励定义为该成本项的负值。

现在我们已经准备好了所有的公式，是时候解决问题了。

17.1.4　使用 RLlib 解决交通控制问题

由于将要用到 RLlib 的多智能体接口，因此需要执行以下操作：

1. 使用名称和环境创建函数在 RLlib 中注册环境。
2. 定义要训练的策略的名称，我们只有其中之一 `tlight`。
3. 定义一个函数，为策略生成 RLlib 训练器所需的参数。
4. 定义一个将智能体映射到策略的函数，这在我们的例子中也很简单，因为所有智能体都映射到相同的策略。

因此，可以通过以下代码实现：

```
create_env, env_name = make_create_env(params=flow_params,
                                        version=0)
register_env(env_name, create_env)
test_env = create_env()
obs_space = test_env.observation_space
act_space = test_env.action_space
```

```
def gen_policy():
    return PPOTFPolicy, obs_space, act_space, {}
def policy_mapping_fn(_):
    return 'tlight'
policy_graphs = {'tlight': gen_policy()}
policies_to_train = ['tlight']
```

定义后，我们需要将这些函数和列表传递给 RLlib 配置：

```
config['multiagent'].update({'policies': policy_graphs})
config['multiagent'].update({'policy_mapping_fn':
                             policy_mapping_fn})
config['multiagent'].update({'policies_to_train':
                             policies_to_train})
```

其余的是常规的 RLlib 训练循环。我们将 Flow 基准测试中确定的超参数与 PPO 一起使用。所有这些的完整代码可以在 Chapter17/Traffic Lights on a Grid Network.ipynb 中找到。

17.1.4.1　获取和观测结果

经过几百万步训练后，奖励收敛在 −243 左右，这比手工制作的基准略低。训练进度可以在 TensorBoard 上观测，如图 17-3 所示。

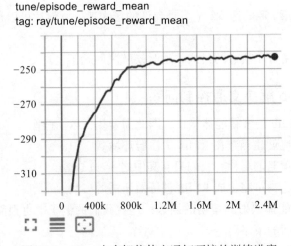

图 17-3　Flow 中多智能体交通灯环境的训练进度

你还可以通过以下格式在 Jupyter Notebook 上用一条命令可视化训练过的智能体的表现：

```
!python /path/to/your/flow/visualize/visualizer_rllib.py /path/
to/your/ray_results/your_exp_tag/your_run_id 100
```

这里，最后的参数是指在训练期间定期生成的检查点编号。

接下来，我们也讨论一下为什么强化学习的性能比手工制定的策略稍差一些。

17.1.4.2　进一步改进

强化学习可能没有达到基线性能的原因有几个：

❑ 缺乏更多的超参数调整和训练。这个因素一直存在。在你尝试之前，无法知道是否可以通过更多地摆弄模型架构和训练来提高性能，我们鼓励你这样做。

❑ 基线策略对黄灯持续时间进行了更精细的控制，而强化学习模型对此没有控制。

❑ 基线策略协调网络上的所有交叉口，而每个强化学习智能体都做出本地决策。因此，此处可能会有分散控制的缺点。

❑ 这可以通过添加有助于协调智能体与其邻居的观测来缓解。

❑ 强化学习算法在优化过程中挣扎着跨越最后一英里并达到奖励曲线的最高峰的情况并不少见。这可能需要通过降低学习率和调整批量大小来对训练过程进行精细控制。

因此，尽管还有改进的空间，但智能体已经成功地学会了如何控制交通灯，这比手动制定策略更具可扩展性。

在结束本主题之前，让我们讨论更多资源，以了解有关问题和我们使用的库的更多信息。

17.1.5　延伸阅读

我们已经提供了 Flow 和 SUMO 文档的链接。Flow 库和使用它获得的基准在（Wu et al.，2019）和（Vinitsky et al.，2018）中进行了解释。在这些资源中，你会发现可以使用各种强化学习库建模和解决的其他问题。

我们在如此短的时间和空间内做了很多工作来利用强化学习解决交通控制问题。接下来，我们将讨论另一个有趣的问题，即调节电力需求以稳定电网。

17.2　为电网提供辅助服务

在本节中，我们将描述强化学习如何通过管理家庭和办公楼中的智能电器来帮助将清洁能源资源整合到电网中。

17.2.1　电网运营及配套服务

从发电机到消费者的电力传输和分配是一项大规模操作，需要对系统进行持续监控。特别是在一个地区，发电量和消耗量应该几乎相等，以将电流保持在标准频率（美国为 60 Hz），以防止停电和损坏。受各种原因影响，这是一项具有挑战性的工作：

❑ 在该地区的发电机可以满足需求的情况下，能源市场的电力供应是提前规划的。

❑ 尽管有这样的规划，未来的电力供应仍是不确定的，尤其是从可再生资源获得电能时。风能和太阳能的数量可能会少于或多于预期，导致供不应求或供过于求。

- 未来的需求也不确定，因为消费者大多可以自由决定消费的时间和数量。
- 电网故障（例如发电机或输电线路故障）可能导致供需突然变化，从而危及系统的可靠性。

供需之间的平衡由称为**独立系统运营商**（Independent System Operator，ISO）的机构维护。传统上，ISO 要求发电机根据电网的变化增加或减少其供应，这是发电机以一个价格向 ISO 提供的一种辅助服务。另一方面，提供此服务的发电机存在几个问题：

- 发电机通常对电网平衡的突然变化反应迟钝。例如，引入新的发电机组以解决电网中的供应短缺可能需要数小时。
- 近年来，可再生能源供应显著增加，加剧了电网的波动。

出于这些原因，已经启动了一系列研究，以使消费者能够向电网提供这些辅助服务。换句话说，目标是在调节供给的同时调节需求以更好地保持平衡。这需要更复杂的控制机制，而这正是我们引入强化学习的目的。

现在我们更具体地定义这里的控制问题。

17.2.2　描述环境和决策问题

重申一下，我们的目标是动态增加或减少一个区域的总用电量。我们首先描述参与此设置的各方及其作用。

17.2.2.1　ISO

该地区的 ISO（独立系统运营商）持续监控供需平衡，并向该地区的所有辅助服务提供商广播自动信号以调整其需求。我们称这个信号为 y，它只是 [-1,+1] 范围内的一个数字。我们稍后会提到这个数字的确切含义。现在，我们声明 ISO 每 4 秒更新一次该信号（这是一种特殊类型的辅助服务，称为监管服务）。

17.2.2.2　SBO

我们假设有一个 SBO（Smart Building Operator，智能建筑运营商）负责调节（一组）建筑中的总需求以遵循 ISO 信号。SBO 将成为我们的强化学习智能体，其运作方式如下：

- SBO 向该地区的 ISO 出售监管服务。根据这一义务，SBO 承诺将消耗保持在 A kW 的水平，并应 ISO 的要求向上或向下调整至 R kW。假设 A 和 R 是为我们的问题预先确定的。
- 当 $y=-1$ 时，SBO 需要快速将附近的消耗降低到 $A-R$ kW。当 $y=+1$ 时，消耗率需要上升到 $A+R$ kW。
- 一般来说，SBO 需要控制消耗以遵循 $A+Ry$ kW 率。

SBO 根据信号来控制大量智能电器 / 装置，例如，**供暖、通风和空调**（HVAC）装置以及**电动汽车**（EV）。这是我们要利用强化学习的地方。

图 17-4 中说明了这个设置。

图 17-4   智能建筑运营商提供的监管服务

接下来，我们更深入地了解智能电器的工作原理。

17.2.2.3   智能电器

你可能会对某些算法干扰你的设备并导致它们打开或关闭的想法感到不安。毕竟，谁会希望在观看世界杯时关闭电视以节省电力，或者仅因为外面的风高于预期导致发电过剩而在半夜打开电视？这当然没有意义。另一方面，如果空调比正常情况晚或早一分钟打开，你或许感觉会更好。或者，你不会介意电动汽车是在凌晨 4 点还是凌晨 5 点充满电，只要在你离开家之前为你准备好即可。因此，关键是某些电器在何时运作，在这方面有更大的灵活性，我们对这种情况很感兴趣。

我们还假设这些设备是智能的，并具有以下功能：

- 它们可以与 SBO 通信以接收行动。
- 它们可以评估"效用"，这是衡量设备在给定时刻需要消耗多少电力的指标。

定义效用

我们举两个例子来说明效用在不同情况下是如何变化的。考虑需要在早上 7 点之前充满电的电动汽车：

- 如果是早上 6 点并且电池电量仍然很低，则效用会很高。
- 相反，如果离出发还有足够的时间或电池接近充满，则效用将很低。

类似地，当室温即将超过用户的舒适区时，空调将具有较高的效用，而在接近底部时则效用较低。

有关这些情况的说明，请参见图 17-5。

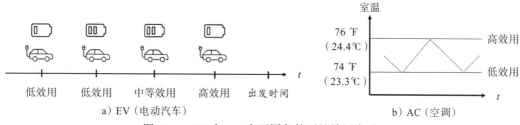

a）EV（电动汽车）   b）AC（空调）

图 17-5   EV 和 AC 在不同条件下的效用水平

接下来，我们讨论为什么这是一个序贯决策问题。

17.2.2.4　定义序贯决策问题

到现在为止，你可能已经注意到现在采取的 SBO 行动如何在以后产生影响。过早为系统中的电动汽车充满电可能会限制稍后在需要时可以增加的消耗量。相反，将太多房间的室温保持在太高的时间太长可能会导致所有空调稍后一起打开以使室温恢复到正常水平。

在下一节，我们将此视为强化学习问题。

17.2.3　强化学习模型

与往常一样，我们需要定义行动、观测和奖励来创建强化学习模型。

17.2.3.1　定义行动

我们可以通过不同的方法来定义 SBO 控件：

❑ 首先，更明显的方法是通过观测它们的效用来直接控制系统中的每个设备。另一方面，这会使模型不灵活并且可能难以处理：当添加新设备时，我们必须修改和重新训练智能体。另外，当电器较多时，行动和观测空间会过大。

❑ 另一种方法是在多智能体设置中为每个电器类别（空调、加热装置和电动汽车）训练策略。这将带来多智能体强化学习的内在复杂性。例如，我们必须设计一个机制用于协调单个设备。

❑ 中间立场是应用间接控制。在这种方法中，SBO 将广播其行动并让每个设备决定自己做什么。

让我们更详细地描述这种间接控制。

设备的间接控制

以下是我们如何定义间接控制 / 行动：

❑ 假设有 M 种设备类型，例如，空调、电动汽车和冰箱。

❑ 在任何给定时间，设备 k 具有最大值为 1 的效用 U_k。

❑ 在每个时间步，SBO 为每个设备类型 i 广播一个行动 $a_i \in [0,1]$。因此，行动是 $a=[a_1,a_2,\cdots,a_M]$，$a_i \in [0,1]$，且 $i=1,\cdots,M$。

❑ 每个设备在关闭时都会不时检查本类设备的行动。这种检查不是每个时间步都出现，取决于它的类型。例如，AC 装置可能比 EV 更频繁地检查广播行动。

❑ 当类型为 i 的设备 k 检查行动 a_i 时，当且仅当 $U_k \geqslant a_i$ 时它才会打开。因此，该行动的作用类似于电价。设备仅在其效用大于或等于**价格**时才愿意开启。

❑ 一旦开启，设备就将保持开启一段时间。然后，它会关闭并再次开始定期检查行动。

通过这种机制，SBO 能够间接影响需求。它对环境的控制不太精确，但与直接控制或多智能体控制相比，复杂性大大降低。接下来，我们定义观测空间。

17.2.3.2　定义观测

SBO 可以使用以下观测来做出明智的决定：

❑ 在时间 t 的 ISO 信号 y_t，因为 SBO 有义务通过调整其需求来跟踪它。

❑ 每种类型 n_t^i 在时间 t 同时开启的设备数。为简单起见，可以假设类型为 i 的设备 e_i 具有固定的电力消耗率。

❑ 时间和日期特征，例如，一天中的时间、星期几、节假日等。

❑ 辅助信息，例如，天气温度。

除了在每个时间步进行这些观测外，还需要保留观测结果的记忆。这是一个部分可观测的环境，其中电器的能源需求和电网的状态对智能体来说是隐藏的。因此，保持记忆将有助于智能体发现这些隐藏状态。

最后，我们描述一下奖励函数。

17.2.3.3　定义奖励函数

在该模型中，奖励函数由两部分组成：跟踪成本和效用。

我们提到 SBO 有义务跟踪 ISO 信号，因为它是为此服务付费的。因此，我们为在时间 t 处偏离信号隐含的目标分配惩罚：

$$C_t = \left(A + Ry_t - \left(\sum_{i=1}^{M} n_t^i e_i \right) \right)^2$$

其中，$A + Ry_t$ 是目标，$\sum_{i=1}^{M} n_t^i e_i$ 是时间 t 的实际消耗率。

奖励函数的第二部分是电器实现的总效用。我们希望电器能够打开并消耗能源，但在它们真正需要时才这样做。为什么这是有益的，以下是一个例子：当室外温度高于舒适区温度时，平均室温接近效用最高的舒适区的顶部（图 17-5 中的 76 ℉）相比接近舒适区底部，AC 将消耗更少的能量。因此，时间 t 处实现的总效用如下：

$$U_t = \sum_{k \in K_t} U_t^k$$

此处，K_t 是在离散时间步长 t 内打开的电器集合。那么强化学习目标变为如下所示：

$$\max_{\pi} E\left[\sum_t \gamma^t (U_t - \beta C_t) \right]$$

这里，β 是控制效用和跟踪成本之间权衡的某个系数，γ 是折扣因子。

17.2.3.4　终止条件

最后说一下这个问题的终止条件。通常，这是一个没有自然终止状态的连续任务。但是，我们可以引入终止条件，例如，如果跟踪误差太大，则停止这轮训练。除此之外，我们可以通过将一轮长度作为一天来将其转换为阶段任务。

至此，虽然忽略了这个模型的确切实现，但是你现在对如何解决这个问题有了一个明确的想法。如果你需要更多详细信息，可以查看本章末尾来自 Bilgin 和 Caramanis 的参考文献。

最后还有一点，我们换个角度来建模电网中网络攻击的早期检测。

17.3 检测智能电网中的网络攻击

根据定义，智能城市依靠其资产之间的密集数字通信运行。尽管有其好处，但这使得智慧城市容易受到网络攻击。随着强化学习进入网络安全领域，在本节中，我们将描述如何将其应用于检测对智能电网基础设施的攻击。本节将遵循（Kurt et al., 2019）提出的模型，论文中有细节描述。

下面从描述电网环境开始。

17.3.1 电网中的网络攻击早期检测问题

电网由称为**总线**的节点组成，这些节点对应于发电、需求或电力线交叉点。电力部门从这些总线上收集测量值以做出某些决策，例如引入额外的发电机组。为此，测量的关键量是每条总线（参考总线除外）的**相位角**，这使其成为网络攻击者的潜在目标，因此我们对它很感兴趣：

❑ 毫不奇怪，仪表的测量结果有噪声且容易出错。

❑ 对这些仪表及其测量值的网络攻击有可能误导电力部门做出的决策并导致系统崩溃。

❑ 因此，检测系统何时受到攻击很重要。

❑ 然而，将噪声和真实系统变化与攻击引起的异常区分开来并不容易。通常，等待和收集更多测量值有助于实现这一目标。

❑ 另一方面，延迟宣布攻击可能会导致同时做出错误的决定。因此，我们的目标是尽快识别这些攻击，但不会出现太多误报。

因此，网络安全智能体可以采取的一系列可能的行动很简单：是否声明攻击。图 17-6 说明了错误和真实（但有延迟）警报的示例时间线。

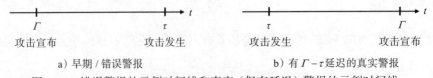

a) 早期 / 错误警报   b) 有 $\Gamma-\tau$ 延迟的真实警报

图 17-6 错误警报的示例时间线和真实（但有延迟）警报的示例时间线

以下是回合生命周期和奖励的详细信息：

❑ 一旦宣布发动攻击，这个回合即终止。

❑ 如果是误报，则产生 −1 的奖励。如果是真实警报，则奖励为 0。

❑ 如果有攻击但行动继续（且没有声明攻击），那么对于每个时间步，产生 $-c$ 的奖励，$c > 0$。

❑ 在所有其他时间步中，奖励为 0。

因此，智能体的目标是最小化以下成本函数（或最大化其负值）：

$$P_\tau(\{\Gamma < \tau\}) + c E_\tau[(\Gamma - \tau)^+]$$

这里，第一项是误报的概率，第二项是宣布攻击的预期（正）延迟，c 是管理两者之间权衡的成本系数。

一个缺失的部分是观测，我们将在接下来讨论。

17.3.2　网格状态的部分可观测性

智能体无法观测到系统的真实状态，即是否存在攻击。相反，它收集相位角 y 的测量值。（Kurt et al., 2019）的一个关键贡献是按以下方式使用相角测量：

1. 使用卡尔曼滤波器从先前的观测中预测真实相位角。

2. 基于这个预测，估计预期的测量值 μ_y。

3. 定义 η 为 y 和 μ_y 之间差异的度量，然后成为智能体使用的观测。

4. 观测 η 并带着过去观测的记忆以供智能体使用。

论文使用表格 SARSA 方法通过离散化 η 来解决这个问题，并展示了该方法的有效性。一个有趣的扩展是使用没有离散化的深度强化学习方法，并在不同的网络拓扑图和攻击特征下使用。

至此，我们结束了对主题和章节的讨论。接下来总结一下本章中介绍的内容。

17.4　总结

强化学习有望在自动化领域中发挥重要作用。智慧城市是利用强化学习力量的绝佳领域。在本章中，我们讨论了三个应用示例：交通灯控制、用电设备提供的辅助服务以及检测电网中的网络攻击。第一个问题让我们展示了一个多智能体设置，我们对第二个问题使用了类似价格的间接控制机制，最后一个是在部分观测环境中进行高级输入预处理的一个很好的例子。

在下一章中，我们将讨论现实生活中强化学习领域的挑战和未来的方向。

17.5　参考文献

- Wu, C., et al. (2019). *Flow: A Modular Learning Framework for Autonomy in Traffic*. ArXiv:1710.05465 [Cs]. arXiv.org, http://arxiv.org/abs/1710.05465

- Vinitsky, E., Kreidieh, A., Flem, L.L., Kheterpal, N., Jang, K., Wu, C., Wu, F., Liaw, R., Liang, E., & Bayen, A.M. (2018). *Benchmarks for reinforcement learning in mixed-autonomy traffic*. Proceedings of The 2nd Conference on Robot Learning, in PMLR 87:399-409, http://proceedings.mlr.press/v87/vinitsky18a.html

- Bilgin, E., Caramanis, M. C., Paschalidis, I. C., & Cassandras, C. G. (2016). *Provision of Regulation Service by Smart Buildings*. IEEE Transactions on Smart Grid, vol. 7, no. 3, pp. 1683-1693, DOI: 10.1109/TSG.2015.2501428

- Bilgin, E., Caramanis, M. C., & Paschalidis, I. C. (2013). *Smart building real time pricing for offering load-side Regulation Service reserves.* 52nd IEEE Conference on Decision and Control, Florence, pp. 4341-4348, DOI: 10.1109/CDC.2013.6760557

- Caramanis, M., Paschalidis, I. C., Cassandras, C., Bilgin, E., & Ntakou, E. (2012). *Provision of regulation service reserves by flexible distributed loads.* IEEE 51st IEEE Conference on Decision and Control (CDC), Maui, HI, pp. 3694-3700, DOI: 10.1109/CDC.2012.6426025

- Bilgin, E. (2014). *Participation of distributed loads in power markets that co-optimize energy and reserves.* Dissertation, Boston University

- Kurt, M. N., Ogundijo, O., Li C., & Wang, X. (2019). *Online Cyber-Attack Detection in Smart Grid: A Reinforcement Learning Approach.* IEEE Transactions on Smart Grid, vol. 10, no. 5, pp. 5174-5185, DOI: 10.1109/TSG.2018.2878570

第 18 章

强化学习领域的挑战和未来方向

在最后一章中,我们将对本书进行总结:你做了很多工作,就将此视为对工作完成的庆祝,高屋建瓴地回顾自己的工作。另一方面,当你将所学用于现实世界问题中的**强化学习**时,你可能会遇到多种挑战。毕竟,深度强化学习仍然是一个快速发展的领域,在解决这些挑战方面取得了很大进展。我们已经在书中提到了其中的大部分挑战并提出了解决方法。本章将简要回顾它们并讨论强化学习的其他未来方向。最后,我们将介绍一些资源和策略,让你成为有所准备的强化学习专家。

18.1 你从本书中得到的收获

首先恭喜你!你的所获已经远超基础知识,还包括在现实世界中应用强化学习的技能和心态。以下是我们迄今为止共同完成的工作:

❑ 我们在老虎机问题上花了大量时间,这些问题具有大量的应用,不止在工业界,在学术界也作为解决其他问题的辅助工具。

❑ 我们比典型的应用书籍更深入地研究了理论,以加强你的强化学习基础。

❑ 我们介绍了强化学习最成功应用背后的许多算法和架构。

❑ 我们讨论了高级训练策略,以充分利用高级强化学习算法。

❑ 我们通过实际案例研究进行了实践工作。

❑ 在整个过程中,我们都利用了一些算法版本,以及可用的库,例如,Ray 和 RLlib,它们为顶级科技公司的许多团队和平台提供了强化学习应用程序的支持。

现在,言归正传。强化学习正处于崛起的开始。这意味着很多事情:

❑ 首先,这是一个机会。通过投入学习并取得如此大的进展,你现在先人一步。

❑ 其次,由于这是前沿技术,在强化学习成为成熟、易于使用的技术之前,还有许多挑战需要解决。

在下一节,我们将讨论这些挑战。这样,当你看到它们时一眼就能认出,并且可以根据解决问题所需的内容(数据、时间、计算资源等)来相应地设定你的期望。但是你不用担心！强化学习是一个非常活跃且加速发展的研究领域，因此应对这些挑战的力量与日俱增。查看由著名的强化学习研究员 Katja Hofmann 在 2019 年会议期间汇编和展示的多年来提交给 NeurIPS 强化学习会议的论文数量，如图 18-1 所示。

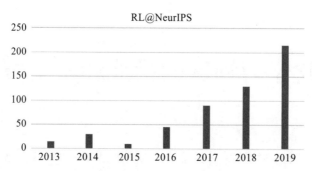

RL@NeurIPS

图 18-1　强化学习对 NeurIPS 会议的贡献数量，由 Katja Hofmann 汇编并展示（Hofmann，2019）

　　所以，我们在讲挑战的同时，也讲相关的研究方向，这样你就会知道去哪里寻找答案了。

18.2　挑战和未来方向

　　你可能想知道，为什么我们在读完一本关于这个主题的高级书籍后又回头谈论强化学习挑战。事实上，在整本书中，我们提出了许多缓解它们的方法。另一方面，我们不能声称这些挑战已经解决。因此，重要的是要召集它们并讨论每个挑战的未来方向，以便为你的学习提供导航。下面我们从最重要的挑战之一开始讨论：样本效率。

18.2.1　样本效率

　　正如你现在所知，训练强化学习模型需要大量数据。OpenAI Five 成为战略游戏 *Dota 2* 中的世界级玩家，使用 128 000 个 CPU 和 GPU 进行训练，历时数月，**每天**收集总计 900 年的游戏经验（OpenAI，2018）。强化学习算法在超过 100 亿个雅达利帧上训练后，对其性能进行了基准测试（Kapturowski,2019）。这当然是为了玩游戏而需要大量的计算和资源。因此，样本效率是现实世界强化学习应用面临的最大挑战之一。

　　我们来讨论缓解这个问题的总体方向。

18.2.1.1　高样本效率算法

　　一个明显的方向是尝试创建样本效率更高的算法。事实上，研究界正在为此大力推动。算法将越来越多地被比较，不仅基于算法的最优性能，而且还基于算法达到这些性能水平的速度和效率。

　　为此，我们可能会越来越多地讨论以下算法类：

❑ **异策略方法**，不需要用最近的策略收集数据，在样本效率上异策略方法比策略方法更具优势。

- **基于模型的方法**，通过利用该方法在环境动态方面拥有的信息，基于模型的方法的效率比无模型方法高出几个数量级。

- **具有知情先验的模型**，将模型的假设空间限制为一个看似可信的集合。此类示例在强化学习模型中使用神经常微分方程和拉格朗日神经网络（Du，2020；Shen，2020）。

18.2.1.2　用于分布式训练的专用硬件和软件架构

我们可以预期算法前沿的进展是渐进的和缓慢的。对于我们这些急切的爱好者来说，更快的解决方案是将更多的计算资源给到强化学习项目中，充分利用现有的资源，训练越来越大的模型。因此，期望**自然语言处理**（NLP）空间中发生的事情也发生在强化学习上是合理的：OpenAI 的 GPT-3 不到一年时间，使得自然语言处理模型从 80 亿个参数模型到 170 亿个，再到 1750 亿个，多亏了训练架构的优化，当然还有专门用于这项任务的超级计算机（如图 18-2 所示）。

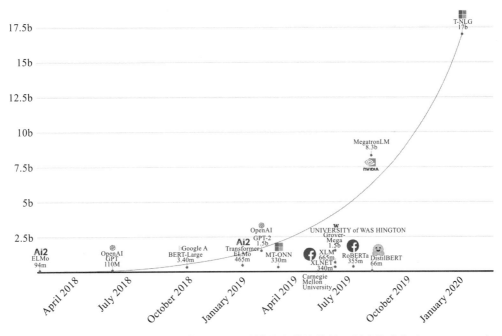

图 18-2　最大自然语言处理模型规模的增长。纵轴是参数的数量。图片修改自（Rosset，2020）

此外，强化学习训练架构的创新，例如，Ape-X 和 SEED RL（Espeholt，2019），帮助现有强化学习算法更有效地运行，这是可以期待看到更多进步的方向。

18.2.1.3　机器教学

机器教学方法，例如，课程表学习、奖励塑造和演示学习，旨在将背景和专业知识注入强化学习训练。它们通常会在训练期间显著提高样本效率，并且在某些情况下需要使学习更加可行。在不久的将来，机器教学方法将变得越来越流行，以提高强化学习中的样本效率。

18.2.1.4　多任务学习 / 元学习 / 迁移学习

由于从头开始训练强化学习模型可能非常昂贵，因此只有重用在其他相关任务上训练过的模型才有意义。举个例子，现在当我们想开发一个涉及图像分类的应用时，很少从头开始训练模型。相反，我们使用预训练模型之一并针对我们的应用对其进行调优。

> **信息**
>
> ONNX Model Zoo 是一组采用开放标准格式的预训练的、最先进的模型，用于图像分类和机器翻译等流行任务，我强烈建议你查看 https://github.com/onnx/models。

我们也有望看到类似的强化学习任务代码库。与此相关的是，多任务学习（针对多个任务的训练模型）和元学习（可有效转移到新任务的训练模型）等方法将在强化学习研究人员和从业者中获得动力并被更广泛采用。

18.2.1.5　强化学习即服务

如果你需要以编程方式翻译应用程序中的文本，正如我们提到的，一种方法是使用预训练的模型。但是，如果你不想投资维护这些模型怎么办？答案通常是从微软、谷歌和亚马逊等公司购买它作为服务。这些公司可以访问大量数据和计算资源，并使用尖端的机器学习方法不断升级他们的模型。对于没有相同资源的其他企业来说，做同样的事情可能是一项艰巨的，甚至不可行的，或者根本不切实际的任务。我们可以期待在行业中看到强化学习即服务的趋势。

样本效率是一个难以破解的难题，但正如我们总结的，在实现它的多个前沿领域都取得了进展。接下来，我们谈谈另一个主要挑战：对良好模拟模型的需求。

18.2.2　需要高保真和快速模拟模型

强化学习在工业中广泛应用的最大障碍之一是缺乏公司感兴趣的优化的过程模拟，无论是完全模拟还是足够保真的模拟。创建这些模拟模型通常需要大量投资，并且在一些复杂任务中，模拟模型的保真度对于典型的强化学习方法来说不够高。为了克服这些挑战，我们可以期待在以下领域看到更多的发展。

18.2.2.1　直接从数据中学习的离线强化学习

尽管工业中的大多数流程都没有模拟模型，但更常见的是用日志来描述其中发生的事情。随着强化学习进入现实世界的应用，旨在直接从数据中学习策略的离线强化学习方法将变得越来越重要。

18.2.2.2　处理泛化、部分可观测性和非平稳的方法

即使在存在过程模拟模型的情况下，这种模型也很少有足够的保真度来纯粹地训练一个可以在现实世界中工作而无须额外考虑的强化学习模型。这种 sim2real 差距可以被认为是一种部分可观测性的形式，这在强化学习模型架构中通常是通过内存来处理的。结合域随机化和正则化等泛化技术，我们已经看到了非常成功的应用，其中在模拟中训练的策略被转移到现实世界。处理非平稳也与强化学习算法的泛化能力密切相关。

18.2.2.3　边缘在线学习和调优

能够成功使用强化学习方法的重要能力之一是能够在边缘部署模型后继续训练。有了这个，我们就能用实际数据调优在模拟中训练的模型。此外，这种能力将帮助强化学习策略适应环境中不断变化的条件。

总而言之，我们将见证强化学习从一种在视频游戏中使用的工具转变为传统控制和决策方法的替代方法，这将通过消除对高保真模拟的依赖的方法得到促进。

18.2.3　高维行动空间

CartPole 是强化学习的标志性测试平台，在其行动空间中只有少数几个元素，就像在强化学习研究中使用的大多数强化学习环境一样。然而，现实生活中的问题在智能体可用行动的数量方面可能非常复杂，这也通常取决于智能体所处的状态。行动嵌入、行动掩蔽和行动消除等方法将会在非常真实的场景中轻松应对这一挑战。

18.2.4　奖励函数保真度

在强化学习中，设计正确的奖励函数以引导智能体完成所需的行为是一项众所周知的艰巨任务。从演示中学习奖励的逆强化学习方法和依赖于内在奖励的好奇心驱动的学习是减少对手动设计奖励函数的依赖的有前途的方法。

当存在多个定性目标时，奖励函数工程的挑战就会加剧。关于多目标强化学习方法的文献越来越多，这些方法要么单独处理每个子问题，要么为给定的目标混合制定策略。

强化学习环境中奖励信号的另一个挑战是奖励的延迟和稀疏性。例如，由强化学习智能体控制的营销策略可能会在采取行动后数天、数周甚至数月观测奖励。在强化学习中处理因果关系和信用分配的方法对于能够在这些环境中利用强化学习至关重要。

这些都是需要关注的重要分支，因为现实世界的强化学习问题很少有明确定义的、密集的和标量的目标。

18.2.5　安全性、行为保证和可解释性

在计算机模拟中训练强化学习智能体时，实际上需要尝试随机和疯狂的行动来找出更好的策略是可以的。对于在棋类游戏中与世界级玩家竞争的强化学习模型，可能发生的最

糟糕的情况是输掉比赛，这有点尴尬。当强化学习智能体负责化学过程或自动驾驶汽车时，风险属于不同类别。这些是安全关键系统，几乎没有出错的余地。事实上，与通常具有理论保证和对预期行为的深入理解的传统控制理论方法相比，这是强化学习方法的最大缺点之一。因此，对受限强化学习和安全探索的研究对于能够在此类系统中使用强化学习至关重要。

即使系统不是安全敏感的，例如在库存补货问题中，相关的挑战是负责的强化学习智能体所建议的行动的可解释性。在这些过程中监督决策的专家经常要求解释，特别是当建议的行动违反直觉时。人们倾向于用准确性来换取解释，这使黑盒方法处于劣势。深度学习在可解释性方面取得了长足的进步，强化学习肯定会从中受益。另一方面，这将是整个机器学习的长期挑战。

18.2.6　对超参数选择的再现性和敏感性

在许多专家的密切监督和指导下针对特定任务并经过多次迭代来训练强化学习模型是一回事，而在生产中为各种环境部署多个强化学习模型，这些模型将被周期性重复训练，且随着新数据的出现不断完善则是另一回事。对于研究界以及在现实生活中将要处理这些模型及其维护的从业者在进行基准测试时，强化学习算法在各种条件下生成成功策略方面的一致性和弹性将成为越来越重要的因素。

18.2.7　健壮性和对抗智能体

众所周知，深度学习在表现方面很脆弱。这种健壮性的缺乏允许对抗智能体操纵依赖于深度学习的系统。这是机器学习社区的一个主要问题，也是一个非常活跃的研究领域。强化学习肯定会借助更广泛的机器学习研究的发展来解决该领域的健壮性问题。

意识到强化学习中的这些挑战很重要，特别是对于想要使用这些工具来解决现实世界问题的从业者，本综述有望有助于此。我们在书中介绍了许多解决方案，并在本节中提到了总体方向，因此你知道在哪里寻找解决方案。所有这些都是活跃的研究领域，因此每当你遇到这些挑战时，最好重新查阅文献。

在本书结束之前，我想向有抱负的强化学习专家提供一点建议。

18.3　对有抱负的强化学习专家的建议

本书专为已经了解强化学习基础知识的你而设计。现在你已经读完了本书，也已经做好了成为强化学习专家的准备。话虽如此，强化学习是一个很大的话题，本书为你准备了起点和导航。在这一点上，如果你决定更深入地成为强化学习专家，那么我有一些建议。

18.3.1　深入了解理论

在机器学习中，模型通常无法产生预期的结果水平，至少在开始时是这样。帮助你克服这些障碍的一个重要因素是为用来解决问题的算法背后的数学奠定良好的基础。这将帮助你更好地理解这些算法的局限性和假设，并确定它们是否与手头问题的现实情况相冲突。为此，这里有一些建议：

- ❑ 加深对概率和统计的理解绝不是一个坏主意。不要忘记所有这些算法本质上都是统计模型。
- ❑ 扎实理解强化学习的基本思想，例如，Q- 学习和贝尔曼方程，对于建立现代强化学习的良好基础至关重要。本书在一定程度上达到了这个目的。但是，我强烈建议你多次阅读 Rich Sutton 和 Andrew Barto 的 *Reinforcement Learning:An Introduction* 一书，它本质上是传统强化学习的圣经。
- ❑ Sergey Levine 教授在加州大学伯克利分校的深度强化学习课程（本书从中受益匪浅）是深入研究强化学习的极好资源。本课程可在 `http://rail.eecs.berkeley.edu/deeprlcourse/` 获得。
- ❑ 另一个专门针对多任务和元学习的重要资源是 Chelsea Finn 教授的斯坦福课程，网址为 `https://cs330.stanford.edu/`。
- ❑ 由该领域专家教授的 Deep 强化学习 Bootcamp 是另一个极好的资源：`https://sites.google.com/view/deep-rl-bootcamp/home`。

当你浏览这些资源并不时参考它们时，会发现你对主题的理解变得更加深入。

18.3.2　跟随优秀的从业者和研究实验室

有一些专注于强化学习的优秀研究实验室，他们还在详细的机构博客文章中发布了他们的发现，其中包含大量理论和实践见解。这里有些例子：

- ❑ OpenAI 博客：`https://openai.com/blog/`。
- ❑ DeepMind 博客：`https://deepmind.com/blog`。
- ❑ **伯克利人工智能研究（BAIR）博客**：`https://bair.berkeley.edu/blog`。
- ❑ Microsoft Research 强化学习组：`https://www.microsoft.com/en-us/research/theme/reinforcement-learning-group`。
- ❑ 谷歌人工智能博客：`https://ai.googleblog.com/`。

即使你没有阅读每篇文章，定期看看它们以与强化学习研究的趋势保持同步也是一个好主意。

18.3.3　从论文及其良好解释中学习

人工智能研究的一年过得无比漫长：其中发生了很多事情。因此，保持最新状态的最优方法是真正关注该领域的研究。这也将使你了解这些方法的理论和严谨的解释。现在，这带来了两个挑战：

- ❑ 每年都会发表大量论文，因此无法全部阅读。

❑ 阅读方程式和证明可能令人生畏。

针对第一个问题，我建议你关注已被 NeurIPS、ICLR、ICML 和 AAAI 等会议接受的论文。这样仍然会有大量文章，因此你还是需要制定自己的阅读门槛。

为了解决第二个问题，你可以查看是否有很好的个人博客文章解释你想深入理解的论文。以下是一些值得关注的高质量博客（并非特定于强化学习）：

❑ Lilian Weng 的个人博客：`https://lilianweng.github.io/lil-log/`。

❑ Distill：`https://distill.pub/`。

❑ The Gradient：`https://thegradient.pub/`。

❑ Adrian Colyer 的 The Morning Paper：`https://blog.acolyer.org/`。

❑ Jay Alammar 的个人博客：`http://jalammar.github.io/`。

❑ Christopher Olah 的个人博客（也在 Distill 团队中）：`https://colah.github.io/`。

❑ Jian Zhang 的个人博客：`https://medium.com/@jianzhang_23841`。

我个人从这些博客中学到了很多东西，并且仍在继续从中学习。

18.3.4 了解深度学习其他领域的最新趋势

深度学习的大多数重大发展，例如 Transformer 架构，只需要几个月的时间就可以入门强化学习。因此，及时了解更广泛的机器学习和深度学习研究的主要趋势会有助你预测强化学习的未来发展趋势。上一节中列出的个人博客是跟踪这些趋势的好办法。

18.3.5 阅读开源代码库

在这一点上，强化学习中有太多算法无法在书中逐行解释。因此，你需要培养这种素养并直接阅读这些算法的良好实现。以下是我的建议：

❑ OpenAI Spinning Up 网站（`https://spinningup.openai.com/`）和代码库（`https://github.com/openai/spinningup`）。

❑ OpenAI 基线：`https://github.com/openai/baselines`。

❑ 稳定基线：`https://github.com/hill-a/stable-baselines`。

❑ DeepMind OpenSpiel：`https://github.com/deepmind/open_spiel`。

❑ Ray 和 RLlib：`https://github.com/ray-project/ray`。

❑ Maxim Lapan 的 *Hands-On Deep Reinforcement Learning*⊖一书的代码库：`https://github.com/PacktPublishing/Deep-Reinforcement-Learning-Hands-On`。

⊖ 本书已由机械工业出版社翻译出版，中文书名为《深度强化学习实践（原书第 2 版）》，书号 ISBN 978-7-111-68738-2。

除此之外，许多论文现在都带有自己的代码库，正如我们在本书的某些章节中所使用的。有一个非常好的网站 `https://paperswithcode.com/`，你可以使用它来识别此类论文。

18.3.6 实践

不管你读了多少，只有通过实践才能真正学到东西。因此，请尽量多动手。具体方式可能是复制强化学习论文和算法，或者更好地，做你自己的强化学习项目。深入了解实现算法本质所带来的好处是其他任何东西都无法替代的。

我希望这组资源对你有所帮助。需要明确的是，这需要投入。仔细研究这些需要时间，因此请切合实际地设定目标。此外，你必须对阅读和追踪的内容有所选择，这种习惯会随着时间的推移而养成。

18.4 结束语

是时候结束了。我要感谢你花费时间和精力阅读本书。我希望它对你有益。最后，我想强调的是，做好一件事需要很长时间，你能变得多好是没有限制的。没有人是所有方面的专家，即使是强化学习或计算机视觉等子学科。你需要去做。无论你的目标是什么，坚持不懈的努力都会有所作为。祝你在这段旅程中一切顺利。

18.5 参考文献

- Hofmann, K. (2019). *Reinforcement Learning: Past, Present, and Future Perspectives.* Conference on Neural Information Processing Systems, Vancouver, Canada. URL: `https://slideslive.com/38922817/reinforcement-learning-past-present-and-future-perspectives`

- OpenAI (2018). *OpenAI Five.* OpenAI Blog. URL: `https://openai.com/blog/openai-five/`

- Kapturowski, S., Ostrovski, G., Dabney, W., Quan, J., & Munos R. (2019). *Recurrent Experience Replay in Distributed Reinforcement Learning.* In International Conference on Learning Representations

- Espeholt, L., Marinier, R., Stanczyk, P., Wang, K., & Michalski, M. (2019). *SEED RL: Scalable and Efficient Deep-RL with Accelerated Central Inference.* arXiv.org, `http://arxiv.org/abs/1910.06591`

- Du, J., Futoma, J., & Doshi-Velez, F. (2020). *Model-based Reinforcement Learning for Semi-Markov Decision Processes with Neural ODEs.* arXiv.org, `https://arxiv.org/abs/2006.16210`

- Shen, P. (2020). *Neural ODE for Differentiable Reinforcement Learning and Optimal Control: Cartpole Problem Revisited.* The startup. URL: `https://bit.ly/2RROQi3`

- Rosset, C. (2020). *Turing-NLG: A 17-billion-parameter language model by Microsoft*. Microsoft Research blog. URL: `https://www.microsoft.com/en-us/research/blog/turing-nlg-a-17-billion-parameter-language-model-by-microsoft/`

- Dulac-Arnold, G., et al. (2020). *An Empirical Investigation of the Challenges of Real-World Reinforcement Learning*. arXiv:2003.11881 [Cs]. arXiv.org, `http://arxiv.org/abs/2003.11881`

- Dulac-Arnold, G., et al. (2019). *Challenges of Real-World Reinforcement Learning*. arXiv:1904.12901 [Cs, Stat]. arXiv.org, `http://arxiv.org/abs/1904.12901`

- Irpan, A. (2018). *Deep Reinforcement Learning Doesn't Work Yet*. `http://www.alexirpan.com/2018/02/14/rl-hard.html`

- Levine, S. (2019). Deep Reinforcement Learning – CS285 Fa19 11/18/19, YouTube, `https://youtu.be/tzieElmtAjs?t=3336`. Accessed 26 September 2020.

- Hoffmann, K. et al. (2020). *Challenges & Opportunities in Lifelong Reinforcement Learning*. ICML 2020. URL: `https://slideslive.com/38930956/challenges-opportunities-in-lifelong-reinforcement-learning?ref=speaker-16425-latest`